新应用·真实战·全案例 信息技术应用新形态立体化丛书

Office 2016

办公软件高级应用

主编 邓青 冀松

副主编 谭俊 吴建勇

U0233708

微课版

人民邮电出版社

北 京

图书在版编目（CIP）数据

Office 2016办公软件高级应用：微课版 / 邓青，冀松主编. -- 北京：人民邮电出版社，2021.7（2024.6重印）
（新应用·真实战·全案例：信息技术应用新形态立体化丛书）
ISBN 978-7-115-56093-3

Ⅰ. ①0… Ⅱ. ①邓… ②冀… Ⅲ. ①办公自动化－应用软件－高等学校－教材 Ⅳ. ①TP317.1

中国版本图书馆CIP数据核字(2021)第041114号

内 容 提 要

本书主要讲解 Office 2016 在日常办公中的高级应用，主要包括 Word 文档的制作与格式设置、Word 图文混排和表格类文档的制作、Word 文档的高级排版与审阅、Excel 表格的制作与编辑、Excel 公式和函数的应用、Excel 数据分析、PowerPoint 幻灯片的编辑与设计、PowerPoint 幻灯片的动画设置与放映输出等内容。本书最后还提供了综合案例和项目实训，读者可通过综合案例巩固所学知识，通过项目实训强化 Office 2016 办公技能。

本书可作为各院校计算机相关专业的教材或辅导用书，也可作为商务办公人员提高办公技能的参考书，同时也适合作为全国计算机等级考试的参考书。

◆ 主　编　邓　青　冀　松
　　副 主 编　谭　俊　吴建勇
　　责任编辑　许金霞
　　责任印制　王　郁　马振武
◆ 人民邮电出版社出版发行　　北京市丰台区成寿寺路 11 号
　　邮编　100164　电子邮件　315@ptpress.com.cn
　　网址　https://www.ptpress.com.cn
　　山东百润本色印刷有限公司印刷
◆ 开本：787×1092　1/16
　　印张：15　　　　　　　　　　2021 年 7 月第 1 版
　　字数：463 千字　　　　　　　2024 年 6 月山东第 8 次印刷

定价：59.80 元

读者服务热线：(010)81055256　印装质量热线：(010)81055316
反盗版热线：(010)81055315
广告经营许可证：京东市监广登字 20170147 号

前言
PREFACE

党的二十大报告指出：教育、科技、人才是全面建设社会主义现代化国家的基础性、战略性支撑。必须坚持科技是第一生产力、人才是第一资源、创新是第一动力。随着企业信息化的快速发展，办公软件已经成为企业日常办公不可或缺的工具之一。例如，使用 Word 进行文本编辑，编制工作计划、业绩报告等文档；使用 Excel 进行数据的录入和管理，制作产品价格清单、销售汇总表等电子表格；使用 PowerPoint 进行幻灯片的制作和美化，制作产品调查报告、策划方案等演示文稿。Office 在企业人事管理、财务管理、企业招聘、营销策划等工作中的应用非常广泛，熟练运用 Office 软件已成为企业招聘中人才必备的一项重要技能。

■ 本书特点

本书立足于高校教学，与市场上的同类图书相比，在内容的安排与写作上具有以下特点。

（1）结构鲜明，实用性强

本书兼顾高校教学与全国计算机等级考试的需求，结合全国计算机等级考试 MS Office 的大纲要求，各章以"理论知识＋课堂案例＋强化训练＋知识拓展＋课后练习"的架构详细介绍了 Office 2016 的操作方法和高级应用的技巧，讲解从浅到深、循序渐进，通过实际案例将理论与实践相结合，从而提高读者的实际操作能力。此外，本书还穿插有"知识补充"和"技巧秒杀"小栏目，使内容更加丰富。本书不仅能够满足 Office 办公软件高级应用相关课程的教学需求，还符合企业对员工办公软件应用能力的要求。

（2）案例丰富，实操性强

本书注重理论知识与实际操作的紧密结合，不仅以实例的方式全面地介绍了 Office 2016 的实际操作方法，还选取了具有代表性的办公软件应用案例作为课堂案例，针对重点和难点进行讲解与练习。同时，各章章末还设置了强化训练、课后练习，不仅丰富了教学内容与教学方法，还给读者提供了更多练习和进步的空间。

（3）项目实训，巩固所学

本书最后一章为项目实训，以企业实际的办公需求为主，提供了 3 个专业的实训项目。每个实训项目都包括实训目的、实训思路、实训参考效果，有助于读者加强对 Office 操作技能的训练，巩固所学。

■ 本书配套资源

本书配有丰富多样的教学资源，具体内容如下。

视频演示：本书所有实例操作的视频演示，均以二维码的形式提供给读者，读者只需扫描书中的二维码，即可观看视频进行学习，有助于提高学习效率。

实操案例   微课视频

素材、效果和模板文件：本书不仅提供了实例操作所需的素材、效果文件，还附赠企业日常管理常用的 Word 文档模板、Excel 电子表格模板、PowerPoint 幻灯片模板以及作者精心收集整理的 Office 精美素材。

效果文件

模板文件

以上配套资源中的素材、效果文件、模板文件以及其他相关资料，读者可登录人邮教育社区（www.ryjiaoyu.com），搜索本书书名后进行下载使用。

书中疏漏之处在所难免，望广大读者批评指正。

编者

2023 年 6 月

CONTENTS 目录

第 1 部分

I

第 2 部分

第 4 章

Excel 表格的制作与编辑

第 5 章

Excel 公式和函数的应用

第 3 部分

───── 第**7**章 ─────
PowerPoint 幻灯片的编辑与设计

第 4 部分

第1部分

第1章

Word 文档的制作与格式设置

/ 本章导读

　　Word 是较为常用的文字处理软件，使用它可以快速制作和编排各类文档。本章主要介绍 Word 文档的制作与格式设置，包括文档内容的输入与编辑，以及文档字体格式、段落格式、边框和底纹、特殊格式、页面背景等的设置。

/ 技能目标

　　掌握输入和编辑 Word 文档内容的方法。

　　掌握字体格式、段落格式、边框和底纹，以及特殊格式和页面背景的设置方法。

/ 案例展示

1.1 文档内容的输入与编辑

制作文档时，一般先输入文档内容，再根据实际情况对输入的文档内容进行编辑，以保证文档内容的准确性。下面将介绍在 Word 中输入和编辑文档内容的方法。

1.1.1 输入文档内容

文档中不仅可以输入普通的文本内容，还可以插入键盘上没有的符号、指定格式的日期和时间，以及公式等。

1. 输入普通文本内容

输入普通文本内容的方法非常简单，切换到合适的输入法，在文档中不停闪烁的光标处输入需要的文本内容即可。当输入的文本内容超过一行时，继续输入的内容会自动在下一行中显示，如图 1-1 所示。如果要另起段输入，则需按【Enter】键分段，再继续输入文本内容，如图 1-2 所示。

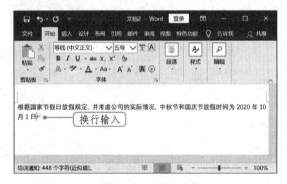

图 1-1 自动换行　　　　　　　　　　图 1-2 分段

2. 插入符号、日期和时间

在制作文档时，经常需要插入一些符号，以起到补充说明或美化文档的作用。当需要插入当前系统显示的日期和时间时，可通过 Word 的"日期和时间"功能来实现。例如，在"放假通知 .docx"文档中插入符号、日期和时间，具体操作如下。

 素材文件所在位置　素材文件＼第 1 章＼放假通知.docx
效果文件所在位置　效果文件＼第 1 章＼放假通知.docx

微课视频

STEP 1　打开"放假通知 .docx"文档，将光标定位到"电话"文本前，单击【插入】/【符号】组中的"符号"按钮 Ω，在打开的下拉列表中选择"其他符号"选项，如图 1-3 所示。

STEP 2　打开"符号"对话框，在"字体"下拉列表中选择需要插入的符号所在的字体集，不同字体集下包含的符号不同。如选择"Wingdings"选项，在下方的列表中选择需要插入的符号，单击 插入(I) 按钮，如图 1-4 所示。

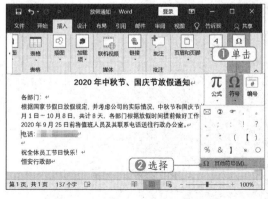

图 1-3 选择"其他符号"选项

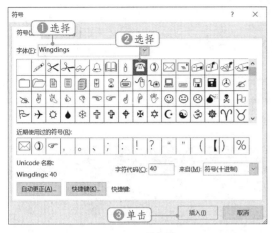

图 1-4　选择符号

知识补充

"符号"对话框

在"符号"对话框中，"符号"选项卡用于插入字体中带有的符号；"特殊字符"选项卡用于插入文档中常用的字符，如长划线"——"、版权所有"©"、注册"®"、商标"™"等。

STEP 3　将选择的符号插入光标处后，单击 关闭 按钮，关闭"符号"对话框，返回文档中可看到插入符号的效果。

STEP 4　在文档中将光标定位到最后一行，单击【插入】/【文本】组中的"日期和时间"按钮，如图 1-5 所示。

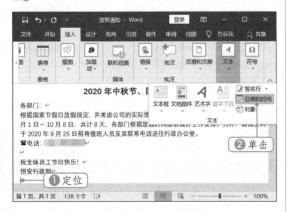

图 1-5　单击"日期和时间"按钮

STEP 5　打开"日期和时间"对话框，在"可用格式"列表中选择需要插入的日期和时间的格式。如选择"2020 年 9 月 18 日星期五"选项，单击 确定 按钮，如图 1-6 所示。

图 1-6　选择日期和时间的格式

STEP6　选择的日期插入文档中的效果如图 1-7 所示。

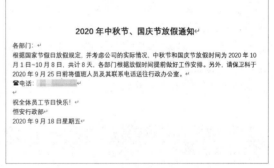

图 1-7　查看插入的日期

技巧秒杀

使用组合键插入日期和时间

按【Alt+Shift+D】组合键可在文档中插入系统当前的日期；按【Alt+Shift+T】组合键可在文档中插入系统当前的时间。

3. 插入公式

在制作数学、化学和物理等方面的办公文档时，经常会涉及公式，此时可以通过 Word 的公式功能，轻松插入需要的公式。例如，在空白文档中插入一个辅助角公式，具体操作如下。

效果文件所在位置 效果文件 \ 第 1 章 \ 数学公式.docx

STEP 1 在空白文档中单击【插入】/【符号】组中的"公式"按钮 π，在打开的下拉列表中选择"插入新公式"选项，如图 1-8 所示。

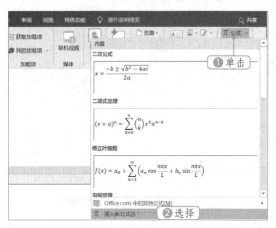

图 1-8 选择"插入新公式"选项

STEP 2 在文档中会插入一个公式编辑框，同时激活"公式工具 设计"选项卡。在公式编辑框中输入等号及等号左边的内容，然后，把光标定位到等号右边，单击【公式工具 设计】/【结构】组中的"根式"按钮 $\sqrt[n]{x}$，在打开的下拉列表中选择需要的根式，如图 1-9 所示。

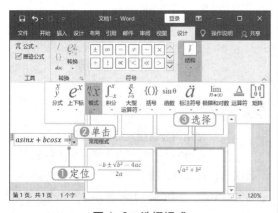

图 1-9 选择根式

STEP 3 在公式中插入根式，单击【公式工具 设计】/【结构】组中的"括号"按钮 {()}，在

打开的下拉列表中选择需要的括号，如图 1-10 所示。

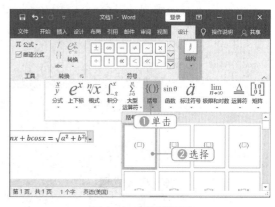

图 1-10 选择括号

STEP 4 选中括号中的虚线框，单击【公式工具 设计】/【结构】组中的"分式"按钮，在打开的下拉列表中选择需要的分式，如图 1-11 所示。

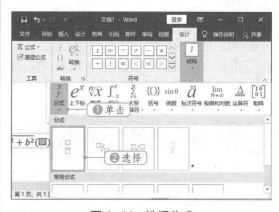

图 1-11 选择分式

STEP 5 插入分式，选中分子中的虚线框，输入"a"，然后复制括号前面的根式，再选中分母中的虚线框，按【Ctrl+V】组合键粘贴复制的根式，如图 1-12 所示。

STEP 6 将光标定位到分式后，采用与之前的步骤相同的方法输入公式的剩余部分，完成公式的输入，效果如图 1-13 所示。

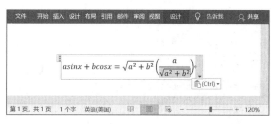

图 1-12　输入分式

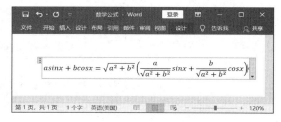

图 1-13　公式效果

知识补充

另存为新公式

　　如果经常需要使用某个公式，可将公式保存到"公式"列表中。操作方法：选中公式，单击公式编辑框右侧的下拉按钮▼，在打开的下拉列表中选择"另存为新公式"选项，打开"新建构建基块"对话框，输入公式的名称，单击 ▭ 按钮，如图1-14所示。保存后的公式可通过"公式"的下拉列表查看，如图1-15所示。

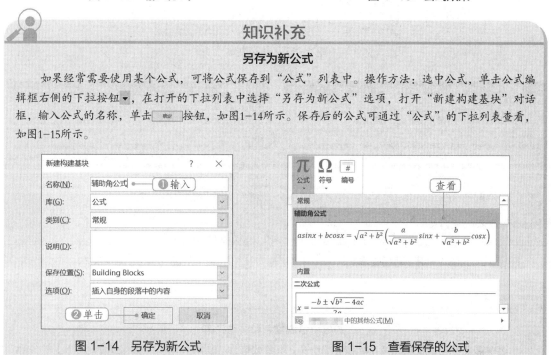

图 1-14　另存为新公式

图 1-15　查看保存的公式

1.1.2　编辑文档内容

　　对于 Word 文档中的内容，还可根据实际情况进行编辑，以保证文档内容的准确性。在 Word 2016 中，文档的编辑操作主要包括复制和移动、查找和替换等，下面分别进行介绍。

1. 复制和移动

　　复制是指将选中的文本或对象的副本移动到另一位置，被选中的文本或对象保持在原位置不变。操作方法：在文档中选中需要复制的文本，单击【开始】/【剪贴板】组中的"复制"按钮▣复制文本，如图 1-16 所示；将光标定位到需要粘贴的位置，单击【开始】/【剪贴板】组中的"粘贴"按钮▣粘贴复制的文本，如图 1-17 所示。

　　移动是指将选中的文本或对象移动到另一位置，原位置的文本或对象将不存在。操作方法：在文档中选中需要移动的文本，单击【开始】/【剪贴板】组中的"剪切"按钮✂剪切文本，如图 1-18 所示；然后将光标定位到需要粘贴的位置，单击【开始】/【剪贴板】组中的"粘贴"按钮▣粘贴剪切的文本，如图 1-19所示。

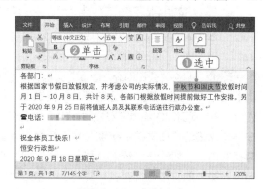

图 1-16　复制文本

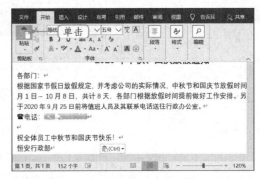

图 1-17　粘贴文本

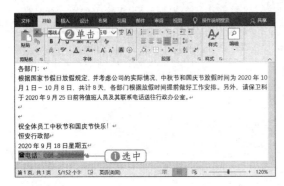

图 1-18　剪切文本

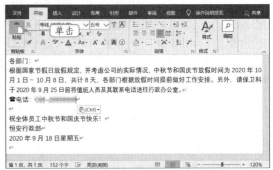

图 1-19　粘贴文本

技巧秒杀

通过组合键复制和移动文本

选中需要移动或复制的文本，按【Ctrl+C】组合键执行"复制"命令，或者按【Ctrl+X】组合键执行"剪切"命令，然后在目标位置按【Ctrl+V】组合键粘贴文本，实现文本的复制或移动。

2. 查找和替换

查找是指对文档中特定的内容进行定位查看，替换是指将文档中某一内容替换成另一内容，包括文本、图形、各种常见格式，以及一些特定的格式等。另外，在进行一些复杂的查找和替换操作时，还需要用到通配符。例如，在"公司简介.docx"文档中使用查找和替换功能，对文档中的文本、字母大小写、段落标记等进行查找和替换，具体操作如下。

素材文件所在位置　素材文件 \ 第 1 章 \ 公司简介.docx
效果文件所在位置　效果文件 \ 第 1 章 \ 公司简介.docx

微课
视频

STEP 1　打开"公司简介.docx"文档，在【视图】/【显示】组中选中"导航窗格"复选框，在 Word 2016 窗口的编辑区左侧显示出导航窗格，在导航窗格的"在文档中搜索"文本框中输入要查找的内容，如输入"新福公司"，则立即在文档中对输入的文本进行查找，并在导航窗格中显示查找的结果。单击义本框右侧的下拉按钮 ▼，

在打开的下拉列表中选择"替换"选项，如图 1-20 所示。

STEP 2　打开"查找和替换"对话框，在"替换"选项卡的"查找内容"下拉列表中已经显示了要查找的内容，然后在"替换为"下拉列表中输入替换的内容，如输入"我公司"，若单击 替换(R) 按钮将一个一个地进行替换，若单击 全部替换(A) 按钮

将一次性全部替换完成，这里单击 全部替换(A) 按钮。替换完成后，在打开的提示对话框中将显示替换了多少处，单击 确定 按钮，如图 1-21 所示。

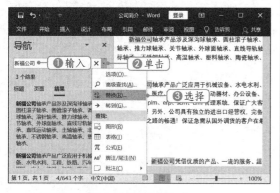

图 1-20　查找文本

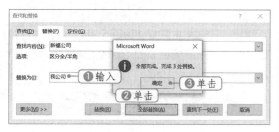

图 1-21　替换文本

STEP 3　返回"查找和替换"对话框，单击 更多(M) >> 按钮展开对话框，删除"查找内容"和"替换为"下拉列表中的内容，选中"区分大小写"复选框，将光标定位到"查找内容"下拉列表中，单击 特殊格式(E)· 按钮，在打开的下拉列表中选择需要查找的特殊格式，如选择"任意字母"选项，如图 1-22 所示。

图 1-22　查找特殊格式

STEP 4　在"查找内容"文本框中输入代表任意字母的符号后，将光标定位到"替换为"下拉列表中，单击 格式(O)· 按钮，在打开的下拉列表中选择格式选项，如选择"字体"选项，如图 1-23 所示。

图 1-23　设置替换格式

STEP 5　打开"替换字体"对话框，在其中设置要替换的字体格式，在"字形"下拉列表中选择"加粗"选项，选中"全部大写字母"复选框，再单击 确定 按钮，如图 1-24 所示。

图 1-24　设置替换的字体格式

STEP 6 返回"查找和替换"对话框，将在"替换为"下拉列表下方显示替换的字体格式，单击 全部替换(A) 按钮，在文档中开始查找和替换，并在打开的提示对话框中显示替换结果，单击 确定 按钮，如图 1-25 所示。

图 1-25　替换格式

STEP 7 返回"查找和替换"对话框，删除"查找内容"下拉列表中的内容，将光标定位到"替换为"下拉列表中，单击 不限定格式(T) 按钮，删除设置的格式，选中"使用通配符"复选框，在"查找内容"下拉列表中输入查找代码"^13{2,}"，在"替换为"下拉列表中输入段落标记符号"^p"，单击 全部替换(A) 按钮，开始进行查找和替换操作，完成后在打开的提示对话框中显示替换结果，单击 确定 按钮，如图 1-26 所示。

图 1-26　使用通配符查找和替换

STEP 8 返回"查找和替换"对话框，单击 关闭 按钮关闭对话框，返回文档界面，可查看到替换文本、字体格式和删除空白行的效果，如图 1-27 所示。

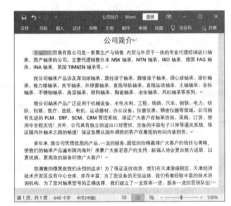

图 1-27　查看效果

知识补充

通配符代码

　　通配符是指Word在查找和替换中特别指定的一些字符，用来代表一类内容，而不是某个具体的内容。常用的通配符有"?"和"*"，"?"代表单个字符，"*"代表任意数量的字符。另外，在使用通配符时，还可使用表示一个或多个特殊格式或格式符号的代码，通常以"^"开始，如"^p""^13"是段落标记的代码。例如，本例中的代码"^13{2,}"表示两个或两个以上连续的段落标记。

1.2　文档格式设置

　　输入文档内容后，还需要对文档格式进行设置，包括字体格式、段落格式、边框和底纹、特殊格式、页面背景等，让文档的结构更加清晰、文档的版面更加美观。

1.2.1　设置字体格式

　　字体格式是指文本以单字、词语或句子为对象的格式，包括字体、字号、字体颜色、字形、字体效果和字符间距等。例如，在"会议纪要.doxc"文档中根据实际需求对字体格式进行设置，具体操作如下。

 素材文件所在位置　素材文件＼第 1 章＼会议纪要.docx
效果文件所在位置　效果文件＼第 1 章＼会议纪要.docx

微课视频

STEP 1　打开"会议纪要.docx"文档，选中标题文本，在【开始】/【字体】组中将字体设置为"华文细黑"，字号设置为"小三"，单击"加粗"按钮 **B** 加粗文本，再单击"字体颜色"下拉按钮 ▾，在打开的下拉列表中选择"红色"选项，如图 1-28 所示。

STEP 2　保持标题的选中状态，单击【开始】/【字体】组右下角的对话框启动按钮 ▨，打开"字体"对话框，单击"高级"选项卡，在"间距"下拉列表中选择"加宽"选项，在其后的"磅值"数值框中输入字符与字符之间的间距，如输入"1.5磅"，如图 1-29 所示。

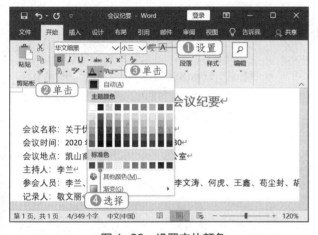

图 1-28　设置字体颜色

图 1-29　设置字符间距

知识补充

字体高级设置

　　在"字体"对话框的"高级"选项卡中，"缩放"下拉列表用于设置字符的缩放比例；"位置"下拉列表用于设置字符位置的下降和上升。

STEP 3　单击 确定 按钮，返回文档界面，可看到标题字符间距增大。单击"下画线"下拉按钮 ▾，在打开的下拉列表中选择"下画线颜色"选项，在打开的子列表中选择需要的下画线颜色，如选择"红色"选项，如图 1-30 所示。

STEP 4　再次单击"下画线"下拉按钮 ▾，在打开的下拉列表中选择需要的下画线样式，如选择"双下画线"选项，为标题添加下画线，如图 1-31 所示。

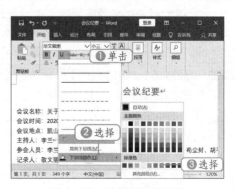

图 1-30　选择下画线颜色

图 1-31　选择下画线样式

STEP 5　按住【Ctrl】键依次选中冒号和冒号前的文本，单击【开始】/【字体】组中的"加粗"按钮 **B** 加粗文本，再单击"文本突出显示颜色"下拉按钮 ▼，在打开的下拉列表中选择需要的颜色，如选择"灰色"选项，如图 1-32 所示。

图 1-32　选择颜色

STEP 6　为选中的文本添加突出显示颜色，效果如图 1-33 所示。

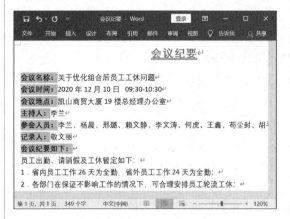

图 1-33　添加突出显示颜色后的效果

使用浮动工具栏设置格式

　　在文档中选中需要设置格式的文本，释放鼠标后，就会出现浮动工具栏。浮动工具栏中包含了常用的格式设置选项，单击相应的按钮或进行相应的选择，可对选中的文本进行设置。

1.2.2　设置段落格式

　　段落格式是文档排版中最基本的格式，合理的段落格式可以使文档结构更加清晰、层次更加分明，便于用户阅读。在 Word 中，段落格式的设置主要包括段落对齐方式、段落缩进和间距、段落级别、项目符号和编号等。例如，在"招聘简章 .docx"文档中对段落格式进行设置，具体操作如下。

素材文件所在位置　素材文件 \ 第 1 章 \ 招聘简章.docx
效果文件所在位置　效果文件 \ 第 1 章 \ 招聘简章.docx

微课视频

STEP 1　打开"招聘简章 .docx"文档，选中"招聘简章"标题文本，单击【开始】/【段落】组中的"居中"按钮 ≡，使标题居中对齐，如图 1-34 所示。

STEP 2　选中正文内容的第 1~2 段，单击【开始】/【段落】组中的对话框启动按钮 ⌐，打开"段落"对话框，默认显示"缩进和间距"选项卡。在"特殊"下拉列表中选择"首行"选项，在"缩进值"数值框中输入"2 字符"，在"段前"数值框中输

入段前间距"0.5 行"，在"行距"下拉列表中选择"多倍行距"，在"设置值"数值框中输入行距值"1.2"，如图 1-35 所示。

STEP 3　单击 确定 按钮，返回文档界面，可查看设置的段落缩进和间距效果，选中"销售总监 1 名"和"销售代表 8 名"段落，将其段前缩进设置为"0.5 字符"。

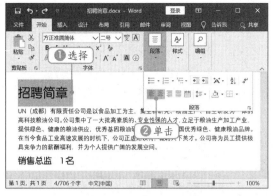

图 1-34　设置居中对齐

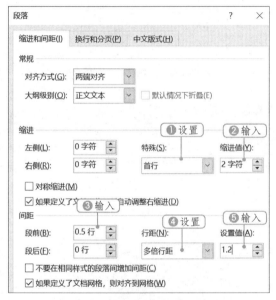

图 1-35　设置段落缩进和间距

快速设置段落对齐方式

选中需要设置对齐方式的段落，按【Ctrl+L】组合键设置为左对齐；按【Ctrl+E】组合键设置为居中对齐；按【Ctrl+R】组合键设置为右对齐；按【Ctrl+J】组合键设置为两端对齐；按【Ctrl+Shift+J】组合键设置为分散对齐。

STEP 4　选中"销售代表 1 名"段落及后面的所有段落，单击【开始】/【段落】组中的"行和段落间距"按钮 ↕= ·，在打开的下拉列表中选择"1.15"选项，设置所选段落的行间距，如图 1-36 所示。

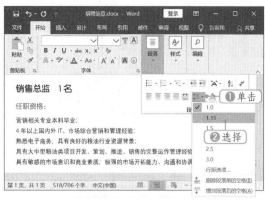

图 1-36　设置行间距

STEP 5　选中"任职资格"和"工作职责"所在的段落，单击【开始】/【段落】组中的"项目符号"下拉按钮 ·，在打开的下拉列表中选择"定义新项目符号"选项，如图 1-37 所示。

图 1-37　选择"定义新项目符号"选项

STEP 6　打开"定义新项目符号"对话框，单击 符号(S)... 按钮，打开"符号"对话框，在"字体"下拉列表中选择"Wingdings"选项，然后选择需要的项目符号，单击 确定 按钮，如图 1-38 所示。

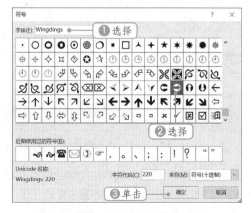

图 1-38　选择符号

STEP 7 返回"定义新项目符号"对话框，在其中可查看定义的项目符号，单击 字体(F)... 按钮，如图 1-39 所示。

图 1-39 单击"字体"按钮

STEP 8 打开"字体"对话框，在"字体颜色"下拉列表中选择"橙色，个性色 2"选项，如图 1-40 所示。

图 1-40 设置项目符号颜色

知识补充

图片项目符号

在 Word 2016 中，除了可以使用符号作为项目符号外，还可将图片设置为项目符号。操作方法：在"定义新项目符号"对话框中单击 图片(P) 按钮，打开"插入图片"对话框，选择图片获取的路径，再在打开的对话框中选择图片插入，即可将图片设置为项目符号。

STEP 9 依次单击 确定 按钮，返回文档界面，选中"销售总监 1 名"和"销售代表 8 名"两个段落，单击【开始】/【段落】组中的"编号"下拉按钮 ，在打开的下拉列表中选择"定义新编号格式"选项，如图 1-41 所示。

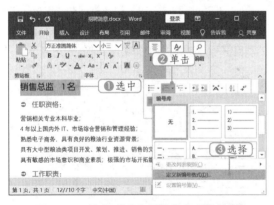

图 1-41 选择"定义新编号格式"选项

STEP 10 打开"定义新编号格式"对话框，在"编号样式"下拉列表中选择需要的编号样式，在"编号格式"文本框的"编号"前面输入"职位"，单击 确定 按钮，如图 1-42 所示。

图 1-42 设置编号格式

STEP 11 为选中的段落应用定义的编号，选中第一个"任职资格"下的多个段落，单击【开始】/【段落】组中的"编号"下拉按钮 ，在打开的下拉列表中选择需要的编号样式，应用于所选的段落中，如图 1-43 所示。

STEP 12 使用相同的方法为其他相应的段落应用相同的编号样式，部分文档效果如图 1-44 所示。

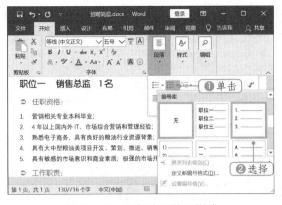

图 1-43 添加内置编号样式

招聘简章

UN（成都）有限责任公司是以食品加工为主，集生物研究、粮油生产、自主研发为一体的高科技粮油公司。公司集中了一大批高素质的、专业性强的人才，立足于粮油生产加工产业，提供绿色、健康的粮油供应，优秀基因粮油研究，致力打造全国优秀绿色、健康粮油品牌。

在当今食品工业高速发展的时机下，公司正虚席以待，诚聘天下英才。公司将为员工提供极具竞争力的薪酬福利，并为个人提供广阔的发展空间。

职位一 销售总监 1名

任职资格:

1. 营销相关专业本科毕业;
2. 4年以上国内外IT、市场综合营销和管理经验;
3. 熟悉电子商务，具有良好的粮油行业资源背景;
4. 具有大中型粮油类项目开发、策划、推进、销售的完整运作管理经验;
5. 具有敏感的市场意识和商业素质；极强的市场开拓能力、沟通和协调能力强；敬业，有良好的职业操守。

工作职责:

1. 负责西南区粮油销售团队的建设、管理、培训及考核;
2. 负责部门日常工作的计划、布置、检查、监督;

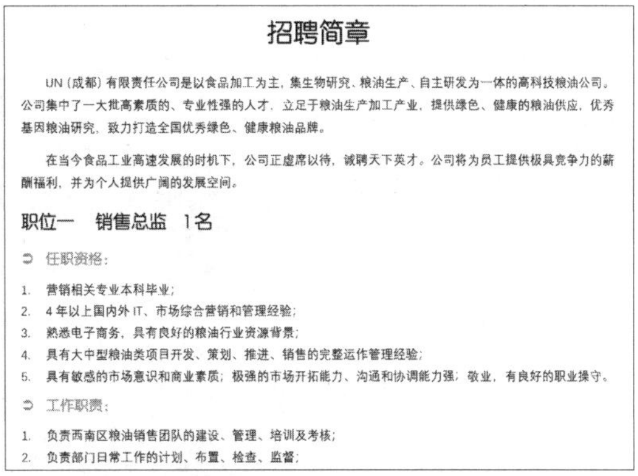

图 1-44 部分文档效果

1.2.3 设置边框和底纹

为段落添加适当的边框和底纹，可以突出显示文档中的重要内容，增加文档的美观性和生动性。例如，在“培训通知 .docx”文档中为部分段落添加合适的边框和底纹，具体操作如下。

素材文件所在位置 素材文件 \ 第 1 章 \ 培训通知 .docx

效果文件所在位置 效果文件 \ 第 1 章 \ 培训通知 .docx

微课视频

STEP 1 打开“培训通知 .docx”文档，选中最后 3 段，在【开始】/【段落】组中单击“边框”下拉按钮▾，在打开的下拉列表中选择需要的边框样式。如选择“内部框线”选项，为所选段落添加内部框线，如图 1-45 所示。

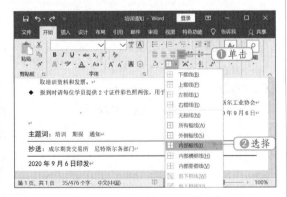

图 1-45 为段落添加内部框线

STEP 2 保持段落的选中状态，在“边框”的下拉列表中选择“下框线”选项，为段落添加下框线，再在“边框”的下拉列表中选择“边框和底纹”选项，如图 1-46 所示。

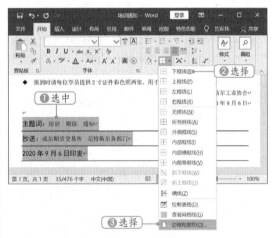

图 1-46 为段落添加下框线

STEP 3 打开“边框和底纹”对话框，单击“底纹”选项卡，在“填充”下拉列表中选择需要的底纹填充色，如选择“灰色，个性色 3，淡色 80%”选项，单击 确定 按钮，如图 1-47 所示。

STEP 4 为选中的段落添加底纹，效果如图 1-48 所示。

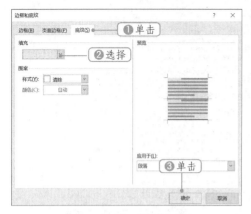

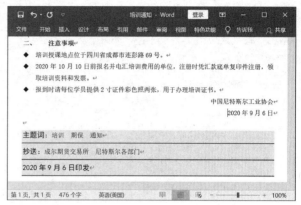

图 1-47　为段落添加底纹　　　　　　图 1-48　查看添加的底纹效果

知识补充

底纹设置

在【开始】/【段落】组中通过"底纹"下拉列表添加底纹，只会为选中的字符添加底纹，而通过"边框和底纹"对话框选择"底纹"选项卡添加底纹，既可以为段落添加底纹，也可以为字符添加底纹。其区别在于，为段落添加底纹时，就算段落的最后一行只有几个字，Word 2016也会为整行添加底纹；而为字符添加底纹，Word 2016只会在字符的位置添加底纹。

STEP 5　选中标题的第 2 段，打开"边框和底纹"对话框，在"边框"选项卡左侧的"设置"栏中单击"自定义"按钮，在"样式"列表中选择需要的边框样式，如选择"直线"，在"颜色"下拉列表中选择边框颜色为"红色"，在"宽度"下拉列表中选择边框粗细为"1.0 磅"，单击"预览"栏中的"下框线"按钮，单击"确定"按钮，如图 1-49 所示。

STEP 6　为选中的段落添加自定义的边框，效果如图 1-50 所示。

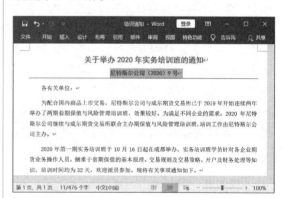

图 1-50　查看边框效果

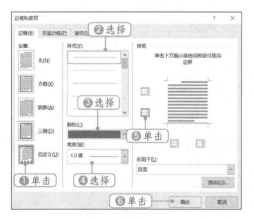

图 1-49　自定义边框

1.2.4　设置特殊格式

在制作一些有特殊排版要求的文档时，如首字下沉、双行合一、合并字符、分栏、带圈字符等，就需要通过 Word 2016 提供的一些特殊格式来实现。

1. 设置首字下沉

首字下沉是指将段落的第一个字符或词组进行放大并占几行显示，以起到区分或强调的作用。例如，在"楼盘介绍.docx"文档中设置首字下沉，具体操作如下。

素材文件所在位置　素材文件 \ 第 1 章 \ 楼盘介绍.docx
效果文件所在位置　效果文件 \ 第 1 章 \ 楼盘介绍.docx

微课视频

STEP 1　打开"楼盘介绍.docx"文档，选中正文第一段的"丽"字，单击【插入】/【文本】组中的"首字下沉"按钮，在打开的下拉列表中选择"首字下沉选项"选项，如图 1-51 所示。

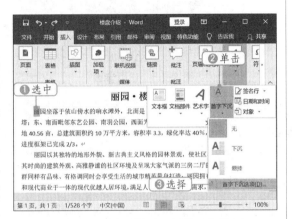

图 1-51　选择"首字下沉选项"选项

STEP 2　打开"首字下沉"对话框，在"位置"栏中选择"下沉"选项，在"选项"栏的"字体"下拉列表中选择"方正兰亭黑 _GBK"选项，在"下沉行数"数值框中输入"2"，在"距正文"数值框中输入"0.2 厘米"，单击　确定　按钮，如图 1-52 所示。

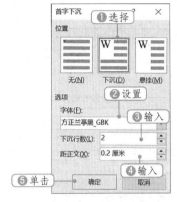

图 1-52　设置参数

STEP 3　将"丽"字下沉两行，效果如图 1-53 所示。

图 1-53　查看首字下沉效果

知识补充

设置词组下沉

如果要设置段落的首个词组下沉，只需要选中词组，再进行首字下沉操作即可，但如果选中的段落前的两个字符不是词组，而只是两个字符，进行首字下沉操作后，只有首个字符会显示下沉效果。

2. 设置双行合一

对企业或政府来说，经常需要制作多部门或多单位联合发文的文件，此时，就会用到 Word 2016 的双行合一功能，将需要两行显示的内容合并成一行显示。例如，在"联合发文文件.docx"中设置双行合一，具体操作如下。

素材文件所在位置　素材文件 \ 第 1 章 \ 联合发文文件.docx
效果文件所在位置　效果文件 \ 第 1 章 \ 联合发文文件.docx

微课视频

STEP 1 打开"联合发文文件 .docx"文档，选中标题中需要设置双行合一的文本，如选择"董事长办公室总经理办公室"文本，单击【开始】/【段落】组中的"中文版式"按钮 ，在打开的下拉列表中选择"双行合一"选项，如图 1-54 所示。

STEP 2 打开"双行合一"对话框，选中"带括号"复选框，在"括号样式"下拉列表中选择需要的括号样式，用括号将文本括起来，单击 确定 按钮，如图 1-55 所示。

图 1-54 选择"双行合一"选项

图 1-55 设置参数

知识补充

双行合一

利用双行合一功能只能制作两个单位或部门联合发文的文件，如果要制作两个以上的单位或部门联合发文的文件，则需要使用表格或文本框。

STEP 3 选中的文本虽然是两行显示的，但其实只占一行。选中双行合一显示的文本，将其字号设置为"48"，选中"文件"文本，打开"字体"对话框，单击"高级"选项卡，在"位置"下拉列表中选择"上升"选项，在其后的"磅值"数值框中输入"6 磅"，如图 1-56 所示。

STEP 4 单击 确定 按钮，返回文档界面，可看到"文件"文本居于双行合一的中部，效果如图 1-57 所示。

图 1-56 设置文本位置

图 1-57 查看效果

知识补充

设置"文件"文本位置

设置双行合一后，标题中未设置双行合一的"文件"文本将居于标题行底部，看起来不协调，此时，就需要设置"文件"文本的位置，使"文件"文本居于标题行中部。

3. 设置合并字符

合并字符是指将多个字符（最多 6 个字符）合并为一个字符，并且以两行显示在文档中，其常用于制作名片、联合发文文件、出版书籍等。例如，为"名片.docx"文档中的文本设置合并字符，具体操作如下。

素材文件所在位置　素材文件 \ 第 1 章 \ 名片.docx
效果文件所在位置　效果文件 \ 第 1 章 \ 名片.docx

微课视频

STEP 1　打开"名片.docx"文档，选中"总经理助理"文本，在【开始】/【段落】组中单击"中文版式"按钮 ，在打开的下拉列表中选择"合并字符"选项，如图 1-58 所示。

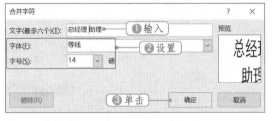

图 1-59　设置合并字符参数

STEP 3　将"总经理助理"合并为一个字符，然后调整其文本框大小，将文本框中的文本全部显示出来，效果如图 1-60 所示。

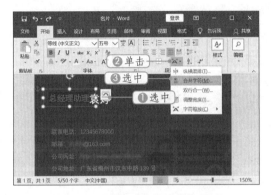

图 1-58　选择"合并字符"选项

STEP 2　打开"合并字符"对话框，在"文字"文本框中的"总经理助理"文本中间插入一个空格，使"总经理"文本显示在第一行，再在"字体"下拉列表中选择"等线"选项，最后在"字号"下拉列表中选择"14"，单击 确定 按钮，如图 1-59 所示。

图 1-60　查看效果

4. 设置分栏

分栏是指按实际排版需求将文本分成若干个条块，从而使整个页面布局更加错落有致，阅读更方便。例如，为"活动策划.docx"文档设置分栏，具体操作如下。

素材文件所在位置　素材文件 \ 第 1 章 \ 活动策划.docx
效果文件所在位置　效果文件 \ 第 1 章 \ 活动策划.docx

微课视频

STEP 1　打开"活动策划.docx"文档，选中需要设置分栏的文本，在【布局】/【页面设置】组中单击"栏"按钮 ，在打开的下拉列表中选择"更多栏"选项，如图 1-61 所示。

STEP 2　打开"栏"对话框，在"预设"栏中

选择"三栏"选项，然后选中"分隔线"和"栏宽相等"复选框，单击 确定 按钮，如图 1-62 所示。

STEP 3　返回 Word 2016 工作界面，可看到所选文本的分栏效果，如图 1-63 所示。

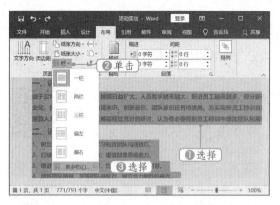

图 1-61　选择"更多栏"选项

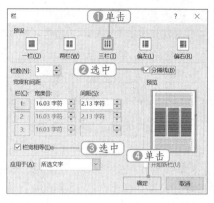

图 1-62　设置分栏参数

图 1-63　分栏效果

5. 设置带圈字符

在编辑文档时，有时需要在文档中设置带圈字符以起到强调文本的作用，如输入带圈数字等。例如，为"客户邀请函 .docx"文档的标题设置带圈字符，具体操作如下。

　素材文件所在位置　素材文件 \ 第 1 章 \ 客户邀请函.docx

效果文件所在位置　效果文件 \ 第 1 章 \ 客户邀请函.docx

微课视频

STEP 1　打开"客户邀请函 .docx"文档，选中标题中的"邀"文本，单击【开始】/【字体】组中的"带圈字符"按钮 ⓩ，如图 1-64 所示。

STEP 2　打开"带圈字符"对话框，在"样式"栏中选择"增大圈号"选项，在"圈号"栏的"圈

号"列表中选择"圆形"选项，单击 确定 按钮，如图 1-65 所示。

STEP 3　用同样的方法为"邀请函"中的其他文本设置带圈字符，效果如图 1-66 所示。

图 1-64　单击"带圈字符"按钮

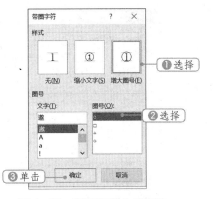

图 1-65　设置带圈字符参数

图 1-66　查看效果

知识补充

中文注音

中文注音就是给中文字符标注拼音，Word 2016 的"拼音指南"功能可为文档中的任意文本添加拼音。操作方法：选中需要注音的文本，在【开始】/【字体】组中单击"拼音指南"按钮，打开"拼音指南"对话框，在其中对要添加的拼音进行设置，然后单击 确定 按钮。

1.2.5　设置页面背景

在制作 Word 文档时，有时需要用颜色或图案来吸引观者的注意，以提升文档的"颜值"。常用的办法就是为页面设置背景，如添加水印、设置页面颜色、设置页面边框等。下面将介绍在 Word 2016 文档中设置页面背景的相关操作及方法。

1. 添加水印

在文档中插入公司 Logo 或某种特别的文本等水印，可以增加文档的识别性。在 Word 2016 中，既可以添加内置的水印，又可以根据需求添加自定义的文字水印和图片水印，其方法分别如下。

● **添加内置水印：** 在【设计】/【页面背景】组中单击"水印"按钮，在打开的下拉列表中选择需要的水印样式，如图 1-67 所示。

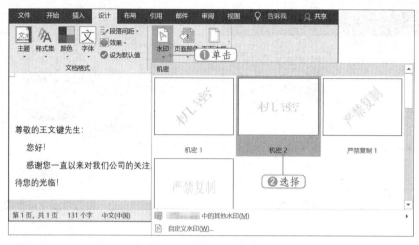

图 1-67 添加内置水印

- **添加自定义文字水印：**在【设计】/【页面背景】组中单击"水印"按钮 ，在打开的下拉列表中选择"自定义水印"选项，打开"水印"对话框，然后选中"文字水印"单选项，在"文字"下列列表中输入水印文字，再对水印文字的字体、字号、颜色和版式等进行设置，单击 确定 按钮，效果如图 1-68 所示。

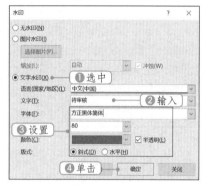

图 1-68 自定义文字水印

- **添加自定义图片水印：**在【设计】/【页面背景】组中单击"水印"按钮 ，在打开的下拉列表中选择"自定义水印"选项，打开"水印"对话框，然后选中"图片水印"单选项，单击 选择图片(P)... 按钮，按照系统提示插入水印图片，然后在"水印"对话框中对水印图片的缩放比例和冲蚀效果进行设置，单击 确定 按钮，效果如图 1-69 所示。

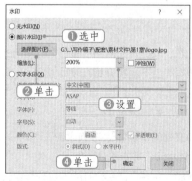

图 1-69 自定义图片水印

知识补充

设置文字水印和图片水印的位置

在默认情况下，添加的文字水印和图片水印会处于页面的中间位置，如果添加的水印对文档内容的阅读造成了影响，则可以对水印的位置进行调整，将其移动到页面的其他位置。操作方法：双击页眉或页脚，进入页眉页脚编辑状态，此时，就可以用鼠标将水印移动到合适的位置。

2. 设置页面颜色

在 Word 2016 中，用户可以根据需求设置文档页面的背景颜色。操作方法：在【设计】/【页面背景】组中单击"页面背景"按钮，在打开的下拉列表中选择系统提供的页面颜色，如图 1-70 所示。

当 Word 提供的页面颜色不能满足需求时，可以在"页面颜色"列表中选择"其他颜色"选项，单击"颜色"对话框的"自定义"选项卡，在"颜色"区域中选择需要的颜色，或者在下面的"颜色模式"下拉列表中选择需要的颜色模式，然后在下面的数值框中输入颜色对应的数值，单击 确定 按钮，即可设置自定义的页面颜色，如图 1-71 所示。

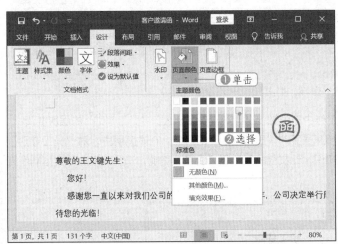

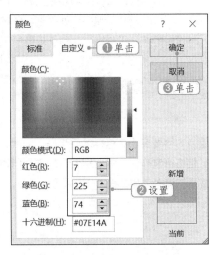

图 1-70　设置页面颜色　　　　　　　图 1-71　设置自定义页面颜色

知识补充

页面填充效果

在Word 2016中，除了可使用纯色填充页面背景外，还可使用渐变色、图案、图片和纹理进行填充。操作方法：单击【设置】/【页面背景】组中的"页面颜色"按钮，在打开的下拉列表中选择"填充效果"选项，打开"填充效果"对话框，再在相应的选项卡中根据实际需求进行设置即可。

3. 设置页面边框

给页面设置边框，可以吸引观者的注意力，增加文档的美观性。操作方法：在【设计】/【页面背景】组中单击"页面边框"按钮，打开"边框和底纹"对话框，并默认显示"页面边框"选项卡，在其中可以像设置段落边框一样为页面设置边框。另外，Word 2016 还提供了很多具有艺术性的页面边框样式，在"艺术型"下拉列表中选择需要的艺术边框样式，再根据实际需求对颜色和宽度进行设置，如图 1-72 所示。

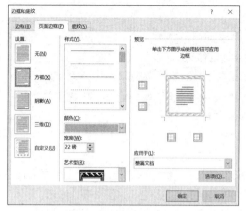

图 1-72 页面边框的设置及其效果

1.3 课堂案例：制作"员工守则"文档

"员工守则"是指企业内部员工在日常工作中必须遵守的行为规则，是约束员工行为的基本准则。一份好的"员工守则"，对于规范员工行为、维护企业形象，都有着非常重要的作用。

1.3.1 案例目标

"员工守则"可以让员工知道在日常工作中应该做什么，不应该做什么。"员工守则"的层次要清晰、重点内容要突出，这样才便于员工阅读，加深员工对"员工守则"的印象。在本案例中，对"员工守则"文档进行制作时，需要综合运用本章所讲知识，让文档的效果更加清晰、美观，"员工守则"文档制作完成后的参考效果如图 1-73 所示。

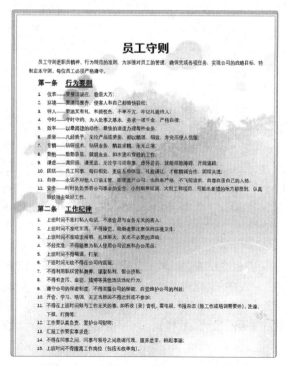

图 1-73 "员工守则"文档的参考效果

素材文件所在位置　素材文件＼第 1 章＼员工守则.docx
效果文件所在位置　效果文件＼第 1 章＼员工守则.docx

微课视频

1.3.2　制作思路

"员工守则"展示的内容主要是员工在日常工作中必须遵守的一些行为规范，所以，内容一般只有一页。要想使文档中的内容更便于阅读，就需要对文档格式进行设置，使段落层次和结构更加清晰，除此之外，还需要对页面进行设置，让页面更加美观。"员工守则"文档的具体制作思路如图 1-74 所示。

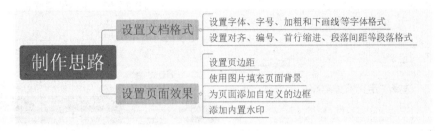

图 1-74　制作思路

1.3.3　操作步骤

1. 设置文档格式

在"员工守则"文档中进行字体格式、段落格式设置等操作，使各段落之间的层次清晰、重点突出，具体操作如下。

STEP 1　打开"员工守则 .docx"文档，将"员工守则"标题文本的字体设置为"黑体"，字号设置为"一号"，加粗文本，再将段落对齐方式设置为"居中对齐"。

STEP 2　使用相同的方法对"行为要则"和"工作纪律"文本的字体、字号、加粗和下画线（双横线）进行设置，如图 1-75 所示。

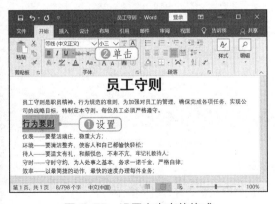

图 1-75　设置文本字体格式

STEP 3　选择除标题外的所有正文段落，在"段

落"对话框中设置首行缩进和行距，如图 1-76 所示。

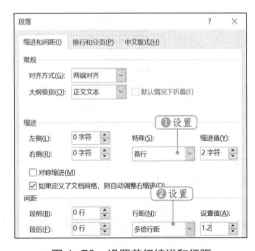

图 1-76　设置首行缩进和行距

STEP 4　选中"行为要则"和"工作纪律"段落，单击【开始】/【段落】组中的"编号"下拉按钮，在打开的下拉列表中选择"定义新编号格式"选项，如图 1-77 所示。

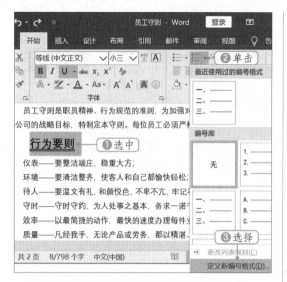

图 1-77　选择"定义新编号格式"选项

STEP 5　打开"定义新编号格式"对话框，在"编号样式"下拉列表中选择需要的编号样式，在"编号格式"文本框中自定义编号格式，单击 确定 按钮，如图 1-78 所示。

图 1-78　设置编号格式

STEP 6　保持段落的选中状态，应用自定义的编号格式，然后选中需要应用数字编号的段落，单击【开始】/【段落】组中的"编号"下拉按钮 ▼，在打开的下拉列表中选择编号样式，如图 1-79 所示。

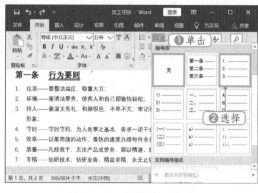

图 1-79　选择编号样式

STEP 7　选中编号"13"，在其上单击鼠标右键，在打开的快捷菜单中选择"重新开始于 1"选项，如图 1-80 所示。

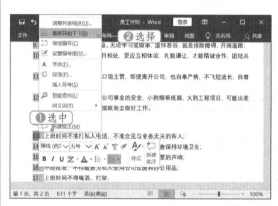

图 1-80　选择菜单选项

STEP 8　"工作纪律"段落将从 1 开始编号，效果如图 1-81 所示。

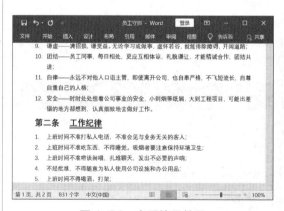

图 1-81　查看编号效果

2. 设置页面效果

下面为"员工守则"文档设置页边距、页面背景、页面边框和水印等，具体操作如下。

STEP 1　单击【布局】/【页面设置】组中的"页边距"按钮 ，在打开的下拉列表中选择"窄"选项，如图 1-82 所示。

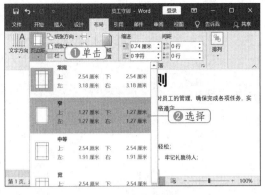

图 1-82　设置页边距

STEP 2　两页将变成一页显示，单击【设计】/【页面背景】组中的"页面颜色"按钮，在打开的下拉列表中选择"填充效果"选项，如图 1-83 所示。

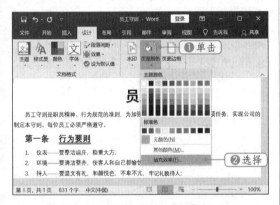

图 1-83　选择"填充效果"选项

STEP 3　打开"填充效果"对话框，单击"图片"选项卡，单击 选择图片(L)... 按钮，如图 1-84 所示。

图 1-84　选择图片

STEP 4　在打开的对话框中选择"从文件"选项，打开"选择图片"对话框，在地址栏中选择图片保存的位置，然后选择需要插入的图片，单击 插入(S) 按钮，如图 1-85 所示。

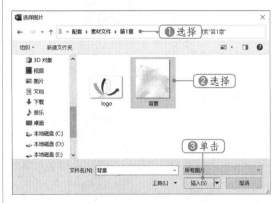

图 1-85　插入图片

STEP 5　返回"填充效果"对话框，单击 确定 按钮确认填充。单击【设计】/【页面背景】组中的"页面边框"按钮，在打开的"边框和底纹"对话框的"页面边框"选项卡左侧单击"方框"按钮，然后分别选择边框的样式、颜色和宽度，完成后单击 选项(O)... 按钮，如图 1-86 所示。

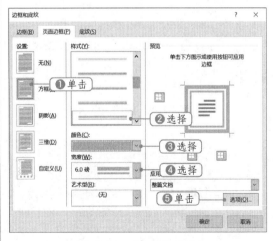

图 1-86　设置页面边框

STEP 6　打开"边框和底纹选项"对话框，设置上、下、左、右的边距均为"0 磅"，如图 1-87 所示。

STEP 7　单击 确定 按钮，返回"边框和底纹"对话框，再单击 确定 按钮，完成页面边框的添加。单击【设计】/【页面背景】组中的"水印"按钮，在打开的下拉列表中选择"样本 1"选项，如图 1-88 所示。

STEP 8 为文档添加文本水印，效果如图 1-89 所示。

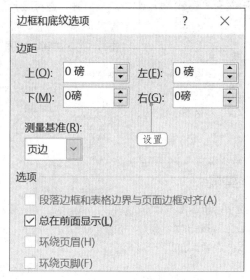

图 1-87　设置边距

图 1-88　选择内置水印

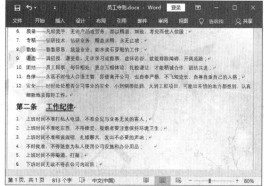

图 1-89　查看水印效果

1.4　强化实训

本章详细介绍了 Word 文档的制作与格式设置的方法，下面将通过制作"工作简报"文档和编辑"文化活动方案"文档进行强化训练。

1.4.1　制作"工作简报"文档

"工作简报"是各种企事业单位常用的一种文体，用于反应部门在某一段时间内各方面工作的进展情况和存在的主要问题，以起到相互交流、启发的作用。

【制作效果与思路】

在本实训中制作的"工作简报"文档的效果如图 1-90 所示，具体制作思路如下。

（1）创建文档，输入"工作简报 .docx"文档中的内容，设置页边距为窄，纸张大小为 16 开。

（2）对标题和正文内容的字体格式（包括字体、字号、字体颜色、加粗效果等）、段落格式（包括对齐方式、段落缩进和间距、内置编号、自定义编号等）进行设置。

（3）为"公司社会管理部 2020 年 12 月 25 日"文本添加红色边框，为最后 3 段文本添加内置边框样式。

尼特斯尔公司

工 作 简 报

第 12 期

公司社会管理部　　　　　　　　　　　2020 年 12 月 25 日

关于公司产品经济利益的相关成果

我公司去年的工作，总的来说是围绕提高经济效益这个中心点来开展，以提高产品质量为重点，以搞活市场为目标，开展整个工业的经营活动，但仍然存在诸多问题。这里对这些问题提出了一些建议。

第一 集中力量，编制了各项规划，并积极组织落实

去年初我们组织人力，经过调查研究，制订了全年的生产销售计划、产品质量升级规划、增加品种花样的规划以及科技工作规划等，在此基础上，愿愿组织落实，从现在看来，各项计划执行得还比较好。

第二 克服困难组织生产，创造较好的经济效益

去年各工厂克服了供电偶震、某些原材料不足等困难，经过一年的努力生产，工业总产值实现了 8500 万元，完成计划的百分之九十八点二，基本完成任务，而且还比前年同期略有增加，增长幅度为百分之一点四。几个主要产品产量除肉制品由于肉源供应不足、有所减产外，其他都超额完成了百分之三至五，基本完成全年计划，相比前年同期他都有不同程度的增长。总的来说，去年实现利润 4500 万元，完成年计划的百分之九十五点七，比前年同期增长百分之零点五六。

第三 围绕市场需求，搞好食品供应

去年春节的物资供应比过去任何一年都好，不仅货源足，而且品种花样比较齐全，做到了领导、商店、群众"三满意"。

第四 狠抓产品质量，多创优质产品

在年初，我们组织各厂开展了产品质量联查和创优质活动，并按品种分类，制订了各种食品的质量标准，汇编成册，发给各工厂执行，实行产品生产标准化、科学化，稳定和提高了产品质量，截至二月末的统计，我们有六个产品被评为国家级的优质产品，八个产品被评为部级优质产品，二十一个产品被评为省级优质产品，五十六个产品被评为全省食品工业战线的优质产品。

第五 全面开展"创四新"活动，增加品种花样

去年的"创四新"（新产品、新品种、新造型、新装演）活动，我们采取了"三个积极"（积极恢复传统产品、积极引进外地产品、积极研制新产品）的方法，共研究制作出了八十多个新品种，如电视枪、磷脂糖、智力巧克力糖、杨梅霉、鲜桔汁、南豆腐等，投放市场，很受欢迎，特别是儿童节前，生产了一百多样儿童食品和传统食品，在两个副食品商店陈列，有一部分产品还送到北京展销，都很受群众欢迎，北京展销万几次来电要货。

第六 加强了科技管理工作

今年以来，从公司到工厂都认真贯彻了中央十四号文件，建立健全了科管机构，充实了人员，制定了科研规划，从省、市科委争得了 50 万元的科研项目补助费。组织了两个项目的技术鉴定，对推动食品科研和整个食品工业的发展起到了一定的作用。

第七 结合企业整顿，开展企业调查

加强经营管理，提高经济效益，并且，对亏损的企业，试行了盈亏两条线的包干办法，促进企业不断改善经营管理。

第八 工作上存在的主要问题

1. 有的企业领导思想消沉现状，缺乏进取心，跟不上形势发展。

2. 有的产品质量不稳定，时好时差。

3. 某些原材料供应不足，影响生产正常进行。

发：公司各执行部门

送：公司领导、公司各部门总经理、存档（电子版）

社会管理部　　　　　　　　　　　2020 年 12 月 25 日印发

图 1-90 　"工作简报"文档的效果

素材文件所在位置　素材文件 \ 第 1 章 \ 工作简报.docx

效果文件所在位置　效果文件 \ 第 1 章 \ 工作简报.docx

微课视频

1.4.2 　编辑"文化活动方案"文档

"文化活动方案"是公司用于增强团队凝聚力，举行各种庆祝活动的筹备文档。这类文档的内容较细致，一般都会涉及多级列表，读者可通过编辑该文档来巩固在本章学习的相关知识。

【制作效果与思路】

在本实训中制作的"文化活动方案"文档的部分效果如图 1-91 所示，具体制作思路如下。

（1）打开"文化活动方案 .docx"文档，设置页面方向为"横向"，在标题前后插入相应的符号，对标题和正文内容的字体和段落格式进行相应的设置（为不连续的段落添加数字编号后，需要选择部分编号，单击鼠标右键，在打开的快捷菜单中选择"继续编号"选项，使编号连续）。

（2）选中"9. 会前事项确认"下面的第一段，单击【插入】/【符号】组中的"编号"按钮，在打开的对话框中输入编号，并选择带圈数字编号类型，为段落添加带圈数字编号，然后使用相同的方法为其他段落添加带圈数字编号。

（3）选中所有正文文本，在"栏"对话框中设置栏数为"2"，栏间距为"5 字符"。

（4）打开"填充效果"对话框，单击"纹理"选项卡，选择一种纹理作为页面背景。

∾员工生日会活动方案∾

为了增强公司凝聚力，加强员工归属感，进一步推动公司企业文化建设，形成良好的企业向心力，让每位员工切实感受到快乐大家庭的温暖，达到情感留人的目的，特制定以下员工生日会活动方案。

一、适用范围

所有的在职员工（当月集中举行一次生日会）。

二、生日会实施程序

1. 每月20日前，由前台统计当月生日员工人数。

2. 公司按员工需求购买相应礼物或购物卡（费用在100元以内）。

3. 生日贺卡

公司统一采购温馨生日贺卡。生日贺卡由行政部统一管理，公司同事分别添加祝福，并在生日会当天由总经理签字祝福，当面发给生日员工。

4. 网络祝福

员工生日当天，前台利用公司论坛发送生日寄语。

5. 生日会提前一天预定生日蛋糕一份。生日会当天员工与领导共同分享（费用控制在150元以内）。

6. 生日会提前两天预定生日餐。目前公司员工数量较少，建议精心挑选生日员工喜爱吃的菜即可。

7. 生日假半天〔根据公司及部门实际情况〕。

8. 生日会具体时间

时间原则上定为每月最后一周的星期上午11:40开始（因销售、工程周一回公司）。

9. 会前事项确认

①行政提前准备会场（餐厅空场），音响、背景音乐、麦克风、蛋糕、刀具、寿星帽等。

②主持人由公司员工轮流担任。

③行政部提前3天发生日会通知。

10. 生日会当日具体流程

①主持人宣布生日会正式开始，公布本月生日员工姓名。

②稍后由新员工做自我介绍。

③主持人请总经理发放生日贺卡及礼物。

④主持人请总经理讲话。

⑤主持人请大家共同唱生日歌。

⑥主持人请生日员工说出生日感想，请生日员工吹蜡烛、切蛋糕。

⑦主持人宣布活动结束，大家陆续用工作餐。

注：行政部负责摄影存档。

图 1-91　"文化活动方案"文档的部分效果

素材文件所在位置　素材文件 \ 第 1 章 \ 文化活动方案 .docx

效果文件所在位置　效果文件 \ 第 1 章 \ 文化活动方案 .docx

微课视频

1.5　知识拓展

下面将对与 Word 文档的制作和格式设置相关的一些拓展知识进行介绍，帮助读者更好地编辑文档，使读者制作的文档能满足需要。

1. 使用"格式刷"快速复制格式

对文档格式进行设置时，如果需要为文档中的其他文本应用已设置好的文本格式，则可使用"格式刷"进行复制，并将其应用到其他文本或段落中。操作方法：选中已经设置好格式的文本或段落，双击或单击【开始】/【剪贴板】组中的"格式刷"按钮 ，此时鼠标指针将变成刷子形状，然后拖曳鼠标指针选中需要应用格式的文本或段落，即可将复制的格式应用到选择的文本或段落中。如果是单击"格式刷"按钮 ，则只能应用一次复制的格式；如果是双击"格式刷"按钮 ，则可多次应用复制的格式。

2. "多级列表"的应用

当文档内容比较多，且需要操作分级显示时，就可使用 Word 2016 提供的"多级列表"功能，清晰地体现出文档内容的层级结构。操作方法：选择需要添加多级列表的段落，单击【开始】/【段落】组中的"多级列表"按钮 ，在打开的下拉列表中选择内置的多级列表样式即可。

若内置的多级列表不能满足需求，可在"多级列表"列表中选择"定义新的多级列表"选项，打开"定义新多级列表"对话框，然后在其中选择需要修改的级别，再对编号格式进行设置。

3. 改变默认文字方向

默认情况下，在 Word 中输入的文本将以水平方向排列，但在制作一些特殊文档时，可通过设置文本方向使文本以不同的方向显示。操作方法：在【布局】/【页面设置】组中单击"文字方向"按钮 ，在打开的下拉列表中选择“垂直”选项，可使文档中的文本都进行垂直排列。若选择“文字方向选项”选项，在打开的“文字方向 - 主文档”对话框的“方向”选项组中单击相应的文字框，可为文本设置不同方向的排列效果。

1.6 课后练习

本章主要介绍了文档内容的输入与编辑，以及对字体格式、段落格式、特殊格式和页面背景的设置等知识，读者应加强对该部分知识的理解与应用。下面将通过两个练习，帮助读者熟练掌握以上知识的应用方法及操作方法。

练习 1 制作“供货合同”文档

本练习将制作“供货合同”文档，在其中输入并编辑相应的文本，然后再对文档内容的字体格式、段落格式进行相应的设置，设置后的效果如图 1-92 所示。

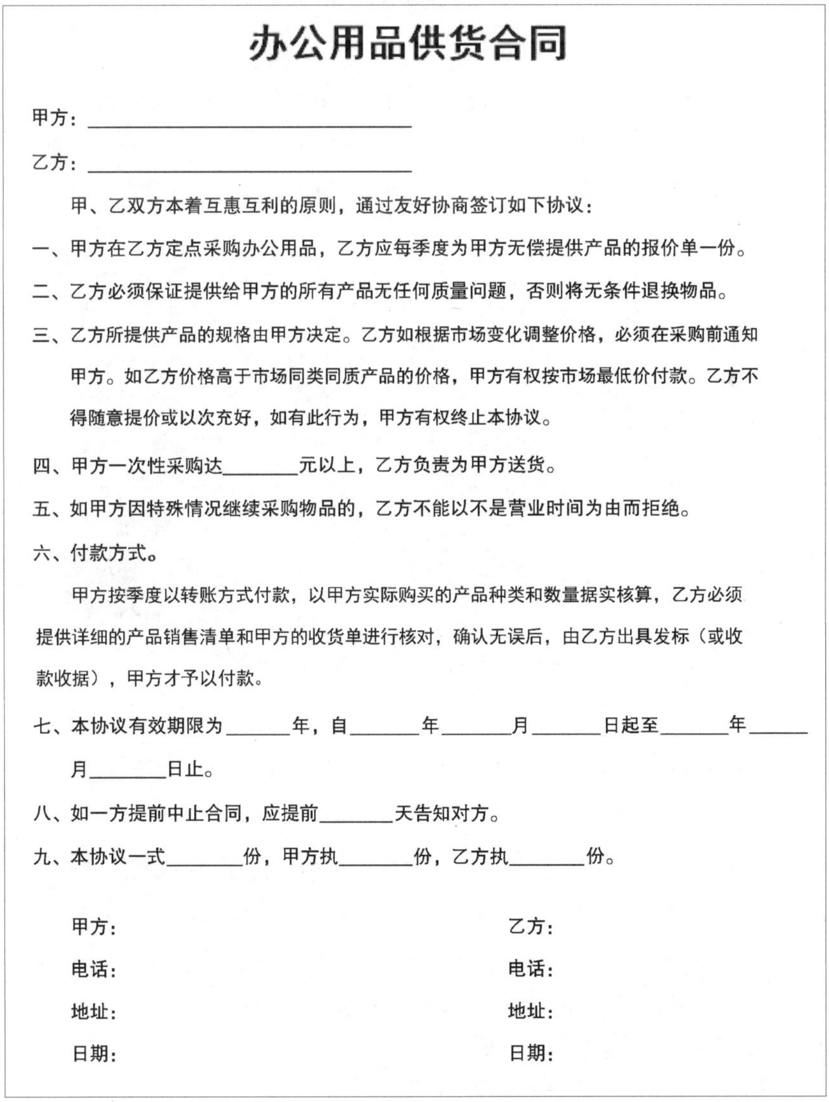

办公用品供货合同

甲方：________________________

乙方：________________________

甲、乙双方本着互惠互利的原则，通过友好协商签订如下协议：

一、甲方在乙方定点采购办公用品，乙方应每季度为甲方无偿提供产品的报价单一份。

二、乙方必须保证提供给甲方的所有产品无任何质量问题，否则将无条件退换物品。

三、乙方所提供产品的规格由甲方决定。乙方如根据市场变化调整价格，必须在采购前通知甲方。如乙方价格高于市场同类同质产品的价格，甲方有权按市场最低价付款。乙方不得随意提价或以次充好，如有此行为，甲方有权终止本协议。

四、甲方一次性采购达________元以上，乙方负责为甲方送货。

五、如甲方因特殊情况继续采购物品的，乙方不能以不是营业时间为由而拒绝。

六、付款方式。

甲方按季度以转账方式付款，以甲方实际购买的产品种类和数量据实核算，乙方必须提供详细的产品销售清单和甲方的收货单进行核对，确认无误后，由乙方出具发标（或收款收据），甲方才予以付款。

七、本协议有效期限为_______年，自_______年_______月_______日起至_______年_______月________日止。

八、如一方提前中止合同，应提前________天告知对方。

九、本协议一式________份，甲方执________份，乙方执________份。

甲方：	乙方：
电话：	电话：
地址：	地址：
日期：	日期：

图 1-92 “供货合同”文档的最终效果

素材文件所在位置	素材文件\第1章\课后练习\供货合同.txt
效果文件所在位置	效果文件\第1章\课后练习\供货合同.docx

微课视频

操作要求如下。

● 新建文档，输入"供货合同.txt"文档中的文本，对标题文本的字体、字号、对齐方式、段后间距等进行设置。

● 对正文文本的下画线、加粗效果、行间距、首行缩进、编号等进行设置。

练习2 制作"产品介绍"文档

本练习将制作"产品介绍"文档，在其中输入并编辑相应的文本，然后再编排文档，编排后的效果如图1-93所示。

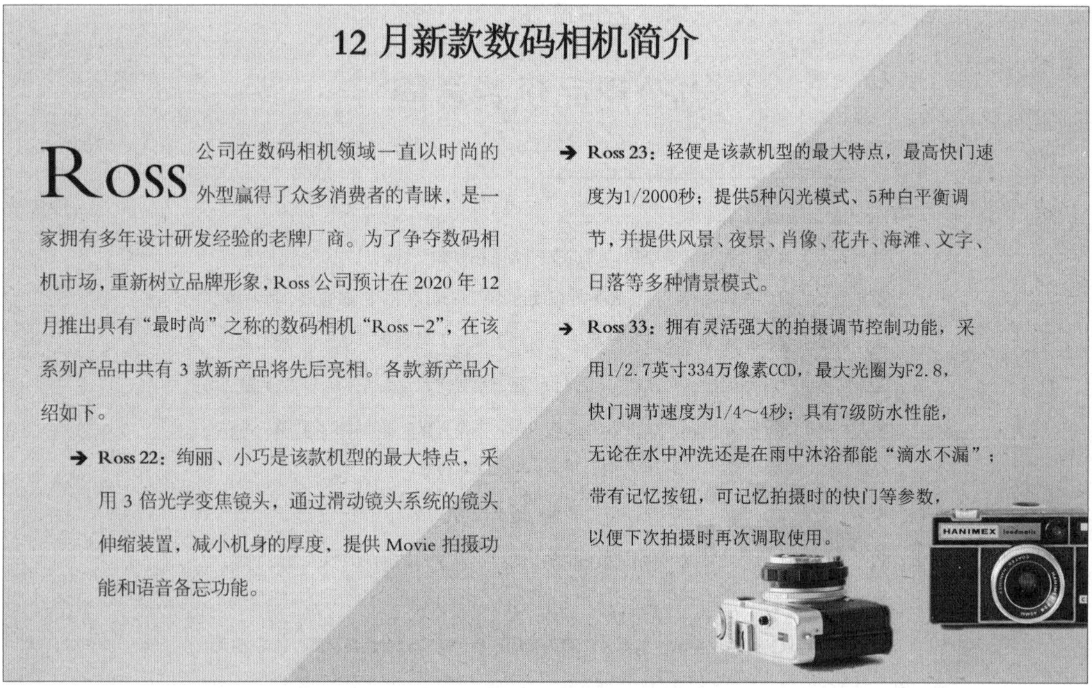

12月新款数码相机简介

Ross 公司在数码相机领域一直以时尚的外型赢得了众多消费者的青睐，是一家拥有多年设计研发经验的老牌厂商。为了争夺数码相机市场，重新树立品牌形象，Ross公司预计在2020年12月推出具有"最时尚"之称的数码相机"Ross −2"，在该系列产品中共有3款新产品将先后亮相。各款新产品介绍如下。

➔ **Ross 22**：绚丽、小巧是该款机型的最大特点，采用3倍光学变焦镜头，通过滑动镜头系统的镜头伸缩装置，减小机身的厚度，提供Movie拍摄功能和语音备忘功能。

➔ **Ross 23**：轻便是该款机型的最大特点，最高快门速度为1/2000秒；提供5种闪光模式、5种白平衡调节，并提供风景、夜景、肖像、花卉、海滩、文字、日落等多种情景模式。

➔ **Ross 33**：拥有灵活强大的拍摄调节控制功能，采用1/2.7英寸334万像素CCD，最大光圈为F2.8，快门调节速度为1/4~4秒；具有7级防水性能，无论在水中冲洗还是在雨中沐浴都能"滴水不漏"；带有记忆按钮，可记忆拍摄时的快门等参数，以便下次拍摄时再次调取使用。

图1-93 "产品介绍"文档的最终效果

素材文件所在位置	素材文件\第1章\课后练习\产品介绍.txt、产品背景.png
效果文件所在位置	效果文件\第1章\课后练习\产品介绍.docx

微课视频

操作要求如下。

● 新建文档，输入"产品介绍.txt"文档中的文本，设置页边距、页面方向和文档格式。

● 选中正文第一段中的"Ross"单词，设置首字下沉两个字符。

● 选中所有正文内容，将其设置为两栏排版。

● 选择计算机保存的图片，将其填充为页面背景。

第 2 章

Word 图文混排和表格类文档的制作

/ 本章导读

使用 Word 制作如宣传海报、产品介绍、调查报告等版式相对灵活的文档时，经常会用到除文字外的其他对象。本章主要介绍图片、形状、SmartArt 图形、文本框、艺术字和表格等不同对象的应用方法，帮助读者增强文档的表现力和视觉效果。

/ 技能目标

掌握图片、形状、SmartArt 图形、文本框、艺术字和表格等对象的应用方法。

/ 案例展示

2.1 图片的应用

图片是 Word 文档中使用频率较高的对象之一，它不仅可以对文档中的文本进行补充说明，还可以美化文档。在 Word 中，不仅可以插入图片，还可对插入的图片进行编辑和美化等操作，下面将分别进行介绍。

2.1.1 插入与编辑图片

在 Word 中，既可以插入计算机中保存的图片，也可以直接插入网络中的图片，另外，还可对插入的图片的位置、大小、裁剪区域等进行编辑。例如，在"产品优势介绍 .docx"文档中插入联机图片，并根据需求进行编辑，具体操作如下。

 素材文件所在位置 素材文件 \ 第 2 章 \ 产品优势介绍.docx、产品卖点图片

效果文件所在位置 效果文件 \ 第 2 章 \ 产品优势介绍.docx

微课视频

STEP 1 打开"产品优势介绍 .docx"文档，将光标定位到需要插入图片的文本后面的空行中，单击【插入】/【插图】组中的"图片"按钮，在打开的下拉列表中选择"此设备"选项，如图 2-1 所示。

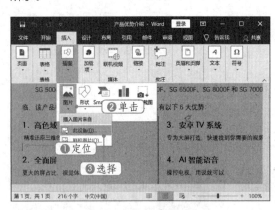

图 2-1 单击"图片"按钮

STEP 2 打开"插入图片"对话框，在地址栏中选择图片保存的位置，再选择需要插入的"卖点 1"图片，单击 插入(S) 按钮，如图 2-2 所示。

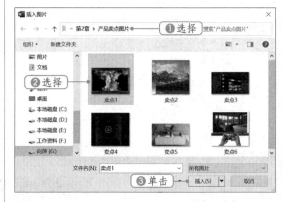

图 2-2 选择插入的图片

 知识补充

插入联机图片

如果要在文档中插入网络中的图片，可使用 Word 2016 提供的"联机图片"功能，但必须保证计算机正常连接网络才能使用该功能。操作方法：单击【插入】/【插图】组中的"图片"按钮，在打开的下拉列表中选择"联机图片"选项，打开"插入图片"对话框，在"搜索必应"搜索框中输入关键字，按【Enter】键，系统会根据关键字在网络中搜索相关图片，并显示结果，选择所需图片，单击 插入(1) 按钮，开始下载图片，下载完成后 Word 2016 将图片自动插入文档中。

STEP 3 　将选择的图片插入文档中，再使用相同的方法将另外 5 张图片插入文档中对应的位置。

STEP 4 　选中第 1 张图片，在【图片工具 格式】/【大小】组中的"高度"数值框中输入图片的高度值，如输入"4.9 厘米"，如图 2-3 所示。

STEP 5 　按【Enter】键，Word 将根据输入的高度值等比例调整图片的大小，再使用相同的方法调整其他图片的大小。

STEP 6 　将光标定位到第 2 张图片后面，将其设置为居中对齐，再设置第 4 张和第 6 张图片为居中对齐。

STEP 7 　选中第 6 张图片，单击【图片工具 格式】/【大小】组中的"裁剪"按钮，进入图片裁剪状态，将鼠标指针移动到图片下方的黑色裁剪框上，当鼠标指针变成形状时，按住鼠标左键向上拖曳，确定裁剪区域，如图 2-4 所示。

STEP 8 　在文档的其他区域单击，即可退出图片裁剪状态，完成裁剪，效果如图 2-5 所示。

图 2-3　调整图片大小

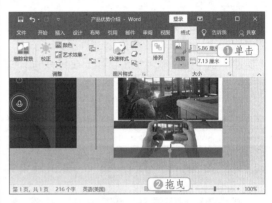

图 2-4　裁剪图片

图 2-5　图片编辑后的效果

知识补充

图片的其他裁剪方式

除了常规裁剪方式外，Word 2016 还提供了"裁剪为形状"和"按纵横比裁剪"两种方式，用户可以根据实际情况选择合适的裁剪方式对图片进行裁剪。在【图片工具 格式】/【大小】组中单击"裁剪"按钮下方的下拉按钮，在打开的下拉列表中选择"裁剪为形状"选项，在打开的子列表中选择相应的形状即可；选择"纵横比"选项，在打开的子列表中提供了相应的裁剪比例，选择需要的比例即可。

2.1.2 调整图片

　　插入文档中的图片，其颜色、色调、饱和度、亮度和对比度可能不能满足需求，此时，就需要对图片进行调整，使图片的整体效果更加符合文档需求。例如，继续在"产品优势介绍.docx"文档中根据需求对图片效果进行调整，具体操作如下。

 效果文件所在位置 效果文件 \ 第 2 章 \ 产品优势介绍 .docx

微课视频

STEP 1 在打开的"产品优势介绍.docx"文档中选择第 1 张图片，单击【图片工具 格式】/【调整】组中的"颜色"按钮，在打开的下拉列表中的"颜色饱和度""色调"或"重新着色"栏中可选择需要的选项，这里选择"颜色饱和度"栏中的"饱和度：200%"选项，如图 2-6 所示。

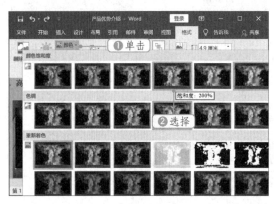

图 2-6　调整图片颜色

STEP 2 选中第 3 张图片，单击【图片工具 格式】/【调整】组中的"校正"按钮，在打开的下拉列表中的"锐化 / 柔化"栏或者"亮度 / 对比度"栏中选择需要的选项，如选择"亮度：+40% 对比度：0%（正常）"选项，如图 2-7 所示。

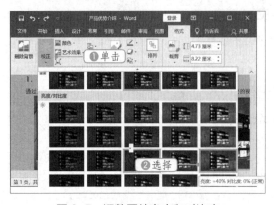

图 2-7　调整图片亮度和对比度

STEP 3 选中第 6 张图片，单击【图片工具 格式】/【调整】组中的"颜色"按钮，在打开的下拉列表中选择"设置透明色"选项，如图 2-8 所示。

图 2-8　选择"设置透明色"选项

STEP 4 此时鼠标指针变成 形状，将其移动到图片的白色背景上并单击，将图片的白色背景设置为透明色，如图 2-9 所示。

图 2-9　设置图片背景为透明色

知识补充

设置图片透明色

在Word 2016中，"设置透明色"功能只适用于纯色背景的图片，而且如果图片要保留的部分与背景色相同，使用该功能可能会将要保留的部分一同设置为透明色。如果图片的背景不是纯色的，又需要删除图片的背景，可使用"删除背景"功能删除。

STEP 5 选中第 4 张图片，单击【图片工具 格式】/【调整】组中的"删除背景"按钮，如图 2-10 所示。

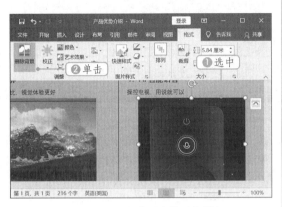

图 2-10 单击"删除背景"按钮

STEP 6 激活"背景消除"选项卡。通过图片上带控制点的框，调整图片要保留的区域，调整后，图片要保留的部分会显示为紫色，此时可单击【背景消除】/【优化】组中的"标记要保留的区域"按钮，如图 2-11 所示。

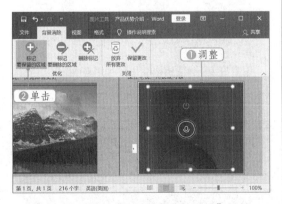

图 2-11 单击"标记要保留的区域"按钮

STEP 7 此时鼠标指针将变成形状，在紫色区域拖曳鼠标画线标记需要保留的区域，标记完成后单击【背景清除】/【关闭】组中的"保留更改"按钮，如图 2-12 所示。

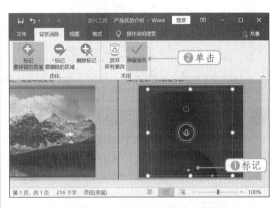

图 2-12 标记要保留的区域

STEP 8 返回文档界面，可看到删除图片背景后的效果，如图 2-13 所示。

图 2-13 查看图片效果

2.1.3 美化图片

在 Word 2016 中，还可通过设置图片艺术效果、应用图片样式、设置图片边框、设置图片效果等对图片进行美化。其操作方法分别如下。

● **设置图片艺术效果：**选中图片，单击【图片工具 格式】/【调整】组中的"艺术效果"按

钮 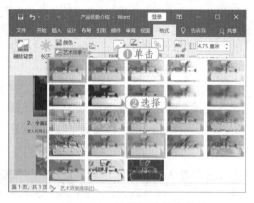，在打开的下拉列表中选择需要的图片艺术效果即可，如图 2-14 所示。

● **应用图片样式**：选中图片，单击【图片工具 格式】/【图片样式】组中的"快速样式"按钮 ，在打开的下拉列表中选择需要的图片样式即可，如图 2-15 所示。

| 图 2-14 设置图片艺术效果 | 图 2-15 应用图片样式 |

● **设置图片边框**：选中图片，单击【图片工具 格式】/【图片样式】组中的"图片边框"按钮 右侧的下拉按钮 ，在打开的下拉列表中可对边框颜色、粗细和样式进行设置，如图 2-16 所示。
● **设置图片效果**：选中图片，单击【图片工具 格式】/【图片样式】组中的"图片效果"按钮 ，在打开的下拉列表中提供了"预设""阴影""映像""发光""柔化边缘""棱台""三维旋转"等效果。选择相应的效果，在打开的子列表中选择对应效果所提供的选项，如选择"柔化边缘"效果，在打开的子列表中选择"5磅"选项，为图片应用柔化边缘效果，如图 2-17 所示。

| 图 2-16 设置图片边框 | 图 2-17 设置图片效果 |

2.2 形状的应用

形状在 Word 文档中的主要作用是分割版面，辅助阅读，合理利用 Word 中提供的各类形状，可以让文档排版更具创意。下面将介绍 Word 2016 中形状的插入、编辑与美化的方法。

2.2.1 插入与编辑形状

Word 2016 提供了多个类别的形状，如线条、矩形、基本形状、箭头、流程图等，用户可以根据不同需求，从指定的类别中找到需要的形状进行绘制，并可根据实际情况对绘制的形状进行编辑。例如，在"招聘简章"文档中插入形状，并对形状进行相应的编辑，具体操作如下。

素材文件所在位置　素材文件 \ 第 2 章 \ 招聘简章内容.txt

效果文件所在位置　效果文件 \ 第 2 章 \ 招聘简章.docx

 微课视频

STEP 1　新建空白文档，单击【插入】/【插图】组中的"形状"按钮，在打开的下拉列表中选择"基本形状"栏中的"椭圆"选项，如图 2-18 所示。

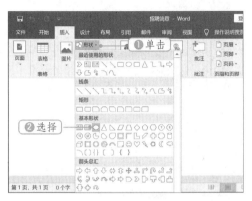

图 2-18　选择椭圆形状

STEP 2　按住【Shift】键，拖曳鼠标指针在文档页面顶部绘制一个圆，再在圆上方绘制一个矩形。将光标定位在矩形中，输入文本"UN"，将字体设置为"方正准圆简体"，字号设置为"72"，字体颜色设置为"红色（RGB:234,78,78)"，如图 2-19 所示。

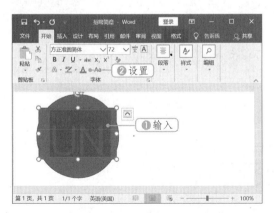

图 2-19　在矩形中输入文本

STEP 3　使用相同的方法在文档中绘制需要的矩形、直线和箭头，在矩形形状中输入"招聘简章内容 .txt"文档中的文本，并对文本的格式进行相应的设置，图 2-20 所示为文档的上、下两部分。

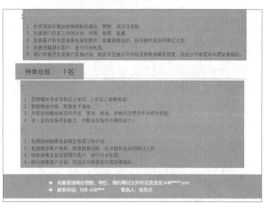

图 2-20　文档效果

STEP 4　选中"招聘简章"矩形形状，单击【绘图工具 格式】/【插入形状】组中的"编辑形状"按钮，在打开的下拉列表中选择"更改形状"选项，在打开的子列表中选择需要的形状，如选择"矩形：圆角"选项，如图 2-21 所示。

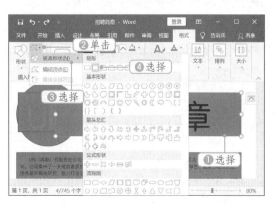

图 2-21　更改形状

STEP 5 将矩形形状更改为圆角矩形形状，保持圆角矩形的选中状态，单击【绘图工具 格式】/【排列】组中的"下移一层"下拉按钮 ▼，在打开的下拉列表中选择"置于底层"选项，如图 2-22 所示。

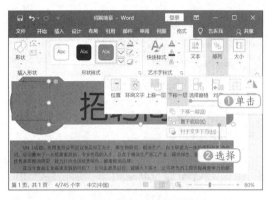

图 2-22　调整形状排列顺序

STEP 6 圆角矩形形状将置于圆的下方，效果如图 2-23 所示。

图 2-23　圆角矩形置于底层

STEP 7 按住【Shift】键，选中"任职资格"

文本所在的两个文本框，单击【绘图工具 格式】/【排列】组中的"对齐"按钮 ，在打开的下拉列表中选择对齐方式，如选择"右对齐"选项，两个文本框的右侧会对齐，如图 2-24 所示。

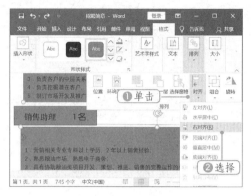

图 2-24　设置形状对齐

知识补充

编辑形状顶点

　　如果需要的形状在 Word 2016 中没有提供，则可插入相似的形状，再通过编辑形状顶点将其变成自己需要的形状。操作方法：选择形状，单击【绘图工具 格式】/【插入形状】组中的"编辑形状"按钮 ，在打开的下拉列表中选择"编辑顶点"选项，此时，形状中将出现黑色的小矩形顶点，将鼠标指针移动到顶点上，按住鼠标左键不放进行拖曳，可调整顶点的位置；在顶点上单击鼠标右键，在打开的快捷菜单中将显示顶点的编辑选项，选择相应的选项，可进行相应的操作。

2.2.2 设置形状外观效果

　　当形状的外观效果不能满足需求时，可以通过设置形状样式、形状填充、形状轮廓和形状效果等来更改形状的外观效果，让形状更加美观。例如，继续在"招聘简章.docx"文档中对形状的外观效果进行设置，具体操作如下。

 效果文件所在位置　效果文件 \ 第 2 章 \ 招聘简章 1.docx

微课视频

STEP 1 在"招聘简章.docx"文档中选中"UN"矩形形状，在【绘图工具 格式】/【形状样式】组的列表中选择需要的形状样式，如选择"预设"

中的"透明 - 橙色，强调颜色 2"选项（见图 2-25），形状将变成透明色。

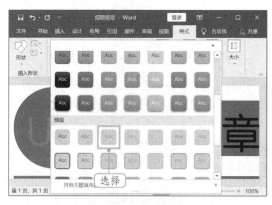

图 2-25　应用形状样式

STEP 2　选中圆形状，单击【绘图工具 格式】/【形状样式】组中的"形状填充"下拉按钮 ，在打开的下拉列表中选择"白色，背景 1"选项，如图 2-26 所示。

图 2-26　设置形状填充

STEP 3　保持圆形状的选中状态，单击"形状轮廓"下拉按钮 ，在打开的下拉列表中选择"最近使用的颜色"栏中的"红色"选项，再在该列表中选择"粗细"选项，在打开的子列表中选择"3 磅"选项，如图 2-27 所示。

图 2-27　设置形状轮廓

STEP 4　选中圆角矩形形状，在【绘图工具 格式】/【形状样式】组中设置"形状填充"为"红色"，在"形状轮廓"列表中选择"无轮廓"选项，取消形状轮廓，如图 2-28 所示。

图 2-28　取消形状轮廓

STEP 5　使用相同的方法设置其他形状的"形状样式""形状填充"和"形状轮廓"。

STEP 6　选中圆形状，单击【绘图工具 格式】/【形状样式】组中的"形状效果"按钮 ，在打开的下拉列表中选择"阴影"选项，在打开的子列表中的"外部"列表中选择"偏移：左"选项，如图 2-29 所示。

图 2-29　设置形状阴影效果

STEP 7　选中文档末尾的矩形形状，单击【绘图工具 格式】/【形状样式】组中的"形状效果"按钮 ，在打开的下拉列表中选择"棱台"选项，在打开的子列表中的"棱台"栏中选择"图样"选项，如图 2-30 所示。

STEP 8　完成文档中"形状样式""形状填充""形状轮廓""形状效果"的设置，效果如图 2-31 所示。

图 2-30　设置形状棱台效果

图 2-31　文档效果

2.3 **SmartArt 图形的应用**

　　SmartArt 图形以直观的方式传递信息，能清晰地表现各种关系结构，如循环关系、层次关系、并列关系等，常用于企业组织结构图、工作流程图等的制作。下面将介绍在 Word 2016 中 SmartArt 图形的应用。

2.3.1　插入与编辑 SmartArt 图形

　　Word 2016 中提供了多种类型的 SmartArt 图形，而且每种类型又包含不同的布局，用户可以根据实际需求选择 SmartArt 布局进行创建，并对其进行编辑，让制作的 SmartArt 图形能快速、有效地传递信息。例如，在"企业组织结构图 .docx"文档中创建并编辑 SmartArt 图形，具体操作如下。

素材文件所在位置　素材文件 \ 第 2 章 \ 企业组织结构图.docx
效果文件所在位置　效果文件 \ 第 2 章 \ 企业组织结构图.docx

微课视频

STEP 1　打开"企业组织结构图 .docx"文档，单击【插入】/【插图】组中的"SmartArt"按钮 ，如图 2-32 所示。

在左侧选择"层次结构"选项，在中间选择需要的布局，如选择"层次结构"选项，单击 确定 按钮，如图 2-33 所示。

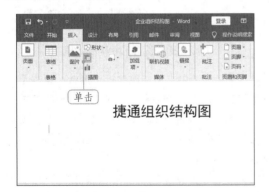

图 2-32　单击"SmartArt"按钮

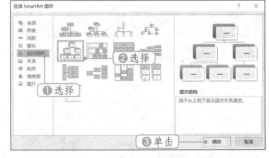

图 2-33　选择 SmartArt 图形

STEP 2　打开"选择 SmartArt 图形"对话框，

STEP 3　在插入的 SmartArt 图形对应的形状中输入组织结构内容，选中 SmartArt 图形，在

【SmartArt 工具 设计】/【版式】组中单击"更改布局"按钮，在打开的下拉列表中可选择布局样式，如选择"组织结构图"选项，如图 2-34 所示。

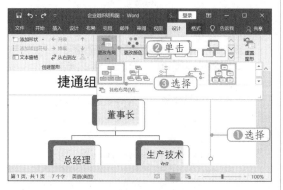

图 2-34　更改 SmartArt 布局

STEP 4　选中 SmartArt 图形中的"生产技术部"形状，单击【SmartArt 工具 设计】/【创建图形】组中的"降级"按钮，如图 2-35 所示。

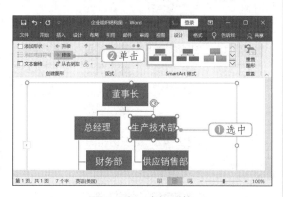

图 2-35　降级形状

STEP 5　"生产技术部"形状将下降一个级别。选中"总经理"形状，单击【SmartArt 工具 设计】/【创建图形】组中的"组织结构图布局"按钮，在打开的下拉列表中选择"标准"选项，如图 2-36 所示。

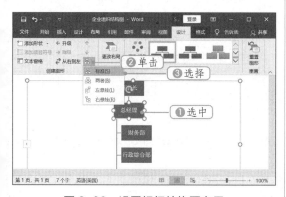

图 2-36　设置组织结构图布局

STEP 6　下一级别的形状将横向分布。保持"总经理"形状的选中状态，单击【SmartArt 工具设计】/【创建图形】组中的"添加形状"下拉按钮，在打开的下拉列表中选择"添加助理"选项，如图 2-37 所示。

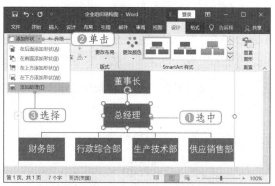

图 2-37　添加助理形状

STEP 7　在"总经理"形状下添加一个助理形状，输入文本"副总经理"。选中"财务部"形状，单击【SmartArt 工具 设计】/【创建图形】组中的"添加形状"下拉按钮，在打开的下拉列表中选择"在下方添加形状"选项，如图 2-38所示。

图 2-38　在下方添加形状

STEP 8　在所选形状下方添加下一级别的形状。选中添加的形状，单击【SmartArt 工具 设计】/【创建图形】组中的"添加形状"下拉按钮，在打开的下拉列表中选择"在后面添加形状"选项，如图 2-39 所示。

STEP 9　在后面添加一个同级别的形状。使用相同的方法添加需要的形状，并在添加的形状中输入相应的文本。

第 2 章

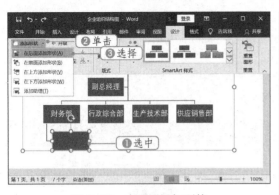

图 2-39　在后面添加形状

知识补充

添加形状

"添加形状"下拉列表中的"在后面添加形状"和"在前面添加形状"选项，表示添加的形状与所选形状是同级别的；"在上方添加形状"和"在下方添加形状"选项，表示添加的形状比所选形状高一级别或低一级别。

STEP 10　按住【Shift】键，选中"财务部"形状及下一级别的形状，按住鼠标左键进行拖曳，调整形状的位置，如图 2-40 所示。

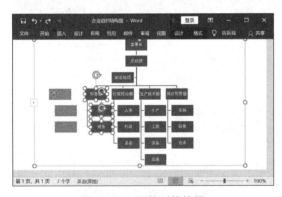

图 2-40　调整形状位置

STEP 11　使用相同的方法调整其他形状的位置。选中 SmartArt 图形中的所有形状，将鼠标指针移动到形状右边中间的控制点上，按住鼠标左键向右

或向左拖曳，调整形状的大小，如图 2-41 所示。

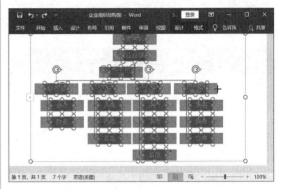

图 2-41　调整形状大小

STEP 12　再根据实际情况对 SmartArt 图形中的形状稍做调整，效果如图 2-42 所示。

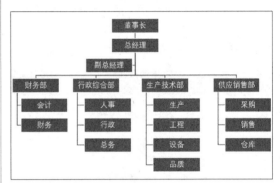

图 2-42　组织结构图

技巧秒杀

快速搭建组织结构图的框架

如果组织结构图的层级比较多，且组织体系庞大，通过添加形状来搭建框架就比较慢。此时可先在 Word 中输入组织结构图的文本内容，并调整好级别，然后在文档中插入需要的组织结构图，复制组织结构图文本，单击【SmartArt 工具 设计】/【创建图形】组中的"文本窗格"按钮，打开文本窗格，在其中粘贴复制的组织结构图文本，Word 会根据文本内容快速搭建好组织结构图的框架。

2.3.2　美化 SmartArt 图形

在 Word 2016 中，可通过应用 SmartArt 样式和更改 SmartArt 颜色来对 SmartArt 图形进行整体的美化。其操作方法分别如下。

- **应用 SmartArt 样式：** 选中 SmartArt 图形，在【SmartArt 工具 设计】/【SmartArt 样式】组中的列表中选择需要的样式，如图 2-43 所示。

● **更改 SmartArt 颜色：** 选中 SmartArt 图形，在【SmartArt 工具 设计】/【SmartArt 样式】组中单击"更改颜色"按钮，在打开的下拉列表中选择需要的颜色，如图 2-44 所示。

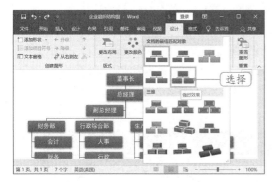

图 2-43　应用 SmartArt 样式

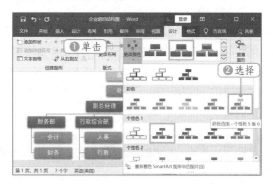

图 2-44　更改 SmartArt 颜色

2.4　文本框和艺术字的应用

文本框主要用于辅助排版，而艺术字主要用于文档标题的制作，也常用于非正式文档的制作。下面将介绍在 Word 2016 中应用文本框和艺术字的方法。

2.4.1　插入与编辑文本框

在 Word 2016 中，既可以插入内置的文本框，也可根据需求绘制文本框。操作方法：在文档中单击【插入】/【文本】组中的"文本框"按钮，在打开的下拉列表中的"内置"栏中选择需要的文本框样式，或者选择"绘制横排文本框"或"绘制竖排文本框"选项，在文档中拖曳鼠标指针绘制文本框。

另外，在 Word 2016 中，文本框的编辑、美化方法与形状的编辑、美化方法类似，这里不再赘述。

2.4.2　创建文本框链接

在 Word 2016 中，如果放置到文本框中的内容过多，且一个文本框不能完全显示文本内容时，可以创建多个文本框，并通过创建链接的方式将这些文本框关联起来，让文本框中的内容自动随着文本框大小的变化而显示。操作方法：绘制一个文本框，选中内容未完全显示出来的文本框，单击【绘图工具 格式】/【文本】组中的"创建链接"按钮，此时，鼠标指针将变成形状，将鼠标指针移动到空白的文本框上，鼠标指针将变成形状，如图 2-45 所示。在该空白文本框上单击，将文本框中未显示的内容链接到空白的文本框中，而且"创建链接"按钮将变成"断开链接"按钮，如图 2-46 所示。

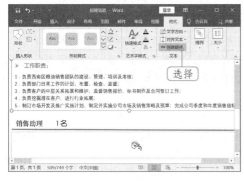

图 2-45　创建链接

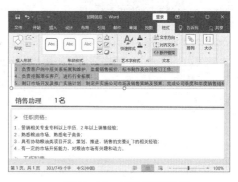

图 2-46　查看链接效果

2.4.3 插入与设置艺术字

在制作排版比较灵活的文档时，通常会使用艺术字来制作文档标题，以达到醒目的效果。在 Word 2016 中，单击【插入】/【文本】组中的"艺术字"按钮，在打开的下拉列表中选择需要的艺术字样式，如图 2-47 所示，然后在插入的艺术字文本框中输入文档标题。

另外，插入艺术字后，在【绘图工具 格式】/【艺术字样式】组中可对艺术字样式、艺术字填充效果、艺术字轮廓，以及艺术字阴影、映像、发光、棱台、三维旋转和转换等效果进行设置，为艺术字设置转换效果后的效果如图 2-48 所示。

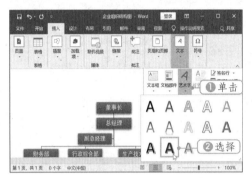

图 2-47　选择艺术字样式　　　　图 2-48　为艺术字设置转换效果

知识补充

艺术字与文本效果和版式的区别

在 Word 2016 中，插入的艺术字样式与【开始】/【字体】组中的"文本效果和版式"下拉列表中提供的艺术字样式是一致的。不同的是，为文本设置文本效果和版式后，不会激活"绘图工具 格式"选项卡，不能对文本的棱台、三维旋转和转换效果进行设置，而插入艺术字后，则可以对此类效果进行设置。

2.5　表格的应用

在日常工作中，经常需要制作各种表格，如来访人员登记表、日程表、请假单等。Word 虽然不是专业的表格制作软件，但通过创建与编辑表格、美化表格同样能快速制作出美观的表格。下面将介绍在 Word 2016 中表格的制作方法。

2.5.1 创建与编辑表格

在 Word 2016 中，创建表格的方法很多，用户可以根据实际情况选择最佳的表格创建方法。为了使表格更加满足实际需求，表格创建好的后，用户还需要对表格进行相应的编辑，如合并单元格、调整行高和列宽、设置文本对齐方式等。例如，在"应聘人员登记表.docx"文档中插入表格，并对其进行编辑，具体操作如下。

素材文件所在位置　素材文件 \ 第 2 章 \ 应聘人员登记表.docx
效果文件所在位置　效果文件 \ 第 2 章 \ 应聘人员登记表.docx

微课视频

STEP 1　打开"应聘人员登记表 .docx"文档，将光标定位到空白行中，单击【插入】/【表格】组中的"表格"按钮，在打开的下拉列表中选择"插入表格"选项，如图 2-49 所示。

图 2-49　选择"插入表格"选项

STEP 2　打开"插入表格"对话框，在"列数"

数值框中输入"8"，在"行数"数值框中输入"14"，单击 确定 按钮，如图 2-50 所示。

图 2-50　插入表格

STEP 3　在文档中插入 8 列 14 行的表格，并在表格的单元格中输入相应的文本内容。

知识补充

使用虚拟表格创建表格

如果要创建的表格的行数和列数分别在8行和10列以内，则可以在"表格"下拉列表中的虚拟表格中拖曳鼠标指针选择行列数的方法来创建表格。

STEP 4　将光标定位在"自我评价"所在行的任意单元格中，单击【表格工具 布局】/【行和列】组中的"在下方插入"按钮，如图 2-51 所示。

图 2-51　插入行

STEP 5　在"自我评价"行下方插入一行，在"自我评价"单元格下方的单元格中输入"兴趣爱好"。

STEP 6　在"兴趣爱好"所在行中选中需要合并的多个连续的单元格，单击【表格工具 布局】/【合并】组中的"合并单元格"按钮，如图 2-52 所示。

图 2-52　单击"合并单元格"按钮

STEP 7　选中的多个单元格将合并为一个单元格，使用相同的方法继续对表格中其他需要合并的单元格进行合并操作。

STEP 8　选中需要拆分的单个单元格或多个连续的单元格，单击【表格工具 布局】/【合并】组中的"拆分单元格"按钮，如图 2-53 所示。

STEP 9　打开"拆分单元格"对话框，在"列数"数值框中输入要拆分成的列数，如输入"5"，在"行数"数值框中输入要拆分成的行数，如输入"4"，单击 确定 按钮，如图 2-54 所示。

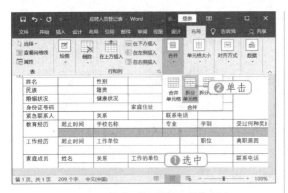

图 2-53　单击"拆分单元格"按钮

图 2-54　设置拆分参数

STEP 10　选中的单元格将被拆分为 5 列 4 行，使用相同的方法对"工作经历"和"家庭成员"所在行的相关单元格进行拆分。

STEP 11　选中需要调整列宽的单元格，将鼠标指针移动到对应的边框线上，当鼠标指针变成 ⇔ 形状时，按住鼠标左键，向右或向左拖曳，调整单元格的列宽，如图 2-55 所示。

图 2-55　拖曳鼠标指针调整列宽

STEP 12　使用相同的方法对表格中部分单元格的列宽进行调整。在对某个单元格的列宽进行调整时，可先选中该单元格，再拖曳鼠标指针调整，这样就不会影响其他单元格的列宽。

STEP 13　选中除表格"自我评价"行和最后一行外的其他表格，在【表格工具 布局】/【单元格大小】组的"高度"数值框中输入"0.7 厘米"，

以调整单元格行高，如图 2-56 所示。

图 2-56　调整行高

STEP 14　再将"自我评价"行和最后一行的行高调整到合适的高度。然后选中除表格最后一行以外的所有行，单击【表格工具 布局】/【对齐方式】组中的"水平居中"按钮 ▤，使文本水平居中于单元格显示，如图 2-57 所示。

图 2-57　设置文本对齐方式

STEP 15　选中"教育经历""工作经历""家庭成员""自我评价"单元格，单击【表格工具 布局】/【对齐方式】组中的"文字方向"按钮 ▤，如图 2-58 所示。

图 2-58　设置文本方向

STEP 16 被选中的单元格中的文本将以竖排显示，效果如图 2-59 所示。

应聘人员登记表

应聘岗位：__________　　　　填表日期：__________

姓名		性别		出生年月		
民族		籍贯		政治面貌		
婚姻状况		健康状况		联系电话		
身份证号码			家庭住址			
紧急联系人		关系		联系电话		
教育经历	起止时间	学校名称	专业	学制	受过何种奖励	
工作经历	起止时间	工作单位		职位	离职原因	
家庭成员	姓名	关系	工作的单位		联系电话	
自我评价						
兴趣爱好		期望薪资		最迟到岗时间		
从何种渠道获悉招聘信息		□BOSS 直聘	□智联招聘	□前程无忧		
本人声明：上述填写内容均属实，如有不属实之处，均可作为招聘方解除劳动关系的理由。确认签名：						

图 2-59　表格效果

2.5.2　美化表格

在 Word 2016 中，通过应用表格样式、设置表格底纹和设置表格边框，可以达到美化表格的目的。其操作方法分别如下。

- **应用表格样式：** 在文档中选中表格，在【表格工具 设计】/【表格样式】组中的列表中选择需要的样式即可，如图 2-60 所示。
- **设置表格底纹：** 选中表格或表格中的单元格，在【表格工具 设计】/【表格样式】组中单击“底纹”下拉按钮▾，在打开的下拉列表中选择需要的颜色即可，如图 2-61 所示。

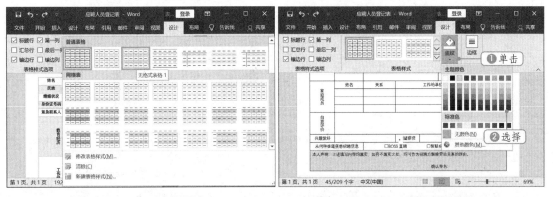

图 2-60　应用表格样式

图 2-61　设置表格底纹

- **设置表格边框：** 选中表格，在【表格工具 设计】/【边框】组中单击“边框样式”下拉按钮▾，在打开的下拉列表中选择系统预设好的边框样式直接应用；或者在“笔样式”下拉列表中选择需要的边框样式，在“笔画粗细”下拉列表中选择边框粗细，在“笔颜色”下拉列表中选择边框颜色，设置好后单击“边框”下拉按钮▾，在打开的下拉列表中选择边框应用的范围即可，如图 2-62 所示。

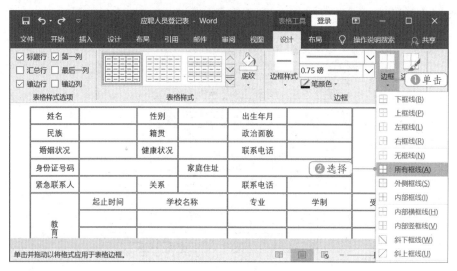

图2-62　设置边框

知识补充

创建图表

在Word 2016中，根据其所提供的图表功能，还可在文档中创建需要的图表，以直观地展示数据。操作方法：单击【插入】/【插图】组中的"图表"按钮，打开"插入图表"对话框，在左侧选择需要的图表类型，在右侧选择图表类型所对应的图表，单击 确定 按钮，如图2-63所示。在Word 2016中插入图表，并打开"Mcrosoft Word中的图表"表格，在其中输入图表需要展示的数据，Word 2016中的图表会随着数据的改变而自动变化，如图2-64所示。

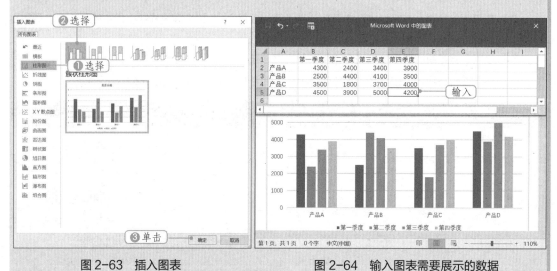

图2-63　插入图表　　　　　　　　图2-64　输入图表需要展示的数据

2.6　课堂案例：制作"公司宣传海报"文档

宣传海报因其画面美观、视觉冲击力强和表现力强，被广泛应用于各种宣传中，如产品宣传、活动宣传、企业文化宣传等，其目的是维护企业形象，提高企业的知名度，帮助企业销售产品。所以，用户可根据企业的不同目的来构思宣传海报的主题和设计海报的内容。

2.6.1　案例目标

　　宣传海报并不像正式的办公文档那样包含很多文本内容，其排版比较灵活，对版面效果的要求非常高，所以，在制作时一定要注意排版的美观性。在本案例中，对"公司宣传海报"文档进行制作时，需要综合运用本章所讲知识，让文档的整体效果更加美观。"公司宣传海报"文档制作完成后的参考效果如图 2-65 所示。

图 2-65　"公司宣传海报"文档的参考效果

 素材文件所在位置　素材文件 \ 第 2 章 \ 海报图片
效果文件所在位置　效果文件 \ 第 2 章 \ 公司宣传海报.docx

微课视频

2.6.2　制作思路

　　"公司宣传海报"会用到很多图形对象，需要合理地对这些图形对象进行编辑和排版，以使制作的宣传海报更能吸引观众。要完成"公司宣传海报"的制作，需要先插入图片，并对图片的大小、位置、背景等进行设置，然后插入需要的形状和文本框并进行相应的设置等。其具体制作思路如图 2-66 所示。

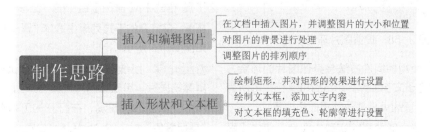

图 2-66　制作思路

2.6.3 操作步骤

1. 插入和编辑图片

在"公司宣传海报"文档中插入计算机中保存的图片，并对图片进行调整和编辑，使图片更加符合需求，具体操作如下。

STEP 1 新建一个空白文档，将其保存为"公司宣传海报.docx"。单击【插入】/【插图】组中的"图片"按钮，在打开的下拉列表中选择"此设备"选项，打开"插入图片"对话框，在地址栏中选择图片的保存位置，按【Ctrl+A】组合键，选择文件夹中的所有图片，单击 插入(S) 按钮，如图2-67所示。

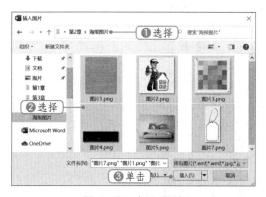

图2-67 插入图片

STEP 2 选中第1张图片，单击【图片工具 格式】/【排列】组中的"环绕文字"按钮，在打开的下拉列表中选择"衬于文字下方"选项，如图2-68所示。

图2-68 设置图片环绕方式

STEP 3 使用相同的方法将其他图片的环绕方式设置为"浮于文字上方"，然后将文档中的所有图片调整到合适的大小并放到相应的位置。

STEP 4 选中需要删除背景的图片，单击【图片工具 格式】/【调整】组中的"删除背景"按钮

，如图2-69所示。

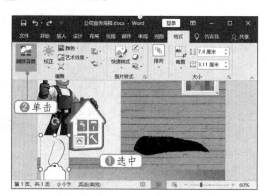

图2-69 单击"删除背景"按钮

STEP 5 此时图片需要删除的部分将变成紫红色，然后单击"标记要保留的区域"按钮，在图片上标记需要保留的部分，单击"保留更改"按钮，如图2-70所示。

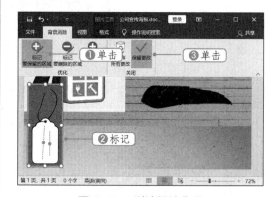

图2-70 删除图片背景

STEP 6 返回文档界面，可查看到图片删除背景后的效果，使用相同的方法删除其他图片的背景。

STEP 7 选中页面左上角的图片，单击【图片工具 格式】/【排列】组中的"上移一层"下拉按钮，在打开的下拉列表中选择"置于顶层"选项，如图2-71所示。

STEP 8 所选图片将置于页面最上面一层。选择笔刷图片，单击【图片工具 格式】/【调整】组中的"颜色"按钮，在打开的下拉列表中选择"重新着色"栏中的"金色，个性色4浅色"选项，重新为图片着色，如图2-72所示。

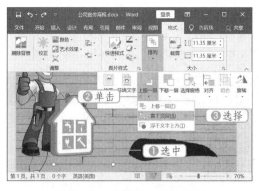

图 2-71　设置图片叠放顺序

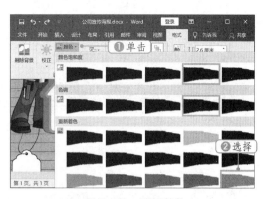

图 2-72　重新着色

2. 插入形状和文本框

插入形状和文本框，可丰富文档的内容和效果，具体操作如下。

STEP 1　在页面上方绘制一个高为 11.51 厘米、宽为 20.39 厘米的矩形，然后选择形状，单击【绘图工具 格式】/【形状样式】组中的"形状填充"下拉按钮▼，在打开的下拉列表中选择"蓝－灰，文字 2，深色 25%"选项，如图 2-73 所示。

图 2-73　设置形状图填充色

STEP 2　单击【绘图工具 格式】/【形状样式】组中的"设置形状格式"按钮⌐，打开"设置形状格式"窗格，然后在"线条"选项下将轮廓颜色设置为"金色（RGB:243,176,31）"，宽度设置为"16磅"，再单击"复合类型"按钮≡▼，在打开的下拉列表中选择"由粗到细"选项，如图 2-74 所示。

图 2-74　设置形状轮廓

STEP 3　选中形状，单击【绘图工具 格式】/【排列】组中的"下移一层"下拉按钮▼，在打开的下拉列表中选择"衬于文字下方"选项，如图 2-75 所示。

图 2-75　调整形状叠放顺序

STEP 4　继续对形状的叠放顺序进行调整，使形状位于"人物""笔刷"和"二维码"下方，位于"标签"上方，如图 2-76 所示。

图 2-76　查看形状叠放效果

STEP 5　在页面上绘制一个横排文本框，输入文本"装修"，取消文本框的填充色和轮廓，然后在【开始】/【字体】组中将字体设置为"汉仪秀英体简"，字号设置为"150"，单击"加粗"按钮 **B** 加粗文本，在"字体颜色"下拉列表中选择"白色，背景 1"选项，如图 2-77 所示。

图 2-77　设置字体格式

STEP 6　保持文本的选中状态，在【绘图工具格式】/【艺术字样式】组中设置字体轮廓为"金色（RGB:243,176,31）"，然后单击"文本效果"按钮 **A**，在打开的下拉列表中选择"阴影"选项，在打开的子列表中的"外部"栏中选择"偏移：下"选项，如图 2-78 所示。

图 2-78　设置文字阴影效果

STEP 7　使用相同的方法绘制其他文本框，在文本框中输入相应的文本，并对文本的格式进行设置。选中标签图片和上方的文本框，按住【Shift+Ctrl】组合键将标签图片和文本框水平向右移动，复制标签图片和文本框，如图 2-79 所示。

图 2-79　移动和复制对象

STEP 8　继续复制标签图片和文本框，然后修改文本框中的文本，然后将复制的标签图片置于矩形框下方，效果如图 2-80 所示。

图 2-80　修改和调整对象

STEP 9　将光标定位到页面下方文本框左侧的文本前，单击【插入】/【符号】组中的"符号"按钮 **Ω**，在打开的下拉列表中选择使用过的"电话"符号，如图 2-81 所示。

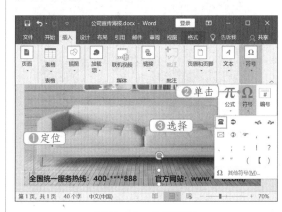

图 2-81　选择符号

STEP 10　在光标处插入选择的符号，效果如图 2-82 所示。完成本案例的制作。

图 2-82　查看符号效果

2.7　强化实训

本章详细介绍了 Word 2016 中图片、形状、文本框、艺术字、SmartArt、表格等图形对象的使用方法，为了帮助读者进一步掌握这些对象的使用方法，下面将通过制作"名片"和"市场调查报告"文档进行强化训练。

2.7.1　制作"名片"文档

名片是商业交往活动中的纽带，也是展示和推销自己的有效方式之一。对于公司领导和经常需要拜见客户的工作人员来说，名片是必不可少的。

【制作效果与思路】

在本实训中制作的"名片"文档的部分效果如图 2-83 所示，具体制作思路如下。

（1）自定义页面大小为"9×5.4"厘米。

（2）在页面中绘制需要的文本框，输入文本，并对文本的格式和文本框的效果进行设置。

（3）在页面中插入"车 .png"图片，删除图片的背景，并对图片的大小、位置、颜色和旋转角度等进行设置。

（4）绘制圆、三角形并手动插入流程图形状，再对其填充颜色、轮廓和阴影效果等进行相应的设置。

图 2-83　"名片"文档的效果

素材文件所在位置　素材文件 \ 第 2 章 \ 车 .png

效果文件所在位置　效果文件 \ 第 2 章 \ 名片 .docx

微课视频

2.7.2　制作"市场调查报告"文档

市场调查报告是对在市场中进行的项目调查所收集的资料进行整理和分析，以确定产品需求状况的文档，即为了产品的发布或销售而进行调查工作，并在调查工作结束后制作的报告文档。下面将在"市场调查报告"文档中插入需要的表格和图表。

【制作效果与思路】

在本实训中制作的"市场调查报告"文档的部分效果如图 2-84 所示，具体制作思路如下。

（1）在文档中插入 5 行 5 列的表格，将第 1 行合并为 1 个大的单元格，然后在表格中输入相应的文本，再设置文本的字体格式，并将文本对齐方式设置为"水平居中"。

（2）在表格下方插入一个柱形图，然后输入表格中的数据，作为图表要展示的数据。

（3）在图表标题文本框中输入"人群睡眠质量分析"。

（4）在【图表工具 设计】/【图表样式】组中为图表应用"样式6"。

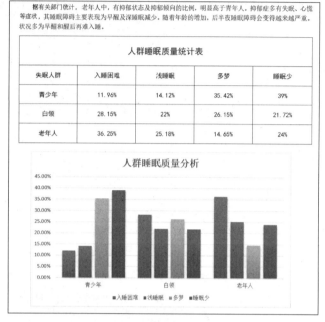

图 2-84 "市场调查报告"文档的效果

 素材文件所在位置 素材文件＼第 2 章＼市场调查报告.docx

效果文件所在位置 效果文件＼第 2 章＼市场调查报告.docx

 微课视频

2.8 知识拓展

下面将对 Word 2016 中对象的使用相关的一些拓展知识进行介绍，以帮助读者更好地进行文档的排版，使读者制作的效果更加美观。

1. 重置图片

对文档中的图片进行调整和编辑后，如果对图片效果不满意，可利用 Word 2016 提供的"重置图片"功能，放弃对图片所做的更改。操作方法：选择图片，单击【图片工具 格式】/【调整】组中的"重置图片"下拉按钮 ，在打开的下拉列表中选择"重置图片"选项，放弃对图片所做的全部格式的更改；选择"重置图片和大小"选项，则会使图片恢复到刚插入文档时的效果和大小。

2. 设置表格标题重复行

默认情况下，文档中的一个表格跨多页显示时，表格标题只会在首页显示，但这并不利于其他页表格数据的查看。此时，就可利用 Word 2016 提供的"重复标题行"功能，让表格的其他页面也显示标题。操作方法：选中表格，单击【表格工具 布局】/【数据】组中的"重复标题行"按钮 。

3. 文本与表格相互转换

在 Word 2016 中，既可以将文本直接转换为表格，也可将表格转换为文本，这样处理和编辑表格时会更加方便。将文本转换为表格时，只需要在文档中选中文本，单击【插入】/【表格】组中的"表格"按钮，在打开的下拉列表中选择"文本转换成表格"选项即可。如果要将表格转换为文本，只需要选中表格，单击【表格工具 布局】/【数据】组中的"转换为文本"按钮即可。

4. 组合对象

在制作排版比较灵活的文档时，会用到很多形状、文本框等对象，为了使对象便于选择和编辑，可利用 Word 2016 中的"组合"功能，将多个对象组合为一个对象。操作方法：选中需要组合的多个形状、图片或文本框等对象，单击【布局】/【排列】组中的"组合"按钮，在打开的下拉列表中选择"组合"选项，将选中的多个对象组合为一个对象。

2.9 课后练习

本章主要讲解了图文混排和表格类文档的制作等知识，读者应加强对该部分知识的理解与应用。下面将通过两个练习，帮助读者熟练掌握以上知识的应用方法及操作方法。

练习1　制作"招聘流程图"文档

本练习将制作"招聘流程图"文档，需要在文档中插入形状，并对形状进行相应的编辑，制作的"招聘流程图"文档的效果如图 2-85 所示。

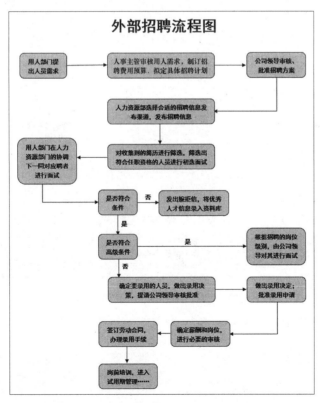

图 2-85　"招聘流程图"文档的最终效果

素材文件所在位置　素材文件\第2章\课后练习\招聘流程图.docx
效果文件所在位置　效果文件\第2章\课后练习\招聘流程图.docx

微课视频

操作要求如下。

● 打开文档，绘制圆角矩形，在形状中输入相应的文本，并设置文本的字体格式，然后设置圆角矩形的轮廓和填充色。

● 按住【Shift】键在圆角矩形右侧绘制直线箭头，并对直线箭头的轮廓进行设置。

● 复制圆角矩形和直线箭头，制作流程图的其他部分（流程图中的转弯箭头是绘制的肘形箭头连接符，它是通过拖曳连接符中的白色小圆点来调整箭头方向的）。

● 在绘制的文本框中输入相应的文本，并对文本框的格式进行设置。

练习2 制作"员工请假单"文档

本练习将制作"员工请假单"文档，首先在文档中手动绘制表格框架，其次在表格中输入文本，并对文本的字体格式、对齐方式等进行设置，最后为表格添加边框和底纹，制作完成后的效果如图2-86所示。

员工请假单

姓名		职务		部门	
请假类别	□婚假　□事假　□病假　□丧假　□产假　□年假　□探亲假　□其他				
请假事由					
请假时间	自＿＿＿年＿＿＿月＿＿＿日＿＿＿时至自＿＿＿年＿＿＿月＿＿＿日＿＿＿时，共计＿＿＿天＿＿时				
职务工作代理人及委托事项	本人休假期间以下工作委托＿＿＿＿＿＿＿先生/女士代理。 委托事项： 代理人签字确认： 签字日期：　　　年　　　月　　　日				
审核意见	部门经理：　　　　　　　　　　　　　　　年　　　月　　　日				
	人力资源部（考勤人员）：　　　　　　　年　　　月　　　日				
	副总经理或总经理：　　　　　　　　　　年　　　月　　　日				
说明： 1. 病假、产假、婚假、丧假申请时需附相关证明材料。 2. 请假时间以半天为最小请假单位，不足半天的按半天计算。 3. 请假半天至3天（含）以内，由部分负责人审批；请假3天以上由公司副总经理和总经理审批。					

图2-86 "员工请假单"文档的最终效果

 效果文件所在位置 效果文件\第2章\课后练习\员工请假单.docx

操作要求如下。

● 新建文档，输入文档标题"员工请假单"，并对文本的格式进行设置。

● 拖曳鼠标指针手动绘制表格，并在表格中输入相应的文本。

● 对表格中文本的字体格式和对齐方式进行设置。

● 为表格添加不同的内边框和外边框，然后再为表格的最后一行添加底纹。

第 3 章

Word 文档的高级排版与审阅

/ 本章导读

在日常办公中，有时需要制作长达几页或几十页的文档，此时就需要用到 Word 的高级排版功能。本章主要介绍快速排版文档，长文档的处理，脚注、尾注和题注的使用，邮件功能的应用，以及文档的审阅与保护等内容，从而帮助读者掌握文档的高级排版和审阅。

/ 技能目标

掌握样式、主题、样式集的使用方法。
掌握封面、目录、页眉和页脚、题注等的设置方法。
掌握脚注、尾注、题注的插入方法。
掌握文档的审阅和保护方法。

/ 案例展示

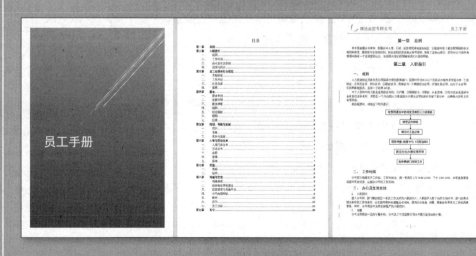

3.1 快速排版文档

在对文档格式进行设置时，会做很多重复的工作，如果在制作长文档时也像这样排版，将非常耗时。此时，可以通过 Word 2016 提供的"样式""主题""样式集"等功能，快速对文档进行排版，提高工作效率。

3.1.1 创建和使用样式

样式是一组格式的集合，其中包括字体格式、段落格式、边框、编号、制表位等，在编辑长文档时经常使用，它能简化操作，提高排版效率。例如，在"公司财产管理制度.docx"文档中对样式进行创建、应用、修改和使用，具体操作如下。

 素材文件所在位置 素材文件\第3章\公司财产管理制度.docx
效果文件所在位置 效果文件\第3章\公司财产管理制度.docx

微课视频

STEP 1 打开"公司财产管理制度.docx"文档，将光标定位到"总则"文本后，在【开始】/【样式】组中的下拉列表中选择"创建样式"选项，如图3-1所示。

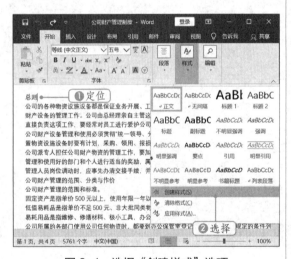

图 3-1 选择"创建样式"选项

STEP 2 打开"根据格式化创建新样式"对话框，单击 修改(M)... 按钮，展开对话框。在"名称"文本框中输入样式名称"章节"，在"样式基准"下拉列表中选择"标题"选项，在"格式"栏中设置字体为"方正黑体简体"，再分别单击"加粗"按钮 **B** 和 ≣ 按钮，然后再单击 格式(O)▼ 按钮，在打开的下拉列表中选择"编号"选项，如图3-2所示。

图 3-2 设置样式属性和格式

STEP 3 打开"编号和项目符号"对话框，单击 定义新编号格式... 按钮，打开"定义新编号格式"对话框，然后对"编号样式""编号格式"和"对齐方式"进行设置，完成后单击 确定 按钮，如图3-3所示。

STEP 4 依次单击 确定 按钮，返回文档界面。将光标定位到第2段中，再次打开"根据格式化创建新样式"对话框，在"名称"文本框中输入"条款"，然后单击 格式(O)▼ 按钮，在打开的下拉列表中选择"编号"选项，如图3-4所示。

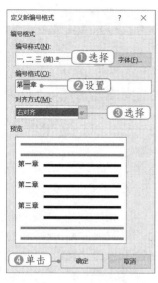

图 3-3　自定义编号

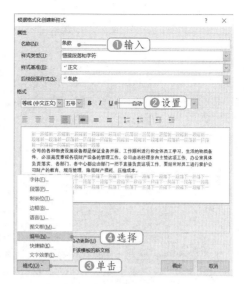

图 3-4　新建"条款"样式

 知识补充

样式基准

样式基准是指在基准样式的基础上新建样式。如果基准样式发生变化，那么新建的样式也会随之发生变化，所以在选择基准样式时，最好选择后期不会修改的样式。

STEP 5　打开"编号和项目符号"对话框，单击 定义新编号格式... 按钮，打开"定义新编号格式"对话框，然后对"编号样式""编号格式"和"对齐方式"进行设置，完成后单击 字体(F)... 按钮，如图 3-5 所示。

图 3-5　单击"字体"按钮

STEP 6　打开"字体"对话框，在"字形"下拉列表中选择"加粗"选项，单击 确定 按钮，

如图 3-6 所示。

图 3-6　设置编号字体

STEP 7　依次单击 确定 按钮，返回"根据格式化创建新样式"对话框，单击 格式(O)▼ 按钮，在打开的下拉列表中选择"段落"选项，如图 3-7 所示。

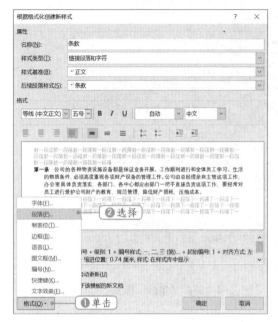

图 3-7　选择"段落"选项

STEP 8 打开"段落"对话框，在"特殊"下拉列表中选择"（无）"选项，在"行距"下拉列表中选择"多倍行距"选项，在其后的"设置值"数值框中输入"1.2"，如图 3-8 所示。

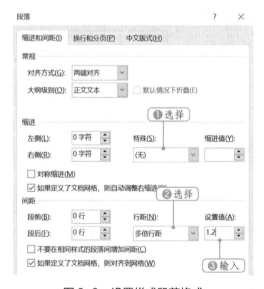

图 3-8　设置样式段落格式

STEP 9 依次单击 确定 按钮，返回文档界面。使用相同的方法创建"编号"和"正文内容"样式。

STEP 10 选中正文内容的第 2 段和第 3 段，在【开始】/【样式】组中单击"样式"下拉按钮 ，在打开的下拉列表中选择新建的"条款"样式，如图 3-9 所示。

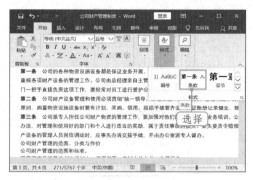

图 3-9　应用样式

STEP 11 使用相同的方法为文档中的段落应用新建的样式，然后选中"第四条"下的 3 个段落，为其应用 Word 2016 内置的"列表段落"样式，再在样式上单击鼠标右键，在打开的快捷菜单中选择"修改"选项，如图 3-10 所示。

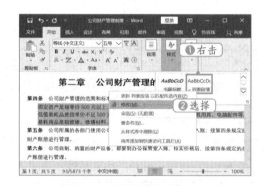

图 3-10　选择"修改"选项

STEP 12 打开"修改样式"对话框，为样式添加编号，并对段落格式进行相应的设置，完成后单击 确定 按钮，如图 3-11 所示。

图 3-11　修改样式

STEP 13 应用"列表段落"样式的段落将自动进行更改，然后将该样式应用到文档的相应段落中，并根据需要对编号的起始编号值进行设置，文档第 2 页的效果如图 3-12 所示。

图 3-12　文档效果

知识补充

为样式指定快捷键

对于新建的样式和 Word 内置的样式，为了提高应用效率，可为样式指定快捷键，这样在需要应用样式时，直接按快捷键即可。操作方法：打开"修改样式"对话框，单击 格式(O) 按钮，在打开的下拉列表中选择"快捷键"选项，打开"自定义键盘"对话框，然后在键盘上按快捷键，单击 指定(A) 按钮即可。

3.1.2　应用主题

在排版文档时，如果希望快速对文档的外观效果进行更改，可通过应用 Word 2016 提供的主题方案来实现，还可根据需求对主题方案的字体、颜色、效果等进行设置。例如，在"办公室日常行为规范.docx"文档中应用主题，具体操作如下。

素材文件所在位置　素材文件 \ 第 3 章 \ 办公室日常行为规范.docx
效果文件所在位置　效果文件 \ 第 3 章 \ 办公室日常行为规范.docx

微课视频

STEP 1　打开"办公室日常行为规范.docx"文档，单击【设计】/【文档格式】组中的"主题"按钮，在打开的下拉列表中选择需要的主题方案，如选择"石板"选项，如图 3-13 所示。

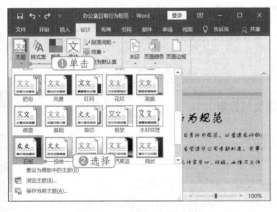

图 3-13　选择主题方案

STEP 2　为文档应用"石板"主题方案。单击【设计】/【文档格式】组中的"颜色"按钮，在打开的下拉列表中选择 Word 预设的颜色方案，如选择"蓝色 II"选项，如图 3-14 所示。

图 3-14　应用主题颜色

知识补充

自定义主题颜色

如果Word预设的主题颜色方案不能满足需求，可在"颜色"列表中选择"自定义颜色"选项，打开"新建主题颜色"对话框，在其中对主题名称、文字颜色、背景颜色、图形颜色、超链接颜色等进行设置即可。

STEP 3 单击【设计】/【文档格式】组中的"字体"按钮文，在打开的下拉列表中选择需要的字体，如选择"自定义字体"选项，如图 3-15 所示。

图 3-15 选择"自定义字体"选项

STEP 4 打开"新建主题字体"对话框，将西文标题字体和西文正文字体均设置为"Arial"，再

将中文标题字体设置为"方正兰亭刊黑_GBK"，中文正文字体设置为"方正黑体简体"，然后在"名称"文本框中输入字体名称"内部文件"，单击保存(S) 按钮，如图 3-16 所示。

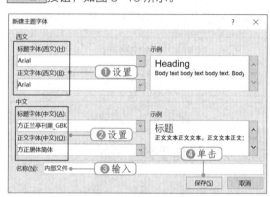

图 3-16 自定义主题字体

STEP 5 为文档应用自定义的字体，文档部分效果如图 3-17 所示。

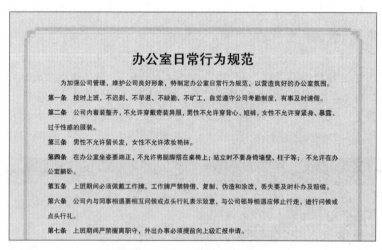

图 3-17 查看文档效果

3.1.3 使用样式集

样式集是众多样式的集合，通过样式集可以快速改变文档的外观。但前提是，应用样式集的文档已应用过样式，否则，应用样式集后，文档效果将不会发生任何变化。操作方法：对于已应用样式的文档，在【设计】/【文档格式】组的列表中选择需要的样式集即可，如图 3-18 所示。

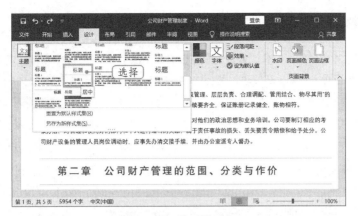

图 3-18　使用样式集

3.2　长文档的处理

对于长达几页或者几十页的文档来说，不但需要排版好文档内容，还需要增加一些内容，如封面、目录、页眉和页脚等，这样制作的文档看起来才更加规范、专业。

3.2.1　设置文档封面

在 Word 2016 中提供了多种封面样式，用户可以选择合适的封面插入文档中，然后根据实际情况再对封面中的图片或者文本内容进行修改。操作方法：在文档中单击【插入】/【页面】组中的"封面"按钮 ，在打开的下拉列表中选择需要的封面样式，如图 3-19 所示，将其插入文档最前面作为封面页，再根据实际情况对封面中的文本内容、图片等对象进行修改，如图 3-20 所示。

知识补充

自定义封面

如果 Word 2016 提供的封面样式不能满足需求，此时，用户可以结合第 2 章讲解的图片、形状、文本框等相关知识，自行设计文档的封面。操作方法：将鼠标指针定位到文档最前面，单击【插入】/【页面】组中的"空白页"按钮，插入一页空白页，将其作为封面页，此时再在封面页中添加相应的内容，并对其进行设置即可。

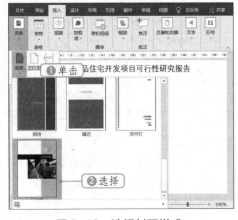

图 3-19　选择封面样式

图 3-20　修改封面页

3.2.2 设置文档目录

目录是长文档必不可少的一部分，通过目录不仅可以快速了解文档包含的内容，还能快速定位到文档中的相应位置，便于查看。例如，在"项目可行性研究报告.docx"文档中插入目录，并对目录进行更新，具体操作如下。

素材文件所在位置 素材文件 \ 第 3 章 \ 项目可行性研究报告.docx
效果文件所在位置 效果文件 \ 第 3 章 \ 项目可行性研究报告.docx

微课视频

STEP 1 打开"项目可行性研究报告.docx"文档，将光标定位到文档最前面，然后单击【引用】/【目录】组中的"目录"按钮🗒，在打开的下拉列表中选择"自定义目录"选项，如图 3-21 所示。

图 3-21　选择"自定义目录"选项

STEP 2 打开"目录"对话框，Word 已默认选中"显示页码"和"页码右对齐"复选框，然后在"制表符前导符"下拉列表中选择需要的制表符，在"显示级别"数值框中输入目录要提取的级别，如输入"2"，最后取消选中"使用超链接而不使用页码"复选框，单击 选项(O)... 按钮，如图 3-22 所示。

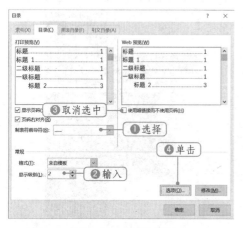

图 3-22　目录设置

技巧秒杀

应用内置目录样式快速提取目录

如果文档中的标题应用了样式，或者设置了段落级别，那么，可直接在【目录】组中单击"目录"按钮🗒，在打开的下拉列表中选择自动目录样式，按照该样式从文档中提取出目录。

STEP 3 打开"目录选项"对话框，删除其他样式所对应的目录级别框中的数字，然后在本文档应用的"一级标题"和"二级标题"所对应的目录级别框中分别输入"1"和"2"，单击 确定 按钮，如图 3-23 所示。

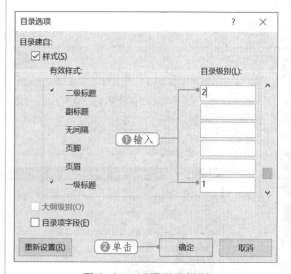

图 3-23　设置目录级别

STEP 4 返回"目录"对话框，单击 确定 按钮，在文档光标处插入目录，然后在目录最上方输入"目录"标题，并对其格式进行相应的设置，效果如图 3-24 所示。

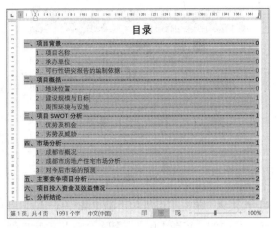

图 3-24　目录效果

STEP 5　文档目录一般是与正文内容隔开的，所以需将光标定位到目录最后，然后单击【布局】/【页面设置】组中的"分隔符"按钮，在打开的下拉列表中选择"分页符"选项，如图 3-25 所示。

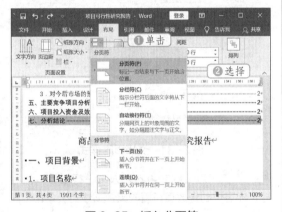

图 3-25　插入分页符

STEP 6　在光标处插入分页符，正文内容将自动移动到下一页中。此时，正文内容所在的页码将发生变化，需要选择整个目录，单击【引用】/

【目录】组中的"更新目录"按钮，打开"更新目录"对话框，然后选择需要更新的选项，如选中"只更新页码"单选项，单击 确定 按钮，如图 3-26 所示。

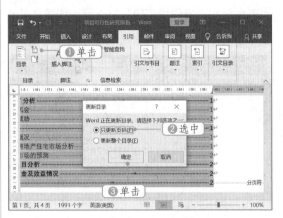

图 3-26　更新目录页码

STEP 7　目录中的页码将进行更新，效果如图 3-27 所示。

图 3-27　目录效果

3.2.3　设置页眉和页脚

页眉和页脚主要用于显示公司名称、文档名称、公司 Logo、日期、页码等附加信息。在 Word 2016 中，可直接插入 Word 提供的页眉、页脚样式，也可根据实际需求自行添加页眉和页脚内容。不仅如此，还可以为首页、奇数页和偶数页等设置不同的页眉和页脚。例如，在"项目可行性研究报告 .docx"文档中设置页眉和页脚，具体操作如下。

 效果文件所在位置　效果文件 \ 第 3 章 \ 项目可行性研究报告 .docx

微课视频

STEP 1 在"项目可行性研究报告 .docx"文档页面顶端双击，进入页眉和页脚编辑状态，激活"页眉和页脚工具 设计"选项卡，然后在【页眉和页脚工具 设计】/【选项】组中选中"首页不同"和"奇偶页不同"复选框，如图 3-28 所示。

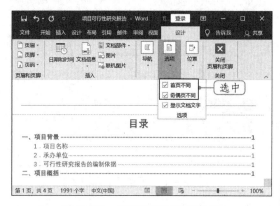

图 3-28 设置页眉和页脚选项

STEP 2 将光标定位到目录页的页眉处，单击【页眉和页脚工具 设计】/【页眉和页脚】组中的"页眉"按钮，在打开的下拉列表中选择"镶边"选项，如图 3-29 所示。

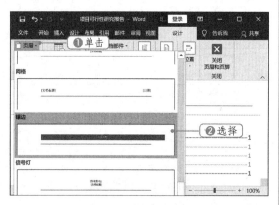

图 3-29 选择页眉样式

STEP 3 在目录页中插入页眉，在文本框中输入相应的文本，并设置字号为"小四"，然后将光标定位到页眉处的黑色横线上，单击【开始】/【字体】组中的"清除所有格式"按钮，清除首页页眉处的横线。

STEP 4 选中页眉处的矩形框，将其调整到合适的大小，然后在【绘图工具 格式】/【形状样式】组中将形状的填充色设置为"浅绿"，如图 3-30 所示。

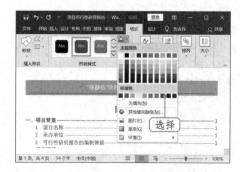

图 3-30 填充颜色

STEP 5 单击【页眉和页脚工具 设计】/【导航】组中的"转至页脚"按钮，光标将定位到页脚中，单击【页眉和页脚工具 设计】/【页眉和页脚】组中的"页脚"按钮，在打开的下拉列表中选择"离子（深色）"选项，如图 3-31 所示。

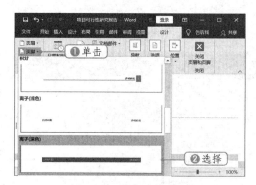

图 3-31 选择页脚样式

STEP 6 对页脚的内容和效果进行设置，然后将光标定位到奇数页页眉的黑色横线上，单击【开始】/【字体】组中的"清除所有格式"按钮，清除奇数页页眉处的横线。

STEP 7 在页眉处绘制一个矩形形状和一个文本框，在文本框中输入公司名称，然后对形状、文本框以及文本框中的文本进行设置，以制作出满意的页眉效果，如图 3-32 所示。

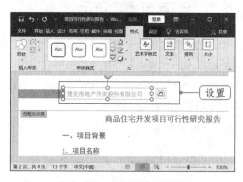

图 3-32 设置奇数页页眉

STEP 8　将光标定位到奇数页页脚处，单击【页眉和页脚工具 设计】/【页眉和页脚】组中的"页码"按钮 ▦，在打开的下拉列表中选择"页面底端"选项，在其子列表中选择"圆角矩形 3"选项，如图 3-33 所示。

图 3-33　选择奇数页页码样式

STEP 9　在页脚处插入选择的页码样式，再对

页码样式进行修改，然后使用相同的方法制作偶数页的页眉和页脚，完成后在文档其他位置双击鼠标即可，退出页眉和页脚编辑状态，文档页眉和页脚效果如图 3-34 所示。

知识补充

设置页码

在 Word 2016 中，页码的位置并不是固定的，既可以在页面顶端或底端插入页码，也可以在页边距上或当前光标所在的位置插入页码。另外，在文档中插入页码后，如果起始页码不正确，或者页码的格式不满足需求，可对页码进行设置。操作方法：选中页码，单击"页码"按钮 ▦，在打开的下拉列表中选择"设置页码格式"选项，打开"页码格式"对话框，在其中对页码编号格式、起始页码等进行设置即可。

图 3-34　文档效果

3.3　脚注、尾注和题注的使用

在编辑一些复杂的文档，如论文、实验报告等，通常需要对某些文字、图片、表格等内容进行补充说明，此时，就需要使用脚注、尾注和题注。下面将分别进行介绍。

3.3.1　插入脚注和尾注

脚注和尾注的作用都是对文档中的文本进行补充说明。脚注一般位于页面底部，用于对文档中的某处文本内容进行注释说明；尾注一般位于文档的末尾，用于列出引文的出处。在 Word 2016 中插入脚注和尾注的方法分别如下。

● **插入脚注：** 将光标定位到文档中需要插入脚注的位置，单击【引用】/【脚注】组中的"插入脚注"按钮 AB¹，Word 将自动跳转到该页面的底端，再直接输入脚注内容即可，如图 3-35 所示。

● **插入尾注：** 将光标定位到文档中需要插入尾注的位置，单击【引用】/【脚注】组中的"插入尾注"按钮，Word 将自动跳转到文档的末尾位置，再直接输入尾注内容即可，如图 3-36 所示。

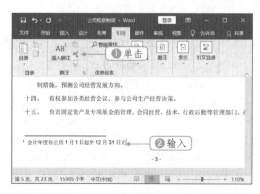

图 3-35　插入脚注

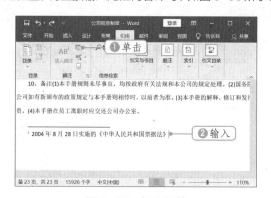

图 3-36　插入尾注

知识补充

脚注和尾注

如果文档中的多处文本内容都添加了脚注和尾注，那么脚注和尾注将按照顺序进行标识，脚注是以"1、2、3……"这样的编号标识的，而尾注是以"i、ii、iii……"这样的编号标识的。另外，将鼠标指针指向文档中添加脚注或尾注的位置，将自动出现脚注提示内容或尾注提示内容。

3.3.2　插入题注

题注是指在图片、表格、图表等对象的上方或下方添加的带有编号的说明信息。当文档中的这些对象的数量和位置发生变化时，Word 会自动更新题注编号，这样就避免了手动修改的麻烦。例如，在"绩效考核方案"文档中为表格插入题注，具体操作如下。

　素材文件所在位置　素材文件 \ 第 3 章 \ 绩效考核方案.docx
　效果文件所在位置　效果文件 \ 第 3 章 \ 绩效考核方案.docx

微课视频

STEP 1　打开"绩效考核方案.docx"文档，选中文档中的第一张表格，单击【引用】/【题注】组中的"插入题注"按钮，如图 3-37 所示。

STEP 2　打开"题注"对话框，单击 新建标签(N)... 按钮，打开"新建标签"对话框，在"标签"文本框中输入题注标签名称"表"，单击 确定 按钮，如图 3-38 所示。

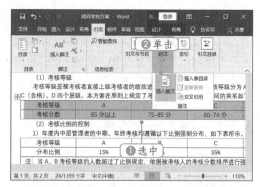

图 3-37　单击"插入题注"按钮

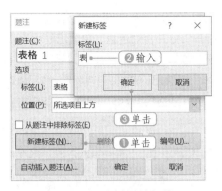

图 3-38　新建题注标签

STEP 3　返回"题注"对话框，在"题注"文本框的标签后输入表题，在"位置"下拉列表中选择"所选项目上方"选项，单击 确定 按钮，如图 3-39 所示。

图 3-39　设置题注

STEP 4　在表格上方插入题注，并将题注的对齐方式设置为"居中对齐"。然后选中第 2 张表格，打开"题注"对话框，Word 会自动添加题注标签和编号，再在编号后面输入表题，单击 确定 按钮，如图 3-40 所示。

图 3-40　设置第 2 张表格题注

STEP 5　为第 2 张表格添加题注，并设置对齐方式后，使用相同的方法为第 3 张表格添加题注，效果如图 3-41 所示。

图 3-41　表格题注效果

知识补充

自动插入题注

自动插入题注是指在文档中插入图片、表格、图表等对象后，Word 就自动添加设置好的题注。操作方法：在文档中单击"插入题注"按钮 📑，打开"题注"对话框，单击 自动插入题注(A)... 按钮，打开"自动插入题注"对话框，在"插入时添加题注"列表中选择要插入题注的对象，然后再设置题注标签和位置即可。

3.4　邮件功能的应用

在 Word 2016 中，当需要批量制作内容大体相同，个别内容不同的信封、工作证、邀请函、工资条等文档时，就需要使用邮件功能来提高工作效率。

3.4.1　制作信封

Word 2016 提供了信封功能，通过该功能可快速完成单个或多个信封的制作。例如，根据提供的客户数据表批量制作信封，具体操作如下。

素材文件所在位置　素材文件 \ 第 3 章 \ 客户数据表.xlsx
效果文件所在位置　效果文件 \ 第 3 章 \ 信封.docx

微课视频

STEP 1 在空白文档中单击【邮件】/【创建】组中的"中文信封"按钮 ，如图 3-42 所示。

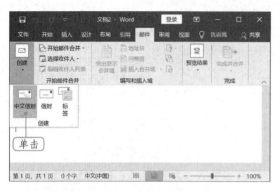

图 3-42 单击"中文信封"按钮

STEP 2 在打开的"信封制作向导"对话框中单击 下一步(N)> 按钮，在"信封样式"下拉列表中选择一种信封样式，其他参数保持默认设置，单击 下一步(N)> 按钮，如图 3-43 所示。

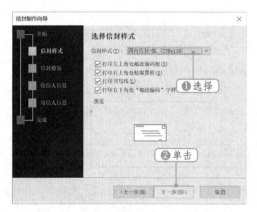

图 3-43 选择信封样式

STEP 3 在打开的对话框中选中"基于地址簿文件，生成批量信封"单选项，单击 下一步(N)> 按钮，如图 3-44 所示。

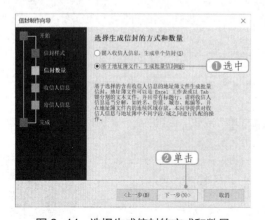

图 3-44 选择生成信封的方式和数量

STEP 4 在打开的对话框中单击 选择地址簿(F) 按钮，打开"打开"对话框，在地址栏中选择文件所保存的位置，在"文件类型"下拉列表中选择"Excel"选项，在对话框中间选择"客户数据表"选项，单击 打开(O) 按钮，如图 3-45 所示。

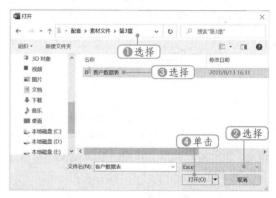

图 3-45 选择文件

STEP 5 返回"信封制作向导"对话框，在"匹配收信人信息"列表中为收信人信息匹配"客户数据表"文件中对应的字段，完成后单击 下一步(N)> 按钮，如图 3-46 所示。

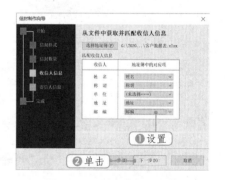

图 3-46 匹配收信人信息

STEP 6 在打开的对话框中输入寄信人的姓名、单位、地址和邮编等信息，单击 下一步(N)> 按钮，如图 3-47 所示。

图 3-47 输入寄信人信息

STEP 7　在打开的对话框中单击 完成(F) 按钮，Word 会新建一个文档，并在其中显示创建的信封，文档中创建的部分信封效果如图 3-48 所示。

图 3-48　信封效果

知识补充

自定义信封

　如果使用"信封制作向导"创建的信封不能满足需求，可通过 Word 2016 提供的"信封"功能，根据实际需求自定义信封的尺寸、文字效果等。操作方法：单击【邮件】/【创建】组中的"信封"按钮 ，打开"信封和标签"对话框，在其中对收信人地址、寄信人地址等进行设置，单击 选项(O)... 按钮，在打开的"信封选项"对话框中可对信封的尺寸、收件人和寄信人的字体效果以及信封打印选项等进行设置。

3.4.2　邮件合并文档

　利用 Word 2016 中的邮件合并功能批量制作文档时，需要先建立一个包含共有内容的主文档和一个包含可变信息的数据源文档，然后利用邮件合并功能将数据源文档中的数据合并到主文档中，合并后的文档既可以打印，也可以以邮件形式发送出去。例如，在"员工工作证 .docx"文档中利用邮件合并功能批量制作文档，具体操作如下。

　素材文件所在位置　素材文件 \ 第 3 章 \ 员工工作证 .docx
　　效果文件所在位置　效果文件 \ 第 3 章 \ 员工工作证 .docx
　　　　　　　　　　　　效果文件 \ 第 3 章 \ 员工信息表 .docx

微课视频

STEP 1　打开"员工工作证 .docx"文档，单击【邮件】/【开始邮件合并】组中的"选择收件人"按钮 📇，在打开的下拉列表中选择"键入新列表"选项，如图 3-49 所示。

STEP 2　打开"新建地址列表"对话框，单击

自定义列(Z)... 按钮，打开"自定义地址列表"对话框，在"字段名"列表中选择"称呼"选项，然后单击 重命名(R)... 按钮，打开"重命名域"对话框，在"目标名称"文本框中输入名称"姓名"，单击 确定 按钮，如图 3-50 所示。

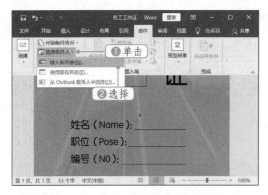

图 3-49　选择"键入新列表"选项

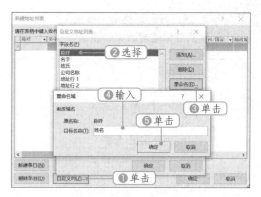

图 3-50　重命字段名

知识补充

合并数据源文件

　　如果数据源文件已通过其他文件制作好，那么可直接在"选择收件人"下拉列表中选择"使用现有列表"选项，在打开的"选取数据源"对话框中选择相应的文件，单击 打开(O) 按钮，将数据源文件插入文档中。在Word 2016的邮件合并中，可以使用多种文件类型的数据源，如Word文档（.docx）、Excel文件（.xlsx）、Access文件（.mdb）、文本文件（.txt）等。

STEP 3　返回"自定义地址列表"对话框，使用相同的方法将"名字"和"姓氏"重命名为"职位"和"编号"。选择"公司名称"字段名，单击 删除(D) 按钮，在打开的提示对话框中单击 是(Y) 按钮，如图 3-51 所示，删除选择的字段名。

图 3-51　删除字段名

STEP 4　使用相同的方法删除其他不需要的字段名，完成后单击 确定 按钮，返回"新建地址列表"对话框，然后单击 11 次 新建条目(N) 按钮，新建 11 个条目，按照字段输入条目内容，完成后单击 确定 按钮，如图 3-52 所示。

图 3-52　输入条目内容

STEP 5　打开"保存通讯录"对话框，在地址栏中选择保存位置，在"文件名"下拉列表中输入文件保存的名称"员工信息表"，单击 保存(S) 按钮保存数据源，如图 3-53 所示。

图 3-53　保存数据源

STEP 6 此时,【邮件】/【编写和插入域】组中的按钮已被激活,表示创建的数据源与主文档关联在一起。将光标定位到需要插入合并域的位置,单击【邮件】/【编写和插入域】组中的"插入合并域"按钮，在打开的下拉列表中选择需要的合并域"姓名"选项,如图 3-54 所示。

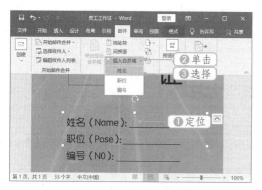

图 3-54　插入合并域

STEP 7 此时,光标所在的位置将插入选择的合并域,使用相同的方法插入其他合并域。然后单击【邮件】/【预览结果】组中的"预览结果"按钮，如图 3-55 所示。

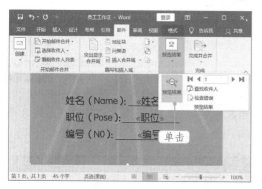

图 3-55　预览结果

STEP 8 对合并域效果进行查看,确认无误后,单击【邮件】/【完成】组中的"完成并合并"按钮，在打开的下拉列表中选择"编辑单个文档"选项,打开"合并到新文档"对话框,设置合并记录,这里保持选中"全部"单选项,单击 确定 按钮,如图 3-56 所示。

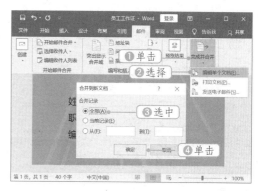

图 3-56　设置合并记录

STEP 9 Word 将会新建一个文档显示合并记录,每条记录将独占一页,部分效果如图 3-57 所示。

图 3-57　邮件合并效果

3.5　文档的审阅与保护

　　对于比较重要的文档,制作好以后,一般还需要领导或负责人对文档内容进行审核,以保证文档内容的准确性。另外,对于某些文档,还需要进行保护。下面将介绍在 Word 2016 中审阅文档和保护文档的方法。

3.5.1　应用批注

　　批注主要用于对文档内容提出某些观点或建议,但不会对文档内容进行修改,并且批注会显示在文档页面外,不会影响文档的排版效果,它是一种常用的审阅文档的方法。操作方法:在文档中选中需要添加批注的对象,单击【审阅】/【批注】组中的"新建批注"按钮，所选对象的页面右侧将出现一个批注框,可以在其中输入批注内容，如图 3-58 所示。

当我们根据审阅者的批注进行修改后，还可在批注框中单击"答复"按钮，对审阅者的批注进行答复，如图 3-59 所示。或者单击批注框中的"解决"按钮 ，将批注设置为已解决状态，这样审阅者能快速查看我们的修改是否到位。

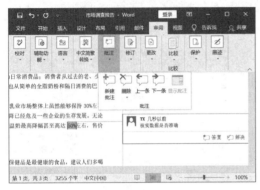

图 3-58　新建批注

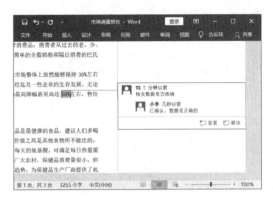

图 3-59　回复批注

3.5.2　修订文档

审阅文档时，如果审阅者要直接在文档中对内容进行修改，一般都会在修订模式下进行。这样 Word 可以自动跟踪对文档的所有修改，标记出修改位置，一方面方便我们查看审阅者对文档的修改，另一方面我们还可以拒绝或接受审阅者对文档的修改。例如，在"市场调查报告 .docx"文档中让审阅者对文档进行修改，然后我们根据情况接受和拒绝审阅者的修改，具体操作如下。

 素材文件所在位置　素材文件\第 3 章\市场调查报告.docx
效果文件所在位置　效果文件\第 3 章\市场调查报告.docx

微课视频

STEP 1　打开"市场调查报告 .docx"文档，单击【审阅】/【修订】组中的"修订"按钮，如图 3-60 所示。

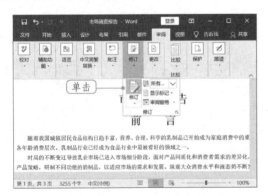

图 3-60　单击"修订"按钮

STEP 2　此时，文档进入修订模式，对文档内容进行修改后，修改的内容会在文档中以红色文本加删除线的形式显示，并且会在文档页面左侧

显示灰色的竖线，表示修订的位置，如图 3-61 所示。

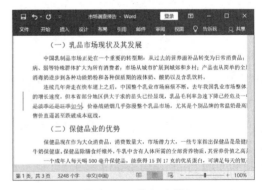

图 3-61　修订文档

STEP 3　审阅者继续在修订模式下对文档内容进行修改，修改完成后进行保存，并传给我们。

STEP 4　我们再次打开文档，选择第一处修订，单击【审阅】/【更改】组中的"接受"下拉按

钮 ▾，在打开的下拉列表中选择"接受并移到下一处"选项，如图 3-62 所示。

图 3-62　接受修订

STEP 5　接受当前修订，并移动到下一处修订。单击【审阅】/【更改】组中的"拒绝"下拉按钮 ▾，在打开的下拉列表中选择"拒绝并移到下一处"选项，如图 3-63 所示。

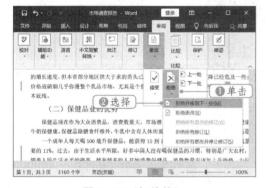

图 3-63　拒绝修订

STEP 6　拒绝该修订，并移动到下一处修订。单击"接受"下拉按钮 ▾，在打开的下拉列表中选择"接受所有更改并停止修订"选项，接受所有修订，如图 3-64 所示。

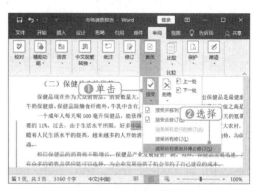

图 3-64　接受所有修订

STEP 7　此时，"修订"按钮呈未选中状态，表示已退出修订模式，如图 3-65 所示。

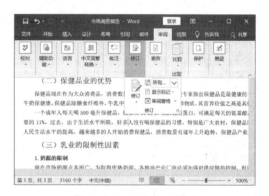

图 3-65　退出修订模式

3.5.3　合并式比较文档

审阅文档后，修改前和修改后的文档可以进行合并或比较来查看效果。操作方法：在文档中单击【审阅】/【比较】组中的"比较"按钮 ▾，在打开的下拉列表中选择"合并"选项或"比较"选项，如选择"比较"选项，打开"比较文档"对话框，在其中添加原文档和修订的文档，并对比较内容和显示修订位置等进行设置，单击　确定　按钮，如图 3-66 所示。Word 将会在新文档中显示比较结果，如图 3-67 所示。

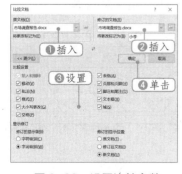

图 3-66　设置比较参数

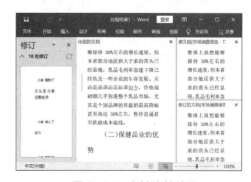

图 3-67　文档比较结果

3.5.4 保护文档

对于比较重要的文档，可以利用 Word 提供的保护功能进行保护，以防止他人查看或编辑。在 Word 2016 中，可通过设置密码和限制编辑来对文档进行保护，下面将分别进行介绍。

1. 设置密码

为文档设置密码是一种常用的保护方法，只有知道密码的人才能打开文档进行查看。例如，为"聘任通知 .docx"文档设置密码以对文档进行保护，具体操作如下。

 素材文件所在位置 素材文件 \ 第 3 章 \ 聘任通知.docx
效果文件所在位置 效果文件 \ 第 3 章 \ 聘任通知.docx

微课视频

STEP 1 打开"聘任通知 .docx"文档，单击"文件"选项卡，在打开的界面左侧选择"信息"选项，然后在页面中单击"保护文档"按钮 🔒，在打开的下拉列表中选择"用密码进行加密"选项，如图 3-68 所示。

图 3-68 选择"用密码进行加密"选项

STEP 2 打开"加密文档"对话框，在"密码"文本框中输入要设置的密码，如输入"000000"；单击 确定 按钮，打开"确认密码"对话框，在"重新输入密码"文本框中再次输入设置的密码"000000"，单击 确定 按钮，如图 3-69 所示。

图 3-69 设置密码

STEP 3 Word 将在"信息"界面"保护文档"按钮处进行提示，并以黄色底纹突出显示，如图 3-70 所示。

图 3-70 查看保护提示

STEP 4 保存文档并关闭，再次打开文档时，会先打开"密码"对话框，在"请键入打开文件所需的密码"文本框中输入设置的密码"000000"，单击 确定 按钮打开文档，如图 3-71 所示。

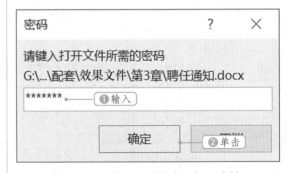

图 3-71 输入设置的密码打开文档

2. 限制编辑

如果允许他人对文档内容进行查看，但不允许其对文档的内容、格式等进行编辑，就可以使用文档中的"限制编辑"功能。操作方法：单击【审阅】/【保护】组中的"限制编辑"按钮 🔒，打开"限制编辑"窗格，在其中对格式化限制和编辑限制进行设置，设置完成后，单击 是，启动强制保护 按钮，打开"启动强制保护"对话框，选择保护方法，单击 确定 按钮，对文档进行保护，如图 3-72 所示。

图 3-72　限制文档编辑权限

3.6 课堂案例：编排"员工手册"文档

员工手册是员工在企业内部从事各项工作、享受各种待遇的依据，也是员工的行动指南，还是企业内部的"法律法规"。员工手册基本涵盖了企业的各个方面，承载着树立企业形象和传播企业文化的作用，是每个企业必备的"宝典"之一。

3.6.1　案例目标

对"员工手册"文档进行排版，可以让文档各段落的层次结构更加清晰，便于企业员工阅读。员工手册也是企业员工了解企业形象，认同企业文化的一种渠道。在本案例中，对"员工手册"文档进行排版时，需要综合运用本章所讲知识，让文档更加符合实际需求。"员工手册"文档制作完成后的部分参考效果如图 3-73 所示。

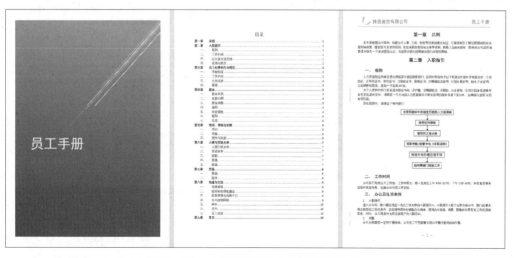

图 3-73　"员工手册"文档的参考效果

素材文件所在位置	素材文件 \ 第 3 章 \ 员工手册.docx、logo.jpg
效果文件所在位置	效果文件 \ 第 3 章 \ 员工手册.docx

3.6.2 制作思路

员工手册基本涵盖了企业的方方面面，所以文档内容较多，需要通过合理的排版，清晰展示各项内容。要完成"员工手册"文档的制作，需要先对文档进行排版和处理，然后对文档进行修订和保护，以防止其他人随意更改文档内容。其具体制作思路如图 3-74 所示。

图 3-74　制作思路

3.6.3 操作步骤

1. 排版和处理文档

下面首先在"员工手册"文档中使用样式对文档格式进行设置，然后为文档添加封面、目录、页眉、页脚和题注等，具体操作如下。

STEP 1 打开"员工手册.docx"文档，在【开始】/【样式】组中的列表中右击"正文"样式，在打开的快捷菜单中选择"修改"选项，如图 3-75 所示。

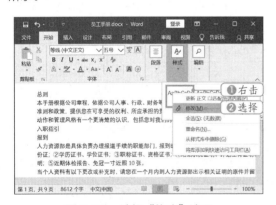

图 3-75　选择"修改"选项

STEP 2 打开"修改样式"对话框，单击 格式(O)▼ 按钮，在打开的下拉列表中选择"段落"选项，打开"段落"对话框，设置首行缩进两个字符，如图 3-76 所示。

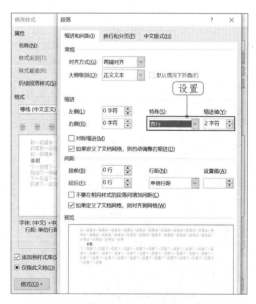

图 3-76　修改样式段落格式

STEP 3 在【开始】/【样式】组的下拉列表中选择"创建样式"选项，打开"根据格式化创建新样式"对话框，单击 修改 按钮展开对话框，在"名

第 3 章　Word 文档的高级排版与审阅

称"文本框中输入"一级标题"，在"格式"栏中将字体设置为"黑体"，字号设置为"三号"，单击 ≡ 和 ↕ 按钮，然后单击 格式(O)· 按钮，在打开的下拉列表中选择"编号"选项，在打开的对话框中单击 定义新编号格式... 按钮，打开"定义新编号格式"对话框，对编号样式、编号格式和对齐方式进行设置，单击 确定 按钮，如图 3-77 所示。

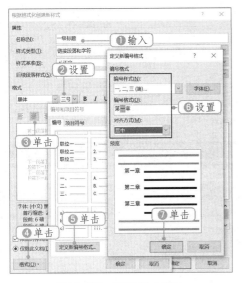

图 3-77　设置样式编号

STEP 4　返回"根据格式化创建新样式"对话框，单击 格式(O)· 按钮，在打开的下拉列表中选择"快捷键"选项，打开"自定义键盘"对话框，在"请按新快捷键"文本框中输入样式的快捷键，单击 指定(A) 按钮，如图 3-78 所示。

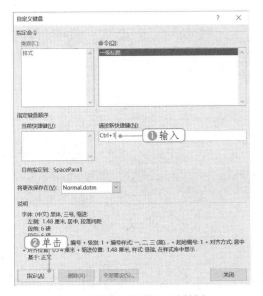

图 3-78　为样式指定快捷键

STEP 5　使用相同方法新建"二级标题"和"编号"样式，并指定相应的快捷键，然后按快捷键为文档中的段落应用相应的样式。

STEP 6　将光标定位到"总则"文本最前面，单击【插入】/【页面】组中的"封面"按钮 ，在打开的列表中选择"切片（深色）"选项，如图 3-79 所示。

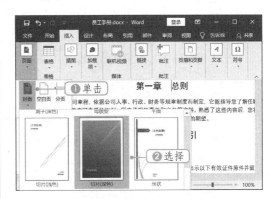

图 3-79　选择封面样式

STEP 7　对封面中的文字进行修改，并将文字所在的文本框向上移动至封面中的斜线条的下方，效果如图 3-80 所示。

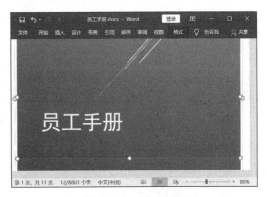

图 3-80　修改封面

STEP 8　单击【视图】/【视图】组中的"大纲"按钮 ，进入大纲视图，将光标定位到"总则"文本后，然后在【大纲显示】/【大纲工具】组中的"大纲级别"下拉列表中选择"1 级"选项，如图 3-81 所示。

STEP 9　光标所在段落的级别将设置为"1 级"。使用相同的方法设置其他段落的级别，并将其提取出来作为目录。

STEP 10　单击【大纲显示】/【大纲工具】组中的"显示级别"下拉按钮 ，在打开的下拉列表中选择"2 级"选项，如图 3-82 所示。

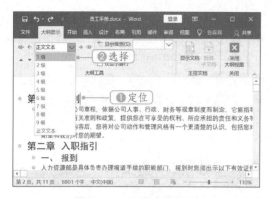

图 3-81　设置大纲级别

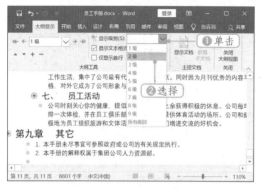

图 3-82　设置显示级别

STEP 11　在大纲视图中将显示 1 级和 2 级的段落。单击【大纲显示】/【关闭】组中的"关闭大纲视图"按钮 X 退出大纲视图，如图 3-83 所示。

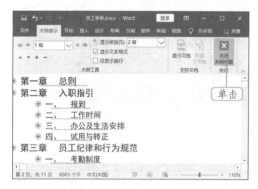

图 3-83　退出大纲视图

STEP 12　返回普通视图中，将光标定位到"总则"文本前，单击【引用】/【目录】组中的"目录"按钮，在打开的下拉列表中选择"自动目录 2"选项，如图 3-84 所示。

图 3-84　选择目录样式

STEP 13　在正文内容前插入目录，然后根据需求对目录的加粗效果和对齐方式进行设置，效果如图 3-85 所示。

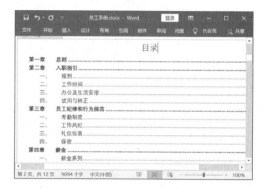

图 3-85　目录效果

STEP 14　将光标定位到"总则"文本前，单击【布局】/【页面设置】组中的"分隔符"按钮，在打开的下拉列表中选择"下一页"选项，在目录后面插入分节符，如图 3-86 所示。

图 3-86　插入分节符

知识补充

分节符

在文档目录和内容之间插入分节符的目的是方便后面为封面页、目录页和内容页插入不同的页眉和页脚。

STEP 15 在页眉页脚处双击，进入页眉页脚编辑状态，在【页眉和页脚工具 设计】/【显示】组中取消选中"首页不同"复选框。

STEP 16 将光标定位到第 2 节的首页页眉处，单击【页眉和页脚工具 设计】/【导航】组中的"链接到前一节"按钮 🔗，如图 3-87 所示，断开与前一节页眉的链接，这样就可单独设置这节的页眉。

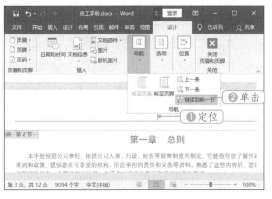

图 3-87　断开链接

STEP 17 单击【页眉和页脚工具 设计】/【插入】组中的"图片"按钮 🖼，打开"插入图片"对话框，选择需要插入的"logo.jpg"图片，单击 插入(S) ▾ 按钮，如图 3-88 所示。

图 3-88　插入图片

STEP 18 在页眉处插入图片，然后对图片的大小、位置和环绕方式进行设置，最后在页眉处插入直线和文本框，并对其效果进行设置。

STEP 19 单击【页眉和页脚工具 设计】/【导航】组中的"转至页脚"按钮 🖿，如图 3-89 所示。

STEP 20 光标将定位到页脚中。单击【页眉和页脚工具 设计】/【页眉和页脚】组中的"页码"按钮 #，在打开的下拉列表中选择"页面底端"选项，在其子列表中选择"颚化符"选项，如图 3-90 所示。

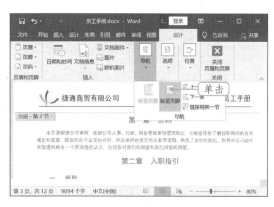

图 3-89　转至页脚

图 3-90　选择页眉样式

STEP 21 选择页码，单击"页码"按钮 🖿，在打开的下拉列表中选择"设置页码格式"选项，打开"页码格式"对话框，然后选中"起始页码"单选项，在其后的数值框中输入要设置的起始页码"1"，单击 确定 按钮，如图 3-91 所示。

图 3-91　设置页码格式

STEP 22 在【页眉和页脚工具 设计】/【位置】组中的"页脚底端距离"数值框中输入"0.9 厘米"，按【Enter】键，调整页脚与页面底端的距离，如图 3-92 所示。

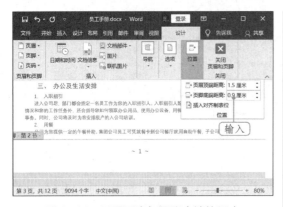

图 3-92 设置页脚与页面底端的距离

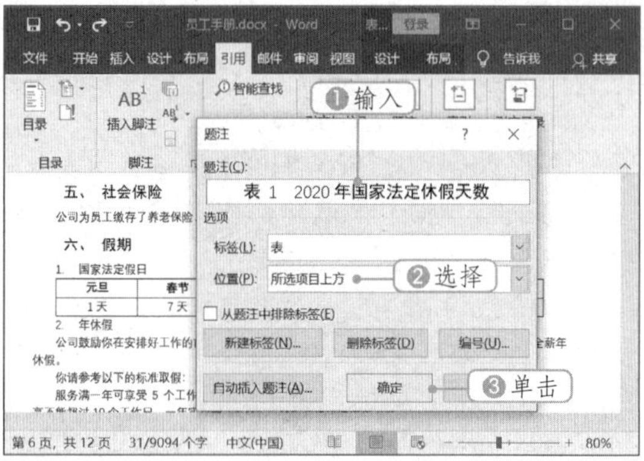

图 3-93 插入题注

STEP 23 退出页眉页脚编辑状态。选择“国家法定假日”下的表格，单击【引用】/【题注】组中的“插入题注”按钮，打开“题注”对话框，然后新建一个题注，再在题注后面输入描述语，在“位置”下拉列表中选择“所选项目上方”，单击 确定 按钮，如图 3-93 所示。

STEP 24 使用相同的方法为下一张表格添加题注，效果如图 3-94 所示。

公司鼓励你在安排好工作的前提下休假以调节和振奋自己，为此，公司给予员工每年最少五天的全薪年休假。

你请参考以下的标准取假：

服务满一年可享受 5 个工作日的年休假，此后每增加一年的司龄年休假也相应增加一个工作日，但最高不能超过 10 个工作日。一年实行一次性休假。休假年度以旧历年为准。

3 → 探亲假

表 2 探亲假取假参考表

探亲家名称	司龄要求	休假时间/次	休假周期
未婚探父母假	1 年	20 天/次	1 年
已婚探父母假	2 年	20 天/次	4 年
已婚探配偶假	1 年	30 天/次	1 年

以上探亲假不能在一年内重复使用，而且均实行一次性休假。

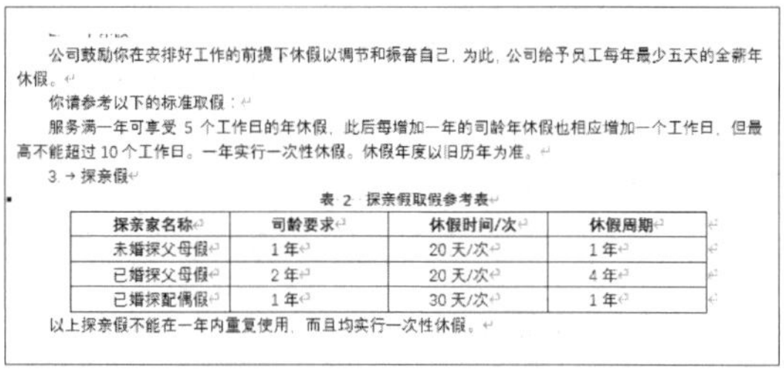

图 3-94 题注效果

2. 修订和保护文档

下面将对“员工手册”内容进行审阅，并限制编辑文档格式，以防他人修改文档后，文档排版发生变化，具体操作如下。

STEP 1 单击【审阅】/【修订】组中的“修订”按钮，进入修订模式，然后对文档内容进行修订，修订完成后单击【审阅】/【保护】组中的“限制编辑”按钮，如图 3-95 所示。

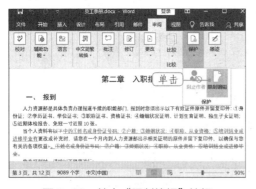

图 3-95 单击“限制编辑”按钮

STEP 2 打开“限制编辑”窗格，选中“限制对选定的样式设置格式”复选框，单击 是，启动强制保护 按钮，打开“启动强制保护”对话框，输入限制编辑的密码“111111”，单击 确定 按钮，如图 3-96 所示。

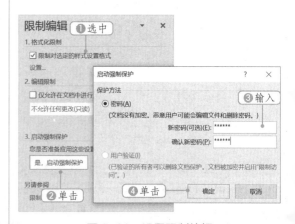

图 3-96 设置限制编辑

3.7 强化实训

本章详细介绍了对 Word 长文档的排版、处理、审阅和保护等的方法，为了帮助读者更快地编排长文档，下面将通过批量制作“邀请函”文档和编排“员工培训计划方案”文档进行强化训练。

3.7.1　批量制作"邀请函"文档

邀请函是企业邀请某人或某企业来参加大型会议、商务活动时所发的请约性书信，是企业对外活动中常用的一种文档。

【制作效果与思路】

在本实训中制作的邀请函效果如图 3-97 所示，具体制作思路如下。

（1）打开"客户数据表 .xlsx"文档，选择现有列表收件人。

（2）选择数据源后，在主文档中插入合并域"姓名"和"称谓"。

（3）执行邮件合并，在文档中编辑单个文档，根据数据源中的数据批量制作文档。

图 3-97　"邀请函"文档的效果

 素材文件所在位置　素材文件 \ 第 3 章 \ 邀请函 .docx、
　　　　　　　　　　　客户数据表 .xlsx

　　　　　　效果文件所在位置　效果文件 \ 第 3 章 \ 邀请函 .docx

微课视频

3.7.2　编排"员工培训计划方案"文档

员工培训计划方案是企业对员工进行培训而专门设计的企划文书，有利于培训工作的顺利开展，是企业在进行员工培训前必须制订的一个计划方案。

【制作效果与思路】

在本实训中制作的"员工培训计划方案"文档的部分效果如图 3-98 所示，具体制作思路如下。

（1）打开文档，为标题应用"标题"内置样式，为部分正文段落应用"列表段落"内置样式。

（2）新建"一级标题""二级标题"和"编号"样式，主要对样式的字体格式、段落格式、编号和边框进行设置，然后将新建的样式分别应用到相应的段落中。

（3）为奇数页和偶数页插入不同的页眉和页码样式，并对页眉和页脚效果进行编辑。

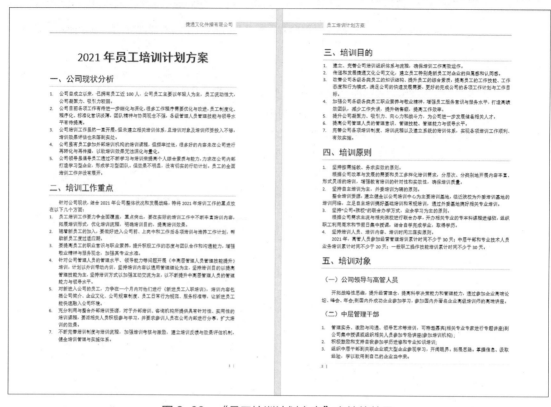

图 3-98 "员工培训计划方案"文档的效果

 素材文件所在位置 素材文件 \ 第 3 章 \ 员工培训计划方案.docx
效果文件所在位置 效果文件 \ 第 3 章 \ 员工培训计划方案.docx

微课视频

3.8 知识拓展

下面将对与 Word 文档批量制作和审阅相关的一些拓展知识进行介绍，帮助读者提高制作文档的效率和准确率。

1. 通过"邮件合并分布向导"制作文档

使用邮件合并功能批量制作文档时，如果不知道该按照什么顺序进行操作，可通过"邮件合并分布向导"功能，按照提示一步步地进行操作。通过"邮件合并分布向导"制作文档的具体操作如下。

STEP 1 单击【邮件】/【开始邮件合并】组中的"开始邮件合并"按钮，在打开的下拉列表中选择"邮件合并分布向导"选项。

STEP 2 打开"邮件合并"窗格，然后按照提示一步一步地进行邮件合并操作即可。

2. 设置修订格式

对文档进行修订时，可以根据需求对修订的标记、格式、批注框大小等进行设置。操作方法：单击【审阅】/【修订】组右下角的对话框启动按钮，打开"修订选项"对话框，在其中对修订选项进行设置，或者单击 高级选项(A)... 按钮，打开"高级修订选项"对话框，在其中根据需求对修订格式进行设置。

3.9　课后练习

本章主要介绍了长文档的排版和处理、邮件合并功能的使用以及文档的审阅和保护等知识，读者应加强该部分知识的理解与应用。下面将通过两个练习，帮助读者熟练掌握以上知识的应用方法及操作方法。

练习 1　编排"公司简介"文档

本练习要求在"公司简介"文档中的图片插入图号，效果如图 3-99 所示。

公司与山东、陕西、河北、河南、新疆和内蒙古等顶级农产品生产基地有长期合作关系，以优秀农产品为原料，结合二十余年的食品加工经验，对原料进行加工生产、再加工再生产，最终形成独树一帜的产品特色。

图 1

图 3

图 2

图 4

图 3-99　"公司简介"文档的最终效果

素材文件所在位置　素材文件 \ 第 3 章 \ 课后练习 \ 公司简介.docx
效果文件所在位置　效果文件 \ 第 3 章 \ 课后练习 \ 公司简介.docx

微课视频

操作要求如下。

● 打开文档，选择第 1 张图片，为其插入题注"图 1"。
● 使用相同的方法为文档中的其他图片插入题注标签。

练习 2 | 审阅"商业计划书"文档

本练习要求通过添加批注的方式对"商业计划书"文档的内容进行审阅，效果如图 3-100 所示。

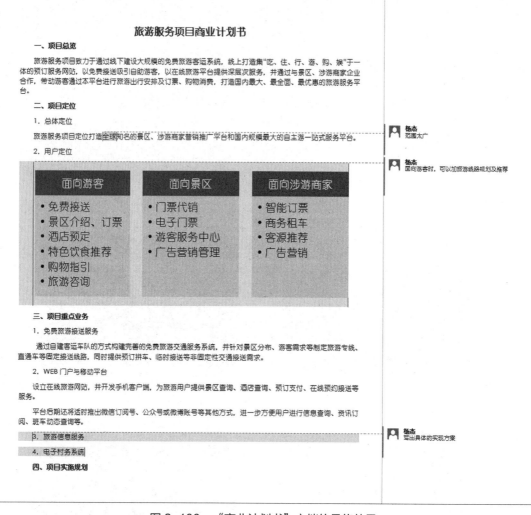

图 3-100 "商业计划书"文档的最终效果

素材文件所在位置 素材文件 \ 第 3 章 \ 课后练习 \ 商业计划书.docx
效果文件所在位置 效果文件 \ 第 3 章 \ 课后练习 \ 商业计划书.docx

微
课
视
频

操作要求如下。

● 通过添加批注的方式将文档中的问题标注出来。

● 为文档设置密码以对文档进行保护。

第 4 章

Excel 表格的制作与编辑

/ 本章导读

Excel 是 Office 办公软件中一个用于制作电子表格的组件，因其强大的数据计算、统计和分析功能，被广泛应用于日常办公中。本章主要介绍 Excel 表格数据的输入和设置，以及工作表的美化、保护和打印等知识。

/ 技能目标

掌握 Excel 表格数据的输入和设置方法。
掌握美化、保护和打印工作表的方法。

/ 案例展示

办公用品采购申请表

部门	行政部		申请时间	2021/1/8		申请人姓名		李文文
	序号	名称	规格型号	单位	数量	单价	金额	申请原因
	1	办公用胶水	50mL	瓶	30	￥ 0.50	￥ 15.00	仅剩2瓶
	2	长尾夹	41mm	个	100	￥ 0.80	￥ 80.00	已缺
	3	晨光签字笔	15-0350	盒	10	￥ 17.80	￥ 178.00	已缺
申购物品	4	笔芯	普通	盒	50	￥ 10.00	￥ 500.00	已缺
	5	笔记本	A4	本	20	￥ 3.50	￥ 70.00	已缺
	6	档案盒	普通	个	100	￥ 1.45	￥ 145.00	已缺
	7	得力宽胶带	6cm	卷	10	￥ 6.00	￥ 60.00	已缺
	8	档案袋	A4牛皮纸	个	200	￥ 0.50	￥ 100.00	已缺
	9	大头针	50g	盒	30	￥ 1.00	￥ 30.00	已缺
总金额		小写：￥ 1178元				大写： 壹仟壹佰柒拾捌元整		
部门经理审核意见		签字：	日期：	年	月	日		
行政部审核意见		签字：	日期：	年	月	日		
总经理审核意见		签字：	日期：	年	月	日		

注：本表中所提供的物品单价及总金额仅为参考金额，财务报销以采购部实际采购价及相关票据为准。

4.1 数据的输入与设置

在 Excel 中可输入的数据类型很多，用户可以根据不同的数据来选择数据的输入方法，另外，还可通过设置数据有效性来限制输入的数据。下面将分别介绍输入与填充数据、导入外部数据和设置数据有效性的方法。

4.1.1 输入与填充数据

在 Excel 中，对于普通的数据可以直接输入，但对于有规律的数据，则可以通过填充的方法快速输入。例如，在"员工生日表 .xlsx"工作簿中输入和填充数据，具体操作如下。

 素材文件所在位置 素材文件 \ 第 4 章 \ 员工生日表 .xlsx
效果文件所在位置 效果文件 \ 第 4 章 \ 员工生日表 .xlsx

微课视频

STEP 1 打开"员工生日表 .xlsx"工作簿，在 A2 单元格中输入"HTO-001"，然后将鼠标指针移动到 A2 单元格的右下角，当鼠标指针变成 ✚ 形状时，按住鼠标左键向下拖曳至 A14 单元格，如图 4-1 所示。

图 4-2 在多个单元格中输入相同数据

STEP 5 在 D2 单元格中输入"销售 1 部"，然后将鼠标指针移动到 D2 单元格的右下角，当鼠标指针变成 ✚ 形状时，按住鼠标左键向下拖曳至 D7 单元格，释放鼠标，单击"自动填充选项"按钮 ，在打开的下拉列表中选择"复制单元格"选项，如图 4-3 所示。

图 4-1 填充数据

STEP 2 释放鼠标填充有规律的数据，在 B2:B14 单元格区域中输入员工编号所对应的员工姓名。

STEP 3 按住【Ctrl】键，依次选中 C2、C3、C5、C9、C10、C11 和 C12 单元格，然后在 C12 单元格中输入"男"，如图 4-2 所示。

STEP 4 按【Ctrl+Enter】组合键，将在选中的单元格中输入相同的数据，然后使用相同的方法输入"女"。

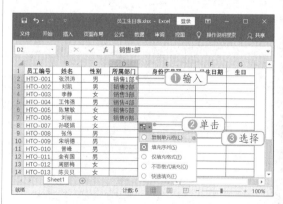

图 4-3 填充相同数据

STEP 6 　将为 D2:D7 单元格区域填充相同的数据，使用相同的方法将 D8:D14 单元格区域中的数据填充为"销售 2 部"。

STEP 7 　在 E2 单元格中输入员工所对应的身份证号码时，需先输入英文状态的"'"符号，再输入身份证号码，然后按【Enter】键，将在单元格中正确显示身份证号码，如图 4-4 所示。

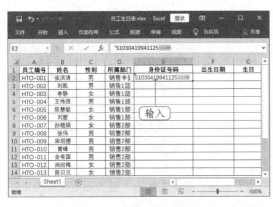

图 4-4　输入身份证号码

STEP 8 　使用相同的方法输入其他员工的身份证号码，然后在 F2 单元格中输入身份证号码中代表出生日期的数据"1994/11/25"，向下填充至 F14 单元格，再单击"自动填充选项"按钮，在打开的下拉列表中选择"快速填充"选项，如图 4-5 所示。

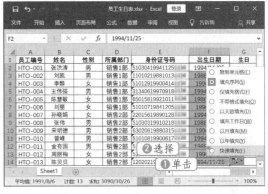

图 4-5　选择填充选项

知识补充

身份证号码的正确输入

在 Excel 中，输入的数字超过 11 位时，会默认以科学记数的格式显示数字，若超过 15 位，则会自动将第 15 位数后的数字转换为"0"。由于身份证号码的位数超过 15 位，如果直接输入，单元格中的身份证号码将会以科学记数显示，并且在编辑栏中的后 3 位数字会显示为"0"。要想让输入的身份证号码正确显示，就要在输入身份证号码前，先将要输入身份证号码的单元格的数字格式设置为"文本"，或者在输入身份证号码前，先输入英文状态的"'"符号，这样会将输入的身份证号码自动转换为文本格式。

STEP 9 　根据 F2 单元格数据的规律快速进行填充，然后使用相同的方法快速填充 G2:G14 单元格区域中的数据，效果如图 4-6 所示。

图 4-6　填充"生日"数据

知识补充

快速填充数据

选中单元格或单元格区域，按【Ctrl+E】组合键，也可进行快速填充。执行"快速填充"命令后，Excel 若打开提示对话框并提示"我们查看了所选内容旁边的所有数据，没有看到用于为您填充值的模式"，表示 Excel 不能根据输入的数据识别出填充规律，用户需要重新输入带规律的数据或多输入几组数据，以便 Excel 更好地识别出填充规律。

第4章

4.1.2 导入外部数据

在 Excel 中，除了可以根据需求输入数据外，还可直接将 Access 文件、文本文件和网站中的表格数据导入 Excel 中。下面将分别进行介绍。

1. 导入 Access 数据

Access 主要用于大型数据的存储和管理，也是 Office 办公软件的一个组件。如果需要对 Access 中的数据进行计算、图表分析等，就需要将数据导入 Excel 中，通过 Excel 的功能来实现。例如，在 Excel 的空白工作簿中导入 Access 中的数据，具体操作如下。

素材文件所在位置 素材文件 \ 第 4 章 \ 商品配送信息表.accdb
效果文件所在位置 效果文件 \ 第 4 章 \ 商品配送信息表.xlsx

微课视频

STEP 1 在 Excel 工作簿中单击【数据】/【获取外部数据】组中的"自 Access"按钮，如图 4-7 所示。

图 4-7 单击"自 Access"按钮

STEP 2 打开"选取数据源"对话框，在地址栏中选择文件所在的位置，在打开的文件夹中选择需要的 Access 文件，单击 打开(O) 按钮，如图 4-8 所示。

图 4-8 选择 Access 文件

STEP 3 打开"导入数据"对话框，在"请选择该数据在工作簿中的显示方式"栏中选择导入数据在 Excel 中的显示方式，在"数据的放置位置"栏中设置导入数据的放置位置，设置完成后单击 确定 按钮，如图 4-9 所示。

图 4-9 导入数据的设置

STEP 4 将 Access 文件中的数据导入 Excel 中，并自动生成为表格应用样式，效果如图 4-10 所示。

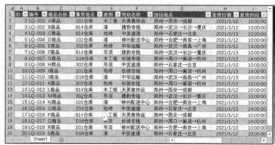

图 4-10 查看导入效果

2. 导入文本文件数据

如果需要的数据保存在文本文件中，通过 Excel 提供的"自文本"功能，也可快速将数据导入 Excel 中。例如，在 Excel 的空白工作簿中导入文本文件中的数据，具体操作如下。

素材文件所在位置　素材文件 \ 第 4 章 \ 文书修订表.txt
效果文件所在位置　效果文件 \ 第 4 章 \ 文书修订表.xlsx

STEP 1　在 Excel 工作簿中单击【数据】/【获取外部数据】组中的"自文本"按钮 🗋，打开"导入文本文件"对话框，在地址栏中选择文件所在的位置，再选择需要的文本文件，单击 导入(M) 按钮，如图 4-11 所示。

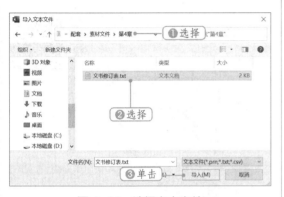

图 4-11　选择文本文件

STEP 2　打开"文本导入向导"对话框，保持默认设置，单击 下一步(N) > 按钮，在"分隔符号"栏中选中"空格"复选框，单击 下一步(N) > 按钮，如图 4-12 所示。

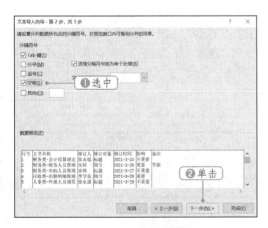

图 4-12　设置分隔符号

STEP 3　在打开的对话框中单击 完成(F) 按钮，打开"导入数据"对话框，在"数据的放置位置"栏中设置导入数据的放置位置，设置完成后单击

确定 按钮，如图 4-13 所示。

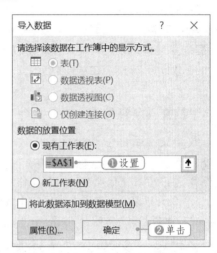

图 4-13　设置数据放置位置

STEP 4　将文本文件中的数据导入 Excel 中，效果如图 4-14 所示。

图 4-14　查看数据导入效果

知识补充

Excel 支持的文本文件

在 Excel 2016 中，支持导入的文本文件有 PRN、TXT 和 CSV 等格式，其中，TXT 格式的文本文件是最常见的。

3. 导入网站数据

如果需要在 Excel 中导入某个网站中的表格数据，可以通过 Excel 提供的"自 Web"功能导入。操作方法：在 Excel 工作簿中单击【数据】/【获取外部数据】组中的"自 Web"按钮，打开"新建 Web 查询"对话框，在"地址"列表中输入导入数据所在的网址，单击 转到(G) 按钮，转到网页，在网页中的数据左侧都会显示一个 按钮，单击该按钮选中需要导入的数据，再单击 导入(I) 按钮，打开"导入数据"对话框，在其中设置导入数据的存放位置，单击 确定 按钮，将网页中的数据导入 Excel 中。

4.1.3 设置数据有效性

由于有时候对数据不了解，在输入数据时，经常会输入无效或错误的数据。为了保证数据输入的正确率和有效性，可通过 Excel 提供的"数据验证"功能对数据进行验证，包括限制单元格允许输入的数据类型和数据范围、提示单元格可输入的数据以及设置出错警告等。另外，根据设置的数据验证，还可圈释出表格中的无效数据。例如，在"员工信息表.xlsx"工作簿中设置数据有效性，具体操作如下。

素材文件所在位置 素材文件＼第 4 章＼员工信息表.xlsx
效果文件所在位置 效果文件＼第 4 章＼员工信息表.xlsx

微课视频

STEP 1 打开"员工信息表.xlsx"工作簿，选中 C2:C14 单元格区域，单击【数据】/【数据工具】组中的"数据验证"按钮，如图 4-15 所示。

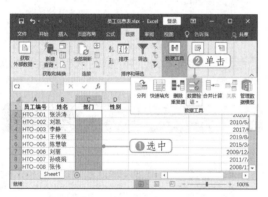

图 4-15 单击"数据验证"按钮

STEP 2 打开"数据验证"对话框，在"设置"选项卡的"允许"下拉列表中选择"序列"选项，在"来源"参数框中输入序列的来源，如输入"行政部,销售部,市场部"，单击 确定 按钮，如图 4-16 所示。

STEP 3 此时，会在选中的单元格右侧显示下拉按钮，单击该按钮，在打开的下拉列表中将显示来源中设置的部门数据选项，如选择"销售部"选项，可将"销售部"文本输入到单元格中。

STEP 4 使用相同的方法为"性别"和"学历"列设置下拉列表，并通过下拉列表输入对应的数据。

图 4-16 设置序列

STEP 5 选中 E2:E14 单元格区域，打开"数据验证"对话框，在"允许"下拉列表中选择"文本长度"选项，在"数据"下拉列表中选择"等于"选项，在"长度"文本框中输入"18"，如图 4-17 所示。

图 4-17 限制输入的文本长度

STEP 6　单击"输入信息"选项卡，在"标题"文本框中输入提示标题"文本长度"，在"输入信息"列表中输入提示信息，如图 4-18 所示。

图 4-18　设置输入提示信息

STEP 7　单击"出错警告"选项卡，在"样式"下拉列表中选择"停止"选项，在"标题"文本框中输入出错提示标题，在"错误信息"列表中输入出错提示信息，单击 确定 按钮，如图 4-19 所示。

图 4-19　设置出错警告

STEP 8　选中 E3 单元格，会显示设置的输入提示信息，当在单元格中输入的身份证号码位数不正确时，会打开提示对话框，单击 重试(R) 按钮，如图 4-20 所示。

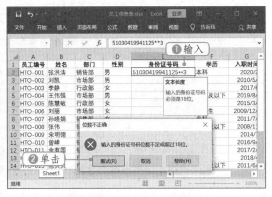

图 4-20　验证出错警告

STEP 9　重新输入正确的身份证号码，再继续输入其他员工的身份证号码，然后选中 G2:G14 单元格区域，打开"数据验证"对话框，在"允许"下拉列表中选择"日期"选项，在"数据"下拉列表中选择"介于"选项，在"开始日期"参数框中输入开始日期，在"结束日期"参数框中输入结束日期，单击 确定 按钮，如图 4-21 所示。

图 4-21　设置日期范围

STEP 10　保持 G2:G14 单元格区域的选中状态，单击"数据验证"下拉按钮 ，在打开的下拉列表中选择"圈释无效数据"选项，如图 4-22 所示。

图 4-22　选择"圈释无效数据"选项

STEP 11　根据设置的数据范围，圈释出所选单元格区域中无效的数据，如图 4-23 所示。

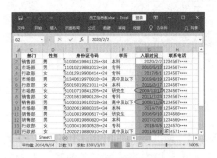

图 4-23　查看效果

第 **4** 章

知识补充

通过公式扩宽数据验证条件

　　如果Excel提供的验证条件不能满足需求，可通过公式来扩宽数据的验证条件。操作方法：选中单元格区域，打开"数据验证"对话框，在"允许"下拉列表中选择"自定义"选项，在"公式"参数框中输入相应的公式即可。

4.2 工作表的美化

　　表格数据输入完成后，还可通过设置单元格格式、设置单元格样式、套用表格样式和使用条件格式等对表格进行美化，使表格整体更加美观，表格中的数据展现也更加直观。下面将介绍工作表美化的方法。

4.2.1 设置单元格格式

　　在 Excel 中输入数据后，还需要对单元格格式进行设置，包括字体格式、显示格式、对齐方式、边框和底纹等，使表格中的数据便于查看。例如，在"员工加班记录表 .xlsx"工作簿中对单元格格式进行设置，具体操作如下。

 素材文件所在位置　素材文件＼第 4 章＼员工加班记录表 .xlsx
效果文件所在位置　效果文件＼第 4 章＼员工加班记录表 .xlsx

微课视频

STEP 1　打开"员工加班记录表 .xlsx"工作簿，选择"1月加班记录表"数据，在【开始】/【字体】组中将字体设置为"黑体"，字号设置为"22"。

STEP 2　选中 A1:I1 单元格区域，单击【开始】/【对齐方式】组中的"合并后居中"按钮，如图 4-24 所示。

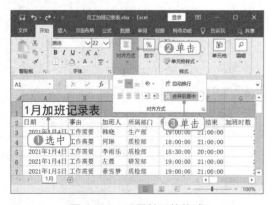

图 4-24　设置单元格格式

STEP 3　所选单元格区域将合并为一个大单元格，并且单元格中的数据将居中对齐于大单元格

中，然后使用相同的方法设置表格中其他数据的字体格式和对齐方式。

STEP 4　选中 A3:A26 单元格区域，在【开始】/【数字】组中单击"常规"列表右侧的 ∨ 按钮，在打开的下拉列表中选择"短日期"选项，如图 4-25 所示。

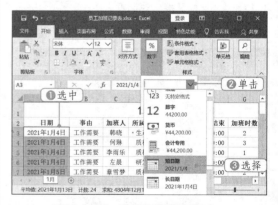

图 4-25　选择日期数字格式

STEP 5　选中 E3:F26 单元格区域，单击【数字】组右下角的 ⌐ 按钮，打开"设置单元格格式"

对话框。在"数字"选项卡的"分类"列表中选择"时间"选项，在"类型"列表中选择日期格式，单击 确定 按钮，如图 4-26 所示。

图 4-26　设置时间数字格式

STEP 6 　选中 H3:H26 单元格区域，打开"设置单元格格式"对话框，在"数字"选项卡的"分类"列表中选择"货币"选项，在"小数位数"数值框中输入"2"，单击 确定 按钮，如图 4-27 所示。

图 4-27　设置货币数字格式

STEP 7 　选中 A2:I26 单元格区域，按【Ctrl+1】组合键打开"设置单元格格式"对话框，单击"边框"选项卡，先设置外边框的样式和颜色，再设置内部框线的样式，设置完成后单击 确定 按钮，

如图 4-28 所示。

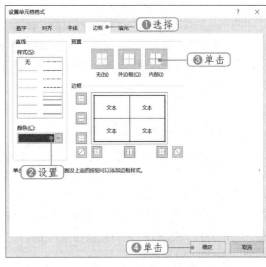

图 4-28　设置表格边框

知识补充

表格边框

　在 Excel 中虽然有网格线来区分单元格，但默认情况下，这些网格线并不会被打印出来，所以需要为表格添加边框。

STEP 8 　为选中的单元格区域添加设置的边框样式。选中 A2:I2 单元格区域，在【开始】/【字体】组中单击"填充颜色"下拉按钮 ，在打开的下拉列表中选择需要的底纹填充色，如选择"深蓝，文字 2，淡色 80%"选项，如图 4-29 所示。

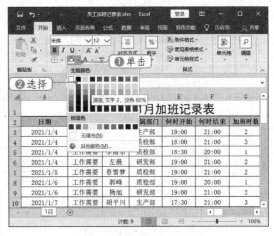

图 4-29　设置底纹填充色

4.2.2 设置单元格样式

Excel 2016 中内置了很多已经设置好字体格式、显示格式、对齐方式、边框和底纹等的单元格样式，用户可以将其直接应用于单元格中。如果内置的单元格样式不能满足实际需求，还可对已有的单元格样式进行修改，或者重新创建新的单元格样式。例如，在"日销售记录表.xlsx"工作簿中新建和应用样式，具体操作如下。

 素材文件所在位置 素材文件\第4章\日销售记录表.xlsx
效果文件所在位置 效果文件\第4章\日销售记录表.xlsx

 微课视频

STEP 1 打开"日销售记录表.xlsx"工作簿，单击【开始】/【样式】组中的"单元格样式"按钮，在打开的下拉列表中选择"新建单元格样式"选项，如图4-30所示。

图 4-30 选择"新建单元格样式"选项

STEP 2 打开"样式"对话框，在"样式名"文本框中输入"表格标题"，然后单击 格式(O)... 按钮，如图4-31所示。

图 4-31 设置样式名

STEP 3 打开"设置单元格格式"对话框，单击"对齐"选项卡，在"水平对齐"下拉列表中

选择"居中"选项，如图4-32所示。

图 4-32 设置对齐方式

STEP 4 单击"字体"选项卡，在"字形"列表中选择"加粗"选项，在"字号"列表中选择"14"选项，在"颜色"下拉列表中选择"白色，背景1"选项，如图4-33所示。

图 4-33 设置字体格式

STEP 5 单击"边框"选项卡，在"样式"列表中选择需要的边框样式，然后单击"外边框"按钮，如图 4-34 所示。

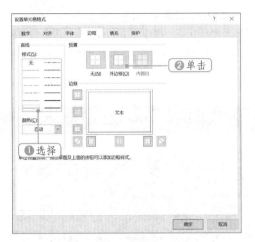

图 4-34　设置外边框

STEP 6 单击"填充"选项卡，选择需要的底纹颜色，单击 确定 按钮，如图 4-35 所示。

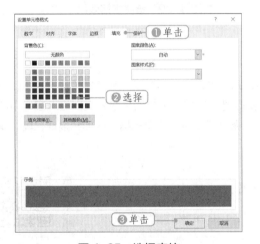

图 4-35　选择底纹

STEP 7 返回"样式"对话框，单击 确定 按钮，返回工作表中。选中 A1:G1 单元格区域，单击【开始】/【样式】组中的"单元格样式"按钮，在打开的下拉列表中选择新建的"表格标题"样式选项，将该样式应用于选择的单元格区域，如图 4-36 所示。

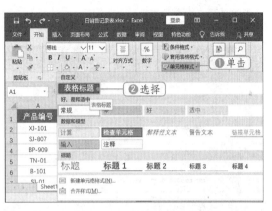

图 4-36　应用新建样式

STEP 8 选中 A2:G19 单元格区域，单击【开始】/【样式】组中的"单元格样式"按钮，在打开的下拉列表中选择 Excel 内置的"输出"样式选项，如图 4-37 所示。

图 4-37　应用"输出"样式

4.2.3　套用表格样式

Excel 2016 中提供了多种表格样式，套用这些表格样式，可以快速对表格的整体效果进行美化。操作方法：选中需要套用表格样式的单元格区域，单击【开始】/【样式】组中的"套用表格格式"按钮，在打开的下拉列表中选择需要的表格样式，如图 4-38 所示。在打开的对话框中单击 确定 按钮，为表格套用选择的表格样式，如图 4-39 所示。

如果 Excel 内置的表格样式不能满足需求，可根据实际需求新建表格样式。操作方法：单击【开始】/【样式】组中的"套用表格格式"按钮，在打开的下拉列表中选择"新建表格样式"选项，打开"新建表样式"对话框，输入表格样式名称，选择需要设置格式的表元素，然后单击 格式(F) 按钮，在打开的"设置单元格格式"对话框中对表样式的字体、边框和底纹进行设置。

知识补充

将表格转换为普通的单元格区域

为表格套用样式后，Excel 会为套用样式的第一行单元格添加筛选箭头 ▼，此时可对表格中的数据进行筛选。如果不需要对数据进行筛选，可将表格转换为普通的单元格区域。操作方法：选中要套用表格样式的单元格区域，单击【表格工具 设计】/【工具】组中的"转换为区域"按钮，在打开的提示对话框中单击 是(Y) 按钮。

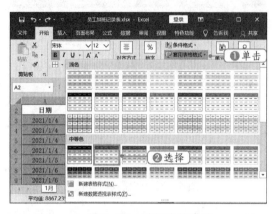

图 4-38　选择表格样式

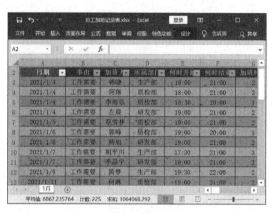

图 4-39　查看表格效果

4.2.4　使用条件格式

条件格式是基于设置的条件来设置单元格区域的格式，可以帮助用户直观地查看和分析数据。在 Excel 2016 中提供了多种条件格式，用户可以根据实际需求选择合适的条件格式突出显示表格中的数据。例如，在"员工业绩统计表.xlsx"工作簿中使用条件格式突出显示表格中的部分数据，具体操作如下。

　素材文件所在位置　素材文件\第 4 章\员工业绩统计表.xlsx
　　　　效果文件所在位置　效果文件\第 4 章\员工业绩统计表.xlsx

微课视频

STEP 1　打开"员工业绩统计表.xlsx"工作簿，选中 B2:B22 单元格区域，单击【开始】/【样式】组中的"条件格式"按钮，在打开的下拉列表中选择"突出显示单元格规则"选项，在打开的子列表中选择"文本包含"选项，如图 4-40 所示。

STEP 2　打开"文本中包含"对话框，在"为包含以下文本的单元格设置格式"参数框中输入"机场店"，在"设置为"下拉列表中选择格式"红色文本"选项，单击 确定 按钮，Excel 将通过设置的格式突出显示符合要求的文本，如图 4-41 所示。

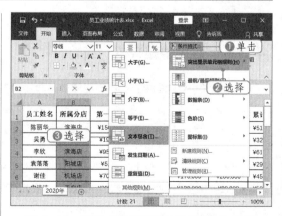

图 4-40　选择"突出显示单元格规则"选项

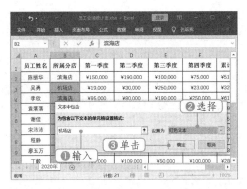

图 4-41 设置符合要求的文本格式

STEP 3 选中 G2:G22 单元格区域，单击【样式】组中的"条件格式"按钮 ，在打开的下拉列表中选择"最前/最后规则"选项，在打开的子列表中选择"前 10 项"选项，如图 4-42 所示。

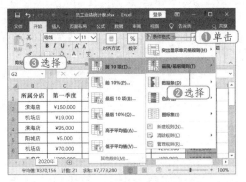

图 4-42 最前/最后规则

STEP 4 打开"前 10 项"对话框，在"为值最大的那些单元格设置格式"的数值框中输入"6"，在"设置为"下拉列表中选择格式"浅红填充色深红色文本"选项，单击 确定 按钮，Excel 将通过设置的格式突出显示符合要求的前 6 项数据，如图 4-43 所示。

STEP 5 选中 C2:F22 单元格区域，单击【开始】/【样式】组中的"条件格式"按钮 ，在打开的下拉列表中选择"新建规则"选项。

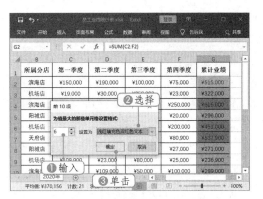

图 4-43 突出显示前 6 项数据

知识补充

条件格式规则

在 Excel 中使用条件格式"突出显示单元格规则"和"最前/最后规则"时，如果单元格中有重复的数值，那么突出显示的项数可能会在设置项数的基础处有所增加。就拿本例来说，本例突出显示前 6 项数值，如果前 5 项中有一对重复值（两个数值重复），那么重复值将直接代替第 6 项，突出显示的结果将是 6 项；如果前 5 项中有两对或两对以上的重复值，或者只是第 6 项数值重复，那么突出显示的结果将大于 6 项。

STEP 6 打开"新建格式规则"对话框，在"选择规则类型"列表中选择"基于各自值设置所有单元格的格式"选项，在"格式样式"下拉列表中选择"图标集"选项，在第 1 个图标下拉列表中选择红旗选项，在"类型"下拉列表中选择"数字"选项，在"值"数值框中输入"100000"，然后将第 2 个和第 3 个图标设置为"无单元格图标"，单击 确定 按钮，如图 4-44 所示。

STEP 7 Excel 会根据新建的规则使用图标集突出显示符合条件的数值，效果如图 4-45 所示。

知识补充

设置单元格格式

"新建格式规则"对话框"选择规则类型"列表中的"基于各自值设置所有单元格的格式"选项可以根据所选单元格区域中的具体值在"格式样式"下拉列表中设置单元格格式；"只为包含以下内容的单元格设置格式"选项可以对满足条件的单元格数值、特定文本、发生日期，以及空值、无空值、错误和无错误等设置单元格格式；"仅对排名靠前或靠后的数值设置格式"选项可以对排名靠前或靠后的 N 项设置单元格格式；"仅对高于或低于平均值的数值设置格式"选项根据单元格数值相对于平均值的高低来设置单元格格式；"仅对唯一值或重复值设置格式"选项只对唯一值或重复值设置单元格格式；"使用公式确定要设置格式的单元格"选项可以根据公式来扩充条件格式，对满足公式的数值设置单元格格式。

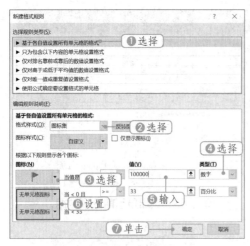

图 4-44　新建规则

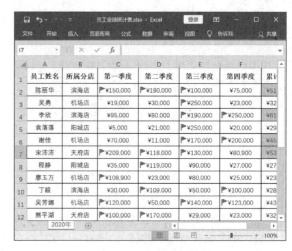

图 4-45　查看图标集效果

4.3　工作表的保护和打印

对于比较重要的工作表，为防止他人修改表格数据，用户可对其进行保护。另外，对于制作好的工作表，用户还可以将其打印出来，以方便传阅和存档。

4.3.1　保护工作表

在 Excel 2016 中，若只允许查看工作表数据，不允许修改，则可使用密码保护工作表；若允许修改工作表中的部分数据，可通过允许工作表的编辑区域来保护。其方法分别如下。

● **用密码保护工作表：**单击【审阅】/【保护】组中的"保护工作表"按钮，打开"保护工作表"对话框，在"取消工作表保护时使用的密码"文本框中输入保护密码，再在"允许此工作表的所有用户进行"列表中选择用户可进行的操作，然后单击　确定　按钮，打开"确认密码"对话框，再次输入设置的密码，单击　确定　按钮，如图 4-46 所示。

● **允许工作表编辑区域：**单击【审阅】/【保护】组中的"允许编辑区域"按钮，打开"允许用户编辑区域"对话框，单击　新建(N)...　按钮，打开"新区域"对话框，然后设置可编辑的单元格区域，单击　确定　按钮，返回"允许编辑区域"对话框，单击　保护工作表(O)...　按钮，如图 4-47 所示，最后在打开的对话框中设置保护范围和密码即可。

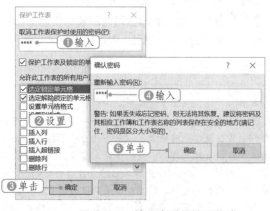

图 4-46　输入密码保护工作表

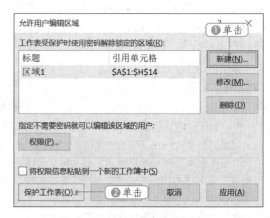

图 4-47　允许编辑区域

4.3.2　打印工作表

在日常工作中，很多制作完成的表格都需要打印出来，为了使打印出来的表格效果能满足实际需求，则需要掌握一些工作表的打印方法，主要包括设置打印区域、缩放打印、打印标题和分页预览打印效果。下面分别进行介绍。

1．设置打印区域

若只需要打印表格中的部分数据，那么在打印前，可以通过 Excel 提供的"设置打印区域"功能先指定要打印的区域。操作方法：在工作表中选中需要打印的单元格区域，单击【页面布局】/【页面设置】组中的"打印区域"按钮 ，在打开的下拉列表中选择"设置打印区域"选项，将选中的区域设置为打印区域，然后执行打印操作打印设置的区域。

技巧秒杀

通过打印界面将选中的区域设置为打印区域的方法

在工作表中选中需要打印的区域，单击"文件"选项卡，在打开的界面左侧选择"打印"选项，然后在"打印活动工作表"下拉列表中选择"打印选定区域"选项，将所选区域设置为打印区域，在页面右侧可以预览效果。

2．缩放打印

当需要打印的数据较多，且最后一页显示的数据只有少数的几行或几列时，可以将表格数据全部缩放到一页打印，这样查看起来更方便，并且可减少纸张的浪费。操作方法：单击"文件"选项卡，在打开的界面左侧选择"打印"选项，在"无缩放"下拉列表中选择需要的打印缩放选项。若选择"自定义缩放选项"选项，则会打开"页面设置"对话框，在"页面"选项卡的"缩放"栏中可对缩放比例以及所占页宽和页高进行设置，如图 4-48 所示。

3．打印标题

Excel 在默认情况下，只会在打印的第 1 页显示标题行，从第 2 页开始就不会打印标题和表字段，这样打印出来的数据不便于查看和查找，此时就可通过设置，将标题行或标题列打印在每一页上。操作方法：单击【页面布局】/【页面设置】组中的"打印标题"按钮 ，打开"页面设置"对话框，在"工作表"选项卡的"打印标题"栏中对标题行或标题列进行设置，如图 4-49 所示。

图 4-48　设置缩放打印

图 4-49　设置打印标题

4．分页预览打印效果

分页预览打印效果是指通过分页预览视图对打印页面进行查看和调整。操作方法：单击【视图】/【工作簿视图】组中的"分页预览"按钮 ，进入分页预览视图，在该视图模式中显示了打印出来的页数，如图 4-50 所示。如果需要调整分页符的位置，可将鼠标指针移动到蓝色的分隔线上，当鼠标指针变成双向箭头时，按住鼠标左键进行拖曳即可，如图 4-51 所示。

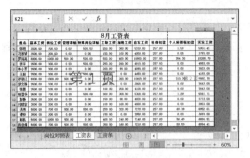

图 4-50　分页预览视图

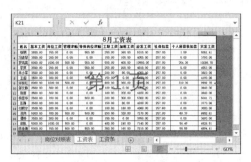

图 4-51　调整分页符

4.4 课堂案例：制作"办公用品采购申请表"表格

办公用品是指日常工作中员工用来完成工作的一些辅助用品，是企业非常重要的一项开支。企业为了充分利用办公资源，控制办公成本，会对办公用品的购置、领用等进行严格管理。

4.4.1 案例目标

在本案例中，对"办公用品采购申请表"表格进行制作时，需要综合运用本章所学知识，让表格的整体效果更加美观。"办公用品采购申请表"制作完成后的参考效果如图 4-52 所示。

办公用品采购申请表

部门	行政部		申请时间	2021/1/8		申请人姓名		李文文
	序号	名称	规格型号	单位	数量	单价	金额	申请原因
申购物品	1	办公用胶水	50mL	瓶	30	￥　0.50	￥　15.00	仅剩2瓶
	2	长尾夹	41mm	个	100	￥　0.80	￥　80.00	已缺
	3	晨光签字笔	15-0350	盒	10	￥　17.80	￥　178.00	已缺
	4	笔芯	普通	盒	50	￥　10.00	￥　500.00	已缺
	5	笔记本	A4	本	20	￥　3.50	￥　70.00	已缺
	6	档案盒	普通	个	100	￥　1.45	￥　145.00	已缺
	7	得力宽胶带	6cm	卷	10	￥　6.00	￥　60.00	已缺
	8	档案袋	A4牛皮纸	个	200	￥　0.50	￥　100.00	已缺
	9	大头针	50g	盒	30	￥　1.00	￥　30.00	已缺
总金额		小写：￥1178元			大写：壹仟壹佰柒拾捌元整			
部门经理审核意见		签字：		日期：		年　　月　　日		
行政部审核意见		签字：		日期：		年　　月　　日		
总经理审核意见		签字：		日期：		年　　月　　日		

注：本表中所提供的物品单价及总金额仅为参考金额，财务报销以采购部实际采购价及相关票据为准。

图 4-52　"办公用品采购申请表"的参考效果

 效果文件所在位置　效果文件 \ 第 4 章 \ 办公用品采购申请表 .xlsx

4.4.2 制作思路

制作"办公用品采购申请表"会用到 Excel 的很多基础知识，首先需要输入数据和插入符号，然后还要美化表格。其具体制作思路如图 4-53 所示。

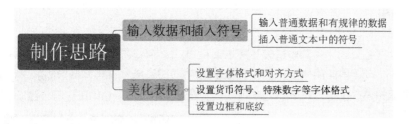

图 4-53　制作思路

4.4.3　操作步骤

1. 输入数据和插入符号

在新建的空白工作簿中输入需要的数据，并插入人民币符号，具体操作如下。

STEP 1　新建一个名为"办公用品采购申请表 .xlsx"的空白工作簿，然后在工作表中输入需要的数据，在 B4 单元格中输入"1"，向下填充至 B12 单元格，单击"自动填充选项"按钮，在打开的列表中选择"填充序列"选项，如图 4-54 所示。

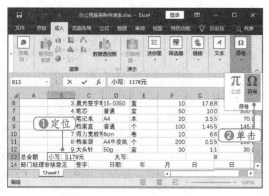

图 4-54　选择"填充序列"

STEP 2　将光标定位到"1178 元"文本前，单击【插入】/【符号】组中的"符号"按钮Ω，如图 4-55 所示。

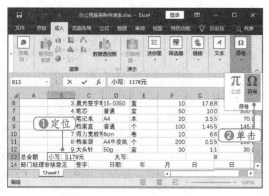

图 4-55　单击"符号"按钮

STEP 3　打开"符号"对话框，在"字体"下拉列表中选择"（普通文本）"选项，然后在下方的列表中选择人民币符号，单击 插入(I) 按钮，如图 4-56 所示。

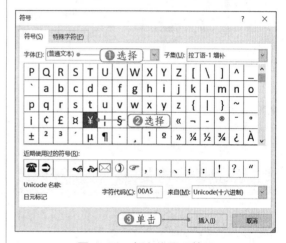

图 4-56　插入人民币符号

STEP 4　单击 关闭 按钮，返回工作表中，可查看插入的符号，如图 4-57 所示。

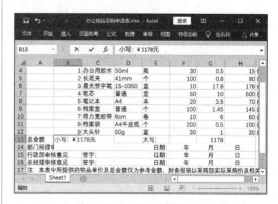

图 4-57　查看符号效果

2. 美化表格

下面通过设置单元格格式、表格样式等来美化表格，具体操作如下。

STEP 1 选中"办公用品采购申请表"文本，将其字体设置为"方正黑体简体"，字号设置为"20"，然后选中 A1:I1 单元格区域，单击"合并后居中"按钮。

STEP 2 选中 B2:C2 单元格区域，单击"合并后居中"下拉按钮，在打开的下拉列表中选择"合并单元格"选项，合并单元格，如图 4-58 所示。

图 4-58　合并单元格

STEP 3 选中 B14:I16 单元格区域，单击"合并后居中"下拉按钮，在打开的下拉列表中选择"跨越合并"选项，如图 4-59 所示。

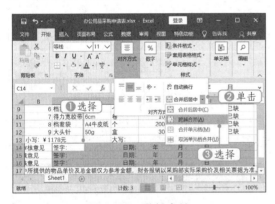

图 4-59　跨越合并

STEP 4 使用相同的方法对表格中其他需要合并的单元格进行设置。

STEP 5 选中 A3 单元格，单击【开始】/【对齐方式】组中的"方向"按钮，在打开的下拉列表中选择"竖排文字"选项，竖排显示文字，如图 4-60 所示。

STEP 6 将鼠标指针移动到 B 列和 C 列的分割线上，按住鼠标左键向左拖曳，调整列宽。使用相同的方法根据单元格中的文本，适当调整行高和列宽。

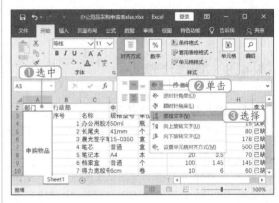

图 4-60　设置文字方向

STEP 7 根据需求对表格中数据的加粗效果和对齐方式进行设置，然后选中 G4:H12 单元格区域，在"常规"数字格式下拉列表中选择"会计专用"选项，如图 4-61 所示。

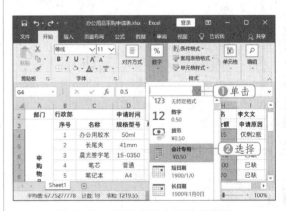

图 4-61　设置会计专用数字格式

STEP 8 选中 G13 单元格，打开"设置单元格格式"对话框，单击"数字"选项卡，在"分类"列表中选择"特殊"选项，在"类型"列表中选择"中文大写数字"选项，单击 确定 按钮，如图 4-62 所示。

STEP 9 所选单元格中的数字将以中文大写显示。选择 A2:I16 单元格区域，打开"设置单元格格式"对话框，单击"边框"选项卡，然后对边框样式、颜色等进行设置，单击 确定 按钮，如图 4-63 所示。

图 4-62　设置特殊数字格式

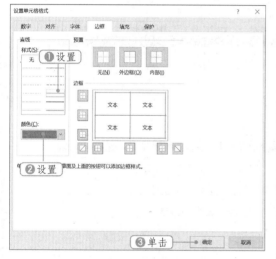

图 4-63　设置边框

STEP 10　选中 E13 单元格，打开"设置单元格格式"对话框，在"边框"选项卡中分别单击"左

框线"按钮 和"右框线"按钮 ，取消单元格的左框线和右框线，如图 4-64 所示。

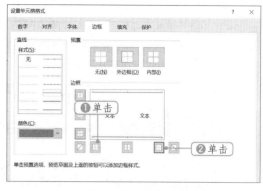

图 4-64　取消左框线和右框线

STEP 11　单击 确定 按钮返回工作表，选中 A2:I2 单元格区域，在【开始】/【字体】组中单击"填充颜色"下拉按钮 ，在打开的下拉列表中选择"绿色，个性色 6，淡色 40%"选项，如图 4-65 所示。

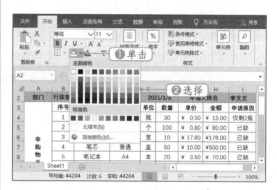

图 4-65　设置填充颜色

STEP 12　使用相同的方法将第一列的底纹也设置为"绿色，个性色 6，淡色 40%"，完成制作。

4.5　强化实训

　　本章详细介绍了表格数据的输入、数据有效性的设置和工作表的美化等相关方法。为了帮助读者进一步掌握表格的制作方法，下面将通过制作"公司费用支出明细表"表格和"库存清单表"表格进行强化训练。

4.5.1　制作"公司费用支出明细表"表格

　　公司在生产经营过程中都会产生很多费用，而这些费用直接关系着公司的发展和运营情况，所以，公司非常重视对费用的管理。很多公司为了控制经营成本，会采取各种措施加强对各项费用的管理。

【制作效果与思路】

在本实训中制作的"公司费用支出明细表"表格的效果如图 4-66 所示，具体制作思路如下。

（1）打开表格，对表格的字体格式、对齐方式和单元格合并等进行相应的设置。

（2）将各月各项支出费用的金额设置为带两位小数的货币格式进行显示。

（3）为表格添加 Excel 内置的"所有框线"边框样式。

（4）为部分行和列添加相应的底纹或颜色。

2021年1~6月公司费用支出明细表

实际支出	1月	2月	3月	4月	5月	6月
员工成本						
工资	¥85,000.00	¥85,000.00	¥85,000.00	¥88,000.00	¥88,000.00	¥88,000.00
奖金	¥22,950.00	¥22,950.00	¥22,950.00	¥23,760.00	¥23,760.00	¥23,760.00
小计	¥107,950.00	¥107,950.00	¥107,950.00	¥111,760.00	¥111,760.00	¥111,760.00
办公成本						
办公室租赁	¥9,800.00	¥9,800.00	¥9,800.00	¥9,800.00	¥9,800.00	¥9,800.00
燃气	¥94.00	¥430.00	¥385.00	¥230.00	¥87.00	¥88.00
电费	¥288.00	¥278.00	¥268.00	¥299.00	¥306.00	¥290.00
水费	¥35.00	¥33.00	¥34.00	¥36.00	¥34.00	¥36.00
网费	¥299.00	¥299.00	¥299.00	¥299.00	¥299.00	¥299.00
办公用品	¥256.00	¥142.00	¥160.00	¥221.00	¥256.00	¥240.00
小计	¥10,952.00	¥11,162.00	¥11,126.00	¥11,065.00	¥10,962.00	¥10,933.00
市场营销成本						
网站托管	¥500.00	¥500.00	¥500.00	¥500.00	¥500.00	¥500.00
网站更新	¥200.00	¥200.00	¥200.00	¥200.00	¥200.00	¥1,500.00
宣传资料准备	¥4,800.00	¥0.00	¥0.00	¥5,500.00	¥0.00	¥0.00
宣传资料打印	¥100.00	¥500.00	¥100.00	¥100.00	¥600.00	¥180.00
市场营销活动	¥1,800.00	¥2,200.00	¥2,200.00	¥4,700.00	¥1,500.00	¥2,300.00
杂项支出	¥145.00	¥156.00	¥123.00	¥223.00	¥187.00	¥245.00
小计	¥7,545.00	¥3,556.00	¥3,123.00	¥11,223.00	¥2,987.00	¥4,725.00
培训成本						
培训课程	¥1,600.00	¥2,400.00	¥1,400.00	¥1,600.00	¥1,200.00	¥2,800.00
与培训相关的差旅成本	¥1,200.00	¥2,200.00	¥1,400.00	¥1,200.00	¥800.00	¥3,500.00
小计	¥2,800.00	¥4,600.00	¥2,800.00	¥2,800.00	¥2,000.00	¥6,300.00

图 4-66　"公司费用支出明细表"表格的效果

素材文件所在位置	素材文件\第 4 章\公司费用支出明细表.xlsx
效果文件所在位置	效果文件\第 4 章\公司费用支出明细表.xlsx

微课视频

4.5.2　制作"库存清单表"表格

库存是指仓库中实际存储的货物，而库存清单能对这些货物的名称、价格、在库数量、库存金额等进行记录，以便相关人员了解库存中货物的变化情况。

【制作效果与思路】

在本实训中制作的"库存清单表"表格的效果如图 4-67 所示，具体制作思路如下。

（1）新建空白工作簿，在表格中输入库存清单数据，根据需求对单元格的字体格式、对齐方式和数字格式进行设置。

（2）通过"数据验证"为 H3:H12 单元格区域设置输入提示信息。

（3）新建一个"自定义 1"表样式，并将其应用到表格的 A2:H2 单元格区域，再将表格区域转换为普通区域。

（4）使用"条件格式"中的"最前 / 最后规则"功能突出显示"库存价值"列中的前 5 项数据。

库存清单表								
库存编号	产品名称	单价	在库数量	库存价值	续订水平	续订时间(天)	续订数量	
IN0001	产品A	¥51.00	25	¥1,275.00	29	13	50	
IN0002	产品B	¥93.00	132	¥12,276.00	231	4	5	输入范围
IN0003	产品C	¥57.00	151	¥8,607.00	114	11	15	输入的续订数量必须是50-2002之间的数据。
IN0004	产品D	¥19.00	186	¥3,534.00	158	6	50	
IN0005	产品E	¥75.00	62	¥4,650.00	39	12	80	
IN0006	产品F	¥56.00	58	¥3,248.00	109	7	100	
IN0007	产品G	¥59.00	122	¥7,198.00	82	3	150	
IN0008	产品H	¥59.00	176	¥10,384.00	229	1	100	
IN0009	产品I	¥90.00	96	¥8,640.00	180	3	50	
IN0010	产品J	¥97.00	57	¥5,529.00	98	12	50	

图 4-67　"库存清单表"表格的效果

 效果文件所在位置　效果文件 \ 第 4 章 \ 库存清单表.xlsx

微课视频

4.6　知识拓展

　　下面将对与 Excel 表格制作相关的一些拓展知识进行介绍，帮助读者更好地制作符合要求的表格。

1．选择性粘贴

　　Excel 提供的"选择性粘贴"包含的功能非常多，如只粘贴公式、粘贴时进行行列转置、粘贴时执行运算、只粘贴格式等，这些都是常见的数据处理方法，特别是在对大量的数据进行批量处理时，能提高工作效率。操作方法：复制表格中的单元格区域，然后选择目标区域，单击"粘贴"下拉按钮▼，在打开的下拉列表中单击相应的粘贴按钮即可，或者选择"选择性粘贴"选项，打开"选择性粘贴"对话框，在其中进行相应的设置即可。

2．使标题行始终显示在开头

　　如果制作的表格行列数较多，在查看数据时，就看不到表格标题行或左侧的列字段，不利于数据的查看，此时可利用 Excel 中提供的"冻结窗格"功能，来固定标题行或标题列的位置。操作方法：选择工作表中需要固定行或列的下一行或下一列中的任意单元格，单击【视图】/【窗口】组中的"冻结窗格"按钮，在打开的下拉列表中选择"冻结窗格"选项，固定所选单元格前面的行或左边的列。

4.7　课后练习

　　本章主要介绍了 Excel 表格的制作与编辑的知识，读者应加强该部分知识的理解与应用。下面将通过制作"报销申请单"表格和编辑"员工信息登记表"表格两个练习，帮助读者熟练掌握以上知识的应用方法及操作方法。

练习 1　制作"报销申请单"表格

　　在本练习中将对"报销申请单"表格进行制作，需要在表格中输入数据，并对表格格式进行设置，效果如图 4-68 所示。

 效果文件所在位置　效果文件 \ 第 4 章 \ 课后练习 \ 报销申请单.xlsx

微课视频

图 4-68 "报销申请单"表格的最终效果

操作要求如下。

● 输入表格数据，设置标题的字体、字号，然后对标题所在单元格执行"合并后居中"操作，并调整标题行的行高。

● 对表格中的单元格执行"合并"和"跨越合并"操作，并对单元格中文本的加粗效果和对齐方式进行设置。

● 根据需求对表格的行高和列宽进行设置，然后为表格添加 Excel 内置的边框样式。

练习 2 编辑"员工信息登记表"表格

在本练习中将对"员工信息登记表"表格进行编辑，首先设置"员工编号"列和"联系电话"列的显示格式，然后再输入相应的数据，编辑后的效果如图 4-69 所示。

员工编号	职工姓名	所属部门	性别	入职时间	联系电话
0001	陈丽华	销售部	女	2017/8/10	123-1111-0000
0002	吴勇	财务部	男	2014/2/1	123-1111-0001
0003	李欣	销售部	女	2010/1/2	123-1111-0002
0004	袁落落	人事部	女	2011/3/5	123-1111-0003
0005	谢佳	销售部	男	2009/12/3	123-1111-0004
0006	宋沛涵	财务部	女	2008/8/9	123-1111-0005
0007	程静	行政部	女	2018/12/6	123-1111-0006
0008	廖五万	销售部	男	2016/11/3	123-1111-0007
0009	丁毅	人事部	男	2017/5/6	123-1111-0008
0010	吴芳娜	财务部	女	2018/5/9	123-1111-0009
0011	熊平湖	销售部	男	2009/5/4	123-1111-0010
0012	刘凡金	行政部	男	2015/6/4	123-1111-0011
0013	苏红	人事部	女	2011/6/7	123-1111-0012
0014	熊亮宏	财务部	男	2012/6/21	123-1111-0013
0015	李佳玉	销售部	女	2011/6/19	123-1111-0014
0016	刘语	行政部	女	2012/6/14	123-1111-0015
0017	杨晨艺	财务部	男	20014/3/16	123-1111-0016
0018	钟鹏	人事部	男	20019/8/22	123-1111-0017

图 4-69 "员工信息登记表"表格的最终效果

 素材文件所在位置 素材文件\第 4 章\课后练习\员工信息登记表.xlsx

效果文件所在位置 效果文件\第 4 章\课后练习\员工信息登记表.xlsx

微课视频

操作要求如下。

● 打开工作簿，选中 A2:A19 单元格区域，将数字格式设置为"文本"，再输入以"0"开头的编号。

● 选中 F2:F19 单元格区域，在"设置单元格格式"对话框的"数字"选项卡的"分类"列表中选择"自定义"选项，然后在"类型"文本框中输入"000-0000-0000"。

● 在 F2:F19 单元格区域中输入员工的联系电话。

第2部分

第5章

Excel 公式和函数的应用

/ 本章导读

　　相对于其他 Office 软件来说，Excel 的优势之一是可以对数据进行计算，而公式和函数是实现数据计算的重要方式，可以快速按需完成表格中各类数据的计算。本章主要介绍 Excel 中公式和函数的应用方法。

/ 技能目标

　　掌握公式和函数的基础知识。
　　掌握公式的应用方法。
　　掌握函数的应用方法。

/ 案例展示

8月工资表										
姓名	基本工资	岗位工资	管理津贴	特殊岗位津贴	工龄工资	加班工资	应发工资	社保扣款	个人所得税扣款	实发工资
冯淑琴	3500.00	300.00	0.00	0.00	150.00	100.00	4050.00	257.00	0.00	3793.00

8月工资表										
姓名	基本工资	岗位工资	管理津贴	特殊岗位津贴	工龄工资	加班工资	应发工资	社保扣款	个人所得税扣款	实发工资
罗鸿亮	8000.00	1000.00	500.00	500.00	500.00	400.00	10900.00	257.00	354.30	10288.70

8月工资表										
姓名	基本工资	岗位工资	管理津贴	特殊岗位津贴	工龄工资	加班工资	应发工资	社保扣款	个人所得税扣款	实发工资
李萍	3500.00	300.00	0.00	500.00	250.00	260.00	4810.00	257.00	0.00	4553.00

8月工资表										
姓名	基本工资	岗位工资	管理津贴	特殊岗位津贴	工龄工资	加班工资	应发工资	社保扣款	个人所得税扣款	实发工资
朱小军	3500.00	300.00	0.00	0.00	200.00	80.00	4080.00	257.00	0.00	3823.00

8月工资表										
姓名	基本工资	岗位工资	管理津贴	特殊岗位津贴	工龄工资	加班工资	应发工资	社保扣款	个人所得税扣款	实发工资
王超	3500.00	300.00	0.00	500.00	150.00	0.00	4450.00	257.00	0.00	4193.00

岗位对照表　工资表　工资条

人员结构统计表															
部门	员工总数	性别		学历				年龄					工龄		
		男	女	研究生	本科	专科	高中及以下	20~25岁	26~30岁	31~35岁	36~40岁	40岁以上	1~5年	6~10年	10年以上
财务部	5	3	2	1	3	1			3		1	1	4	1	
行政部	7	2	5		4	1	2	2	1	1	1	1	5	1	1
人事部	6	1	5		2	1	1	1	1	3		1	3	3	
市场部	9	7	2		7				1	7	1		3	6	
销售部	16	13	3	1	8	7		1	6	6	3		9	7	
生产部	15	14	1	1		4	7	1	8	5			10	3	2
仓储部	6	4	2	1		2	3	1		4	2		1	4	1
合计	64	44	20	4	18	24	14	5	14	30	12	3	35	24	5

人员信息表　人员结构统计表

5.1 公式的应用

在 Excel 中，公式是对表格数据执行计算的一种等式，也是 Excel 在计算数据时不可或缺的表达式。要想使用公式快速实现数据的计算，就需要灵活使用公式。下面将对输入与编辑公式、单元格引用、在公式中使用名称和审核公式的相关知识分别进行介绍。

5.1.1 输入与编辑公式

在 Excel 中使用公式对数据进行计算时，需要先输入公式。当需要将已有的公式应用到其他单元格时，可通过复制粘贴或填充公式来实现。例如，在"家电销售统计表.xlsx"工作簿中通过输入和复制粘贴公式来计算数据，具体操作如下。

素材文件所在位置　素材文件\第 5 章\家电销售统计表.xlsx、
效果文件所在位置　效果文件\第 5 章\家电销售统计表.xlsx

微课视频

STEP 1　打开"家电销售统计表.xlsx"工作簿，选中 F2 单元格，输入"="，然后单击需要引用的 D2 单元格，再输入乘号运算符"*"，最后单击 E2 单元格，完成公式的输入，如图 5-1 所示。

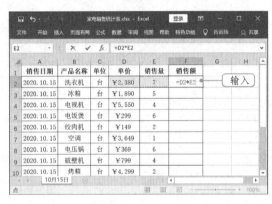

图 5-1　输入公式

STEP 2　按【Enter】键得出计算结果。选中

F2 单元格，按【Ctrl+C】组合键复制单元格，然后选中需要粘贴数据的 F3:F10 单元格区域，单击【开始】/【剪贴板】组中的"粘贴"下拉按钮，在打开的下拉列表中单击"公式"按钮，将 F2 单元格中的公式粘贴到 F3:F10 单元格区域，并计算出结果，如图 5-2 所示。

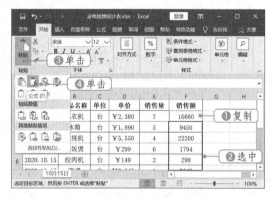

图 5-2　复制公式计算结果

技巧秒杀

快速填充公式

当需要将已有的公式应用到相邻单元格或单元格区域时，可通过填充数据的方法向下填充公式，并计算出数据。当需向下填充公式时，可先选中含公式的单元格，将鼠标指针移动到单元格右下角，当鼠标指针变成┿形状时双击，Excel 将向下填充公式至当前单元格所位于的不间断区域的最后一行。

5.1.2　单元格引用

单元格引用是通过行号和列标来指定要进行数据运算的单元格的地址的，在进行计算时，Excel 会自动根据单元格的地址来寻找单元格，并引用单元格中的数据进行计算。在 Excel 中，单元格引用包括相对引用、绝对引用和混合引用 3 种，下面将分别进行介绍。

- **相对引用:** 相对引用是基于包含公式和单元格引用的单元格的相对位置，采用 "列字母 + 行数字" 的格式表示，如 A1、E12 等。如果引用整行或整列，可省去列标和行号，如 2:2 表示引用的第二行，A:A 表示引用的 A 列，也就是第一列。在相对引用中，如果公式所在单元格的位置改变，引用也会随之改变。

- **绝对引用:** 绝对引用是指包含公式的单元格与被引用的单元格之间的位置关系是绝对的。绝对引用的结果不会随单元格位置的改变而改变。如果一个公式的表达式中有绝对引用作为组成元素，则当把该公式复制粘贴到其他单元格中时，公式中单元格的绝对引用地址始终保持不变。绝对引用在单元格的行地址和列地址前都会加上一个 "$" 符号，如 $A$1、$E$2 等。

- **混合引用:** 混合引用是指公式中引用的单元格具有绝对列和相对行，或者具有绝对行和相对列。绝对引用列采用如 $A1、$B1 等形式，绝对引用行采用 A$1、B$1 等形式。在混合引用中，如果公式所在单元格的位置改变，则相对引用将发生改变，而绝对引用将不变。

技巧秒杀

快速切换单元格引用

当需要在公式中使用不同的单元格引用时，可按【F4】键快速在相对引用、绝对引用和混合引用之间进行切换。按一次【F4】键，可将相对引用切换为绝对引用，按两次【F4】键可切换到混合引用中的绝对引用行。

5.1.3　在公式中使用名称

名称是对一个数据区域的命名，它可以是单元格区域、数据常量、公式等，在公式、数据验证、条件格式和动态图表中都会经常用到名称，以增强公式的可读性。在 Excel 2016 中，不仅可以定义名称，还能根据需求对名称进行管理。例如，在 "家电销售统计表 .xlsx" 工作中创建和管理名称，具体操作如下。

素材文件所在位置　素材文件 \ 第 5 章 \ 家电销售统计表 .xlsx
效果文件所在位置　效果文件 \ 第 5 章 \ 家电销售统计表 1.xlsx

微课视频

STEP 1　打开 "家电销售统计表 .xlsx" 工作簿，选中需要定义名称的区域 B 列，单击【公式】/【定义的名称】组中的 "定义名称" 按钮，如图 5-3 所示。

STEP 2　打开 "新建名称" 对话框，在 "名称" 文本框和 "引用位置" 数值框中 Excel 将自动识别，如果名称和引用位置不正确，可进行修改，这里保持默认不变，单击 确定 按钮，如图 5-4 所示。

STEP 3　新建一个名为 "产品名称" 的名称。使用相同的方法新建 "单价" 和 "销售量" 名称。

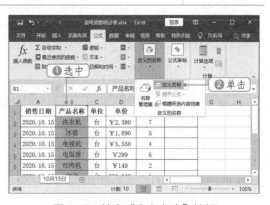

图 5-3　单击 "定义名称" 按钮

图 5-4　新建名称

STEP 4　在 F2 单元格中输入"="，单击【公式】/【定义的名称】组中的"用于公式"按钮🔍，在打开的下拉列表中选择要参与计算的名称"单价"，如图 5-5 所示。

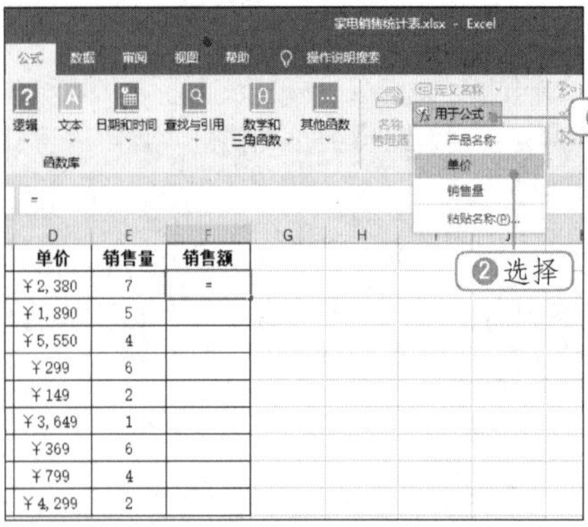

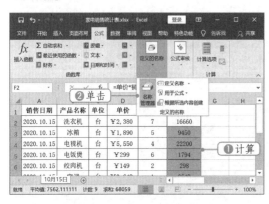

图 5-5　选择名称

STEP 5　选择的名称将输入公式中，继续输入"*"和名称"销售量"，按【Enter】键计算出结果。按住鼠标左键向下拖曳填充公式至 F10 单元格，计算出其他产品的销售额，然后单击【公式】/【定义的名称】组中的"名称管理器"按钮🖨，如图 5-6 所示。

图 5-6　单击"名称管理器"按钮

STEP 6　打开"名称管理器"对话框，选择"产品名称"选项，单击 删除(D) 按钮，如图 5-7 所示，打开提示对话框，单击 确定 按钮。

图 5-7　删除名称

STEP 7　删除选择的名称。单击 关闭 按钮关闭对话框，如图 5-8 所示。

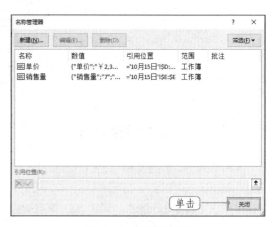

图 5-8　关闭对话框

技巧秒杀

批量创建名称

　　如果需要对工作表中的多行或多列单元格区域按标题行或标题列来创建名称，那么可运用 Excel 中的"根据所选内容创建名称"功能来进行批量创建。操作方法：选择表格中的多行或多列，单击【公式】/【定义的名称】组中的"根据所选内容创建"按钮📇，打开"根据所选内容创建名称"对话框，选中对应的复选框，单击 确定 按钮，Excel 会根据选中的区域批量创建名称。

5.1.4　审核公式

在使用公式计算数据时，难免会因为某种原因导致计算的结果错误，或返回的结果是错误值，此时，就需要对公式进行审核，以确保得到正确的计算结果。在 Excel 2016 中，审核公式的方法很多，下面将分别进行介绍。

1.　根据返回的错误值判断公式出错原因

在公式中，Excel 会根据返回的错误值提示公式出错的原因，所以，只要正确认识每种错误值，就能快速找到公式出错的原因以及解决办法。在 Excel 中，公式的错误值有以下几种。

- **"#DIV/0！"错误值：** 在 Excel 中，0 不能作为除数，在进行除法运算时，如果除数是 0 或空白单元格（在算数运算中，Excel 会自动将空白单元格当作 0 处理），那么，公式计算结果将返回"#DIV/0！"错误值。

- **"#VALUE！"错误值：** 在 Excel 中，当将两种不同的数据类型放在一起执行同一种运算时，就会返回"#VALUE！"错误值；另外，如果参与计算的两组区域的参数长度不一致，那么公式计算结果也会返回"#VALUE！"错误值。

- **"#N/A"错误值：** 这种情况是由引用的值不可用导致的，多出现于 VLOOKUP、HLOOKUP、LOOKUP、MATCH 等查找函数的公式中，当函数无法查找到与查找值匹配的数据时，则会返回"#N/A"错误值。

- **"#NUM！"错误值：** 如果在公式和函数中使用了无效数值，或者输入的数值超出了 Excel 能处理的最大数值范围，公式计算结果则会返回"#NUM！"错误值。

- **"#REF！"错误值：** 如果在公式中引用的单元格已被删除或者本来就不存在，公式计算结果就会返回"#REF！"错误值。

- **"#NAME？"错误值：** 在 Excel 中，如果公式中的文本没有写在英文半角双引号（""）之间，且这个文本既不是函数名、也不是单元格引用或定义的名称，那么 Excel 将无法识别这些文本字符，这时公式的计算结果就会返回"#NAME？"错误值。

- **"#NULL！"错误值：** 在 Excel 公式中，空格是交集运算符，表示引用两个数据区域中相交的单元格，如果在公式中使用空格运算符连接两个不相交的单元格区域，就会返回"#NULL！"错误值。

- **"#####"错误值：** 在 Excel 公式中，当单元格列宽不够，不能完全显示计算结果，或者是单元格中的日期数据是无效的时，公式计算结果就会返回"#####"错误值。

2.　追踪单元格的引用情况

在检查公式时，有时需要查看公式中引用的单元格的位置是否正确，追踪查看单元格的引用情况。在 Excel 中，有"追踪引用单元格"和"追踪从属单元格"两种功能，分别介绍如下。

- **追踪引用单元格：** 选中含公式的单元格，单击【公式】/【公式审核】组中的"追踪引用单元格"按钮，Excel 将以蓝色箭头符号标识出所选单元格中的公式引用了哪些单元格，如图5-9所示。

- **追踪从属单元格：** 选中单元格，单击【公式】/【公式审核】组中的"追踪从属单元格"按钮，Excel 将以蓝色箭头符号标识出所选单元格被引用到了哪个包含公式的单元格，如图 5-10 所示。

知识补充

追踪从属单元格

如果所选单元格没有从属单元格，执行"追踪从属单元格"操作后，将会出现提示对话框进行提示。

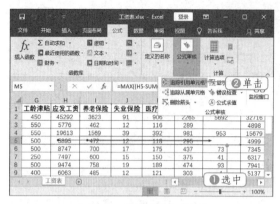

图 5-9　追踪引用单元格　　　　　　图 5-10　追踪从属单元格

3. 公式错误检查

在 Excel 公式中，除了根据返回的错误值来判断公式出错的原因外，还可通过 Excel 提供的"错误检查"功能对公式出错的单元格和原因进行判断。操作方法：选中返回错误值的单元格，单击【公式】/【公式审核】组中的"错误检查"按钮，打开"错误检查"对话框，在其中将显示出错的单元格以及出错的原因，如图 5-11 所示。

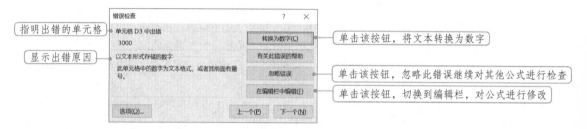

图 5-11　公式错误检查

4. 查看公式求值过程

在检查公式时，如果公式较复杂，计算步骤较多，可通过 Excel 2016 提供的"公式求值"功能，按公式的计算顺序逐步查看公式的计算过程，以便快速查看出到底是公式的哪步计算出错。操作方法：选择含公式的单元格，单击【公式】/【公式审核】组中的"公式求值"按钮，打开"公式求值"对话框，Excel 将显示公式，并在公式要计算的第 1 步的下方添加下画线，然后单击 求值(E) 按钮，如图 5-12 所示，将显示出公式第 1 步的计算结果，并在第 2 步的下方添加下画线，再次单击 求值(E) 按钮，显示下一步的计算结果，依此类推，当显示出错误值时，就说明上一步的计算结果是错误的，如图 5-13 所示。

图 5-12　单击"求值"按钮　　　　　图 5-13　查看计算结果

5.2　函数的应用

公式只能进行加、减、乘、除等简单的运算，而使用函数计算数据，不仅可以完成许多复杂的计算，还可以简化公式，提高运算速度。下面将介绍 Excel 中函数的使用方法。

5.2.1　认识函数

函数是预先编写好的公式，每一个函数就是一组特定的公式。Excel 2016 提供了几百个函数，虽然每个函数的作用不同，但其结构都是固定的，包括等号"="、函数名称、括号"()"和函数参数 4 个部分，如图 5-14 所示。

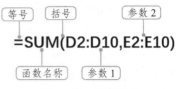

=SUM(D2:D10,E2:E10)

图 5-14　函数结构

- **等号"="：** 函数作为公式的一种特殊形式，所以，也是由"="号开始的。
- **函数名称：** 函数名称代表了函数的计算功能，每个函数都有一个唯一的名称，如 SUM 函数表示求和，MIN 函数表示求最小值。在 Excel 公式中，函数名称不区分大小写。
- **括号"()"：** 所有函数都需要使用英文半角状态下的"()"，括号中的内容就是函数参数。括号必须成双成对地出现。
- **函数参数：** 函数中用参数来执行操作或计算。参数可以是数字、文本、TRUE 或 FALSE 等逻辑值，也可以是其他函数、数组、单元格引用。无论参数是哪种类型，参数都必须是有效的。

5.2.2　输入函数

使用函数计算数据时，必须正确输入函数的语法结构，才能得到正确的运算结果。在 Excel 2016 中，输入函数的方法有通过对话框输入、通过下拉列表输入和手动输入 3 种，分别介绍如下。

- **通过对话框输入：** 如果用户对函数不了解或了解很少，则可通过该方法输入。操作方法：单击【公式】/【函数库】组中的"插入函数"按钮 fx，打开"插入函数"对话框，在"或选择类别"下拉列表中选择所需函数对应的类别，在"选择函数"列表中选择需要的函数，在列表下方将显示函数的语法结构和函数的作用，单击 确定 按钮，如图 5-15 所示。打开"函数参数"对话框，将光标定位到函数参数框中，在下方将显示该参数的作用，然后根据提示对函数参数进行设置，设置完成后单击 确定 按钮，如图 5-16 所示。

图 5-15　选择函数

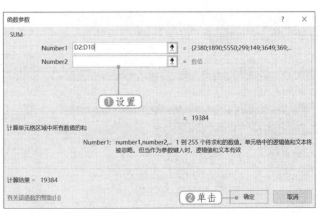

图 5-16　设置函数参数

● **通过下拉列表输入：** 如果知道函数所属的类别，则可通过该方法快速输入。操作方法：在【公式】/【函数库】组中单击相应的函数类别按钮，在打开的下拉列表中选择需要的函数。

● **手动输入：** 如果对函数非常熟悉，可手动输入。操作方法：在编辑栏或单元格中输入等号，再输入函数名和函数参数，然后按【Enter】键完成操作。

5.2.3 嵌套函数

使用函数计算数据时，有时需要将一个函数作为另一个函数的参数来使用，这在 Excel 中被称为嵌套函数。在嵌套函数中，Excel 会先计算最深层的函数表达式，再逐步向外计算其他表达式。

例如，公式"=IF(AND(D2>=2,E2<1,F2<3),500,0)"中的"AND(D2>=2,E2<1,F2<3)"是 AND 函数，也是 IF 函数的第一个参数，也就是说 IF 函数嵌套着 AND 函数。另外，在计算时，会先计算"AND(D2>=2,E2<1,F2<3)"这部分，再将计算结果作为 IF 函数的第一个参数，并对 IF 函数进行计算。

5.2.4 数学和统计函数

在日常工作中，经常需要对表格中的数据进行汇总统计，此时，就会用到 Excel 中的数学和统计函数。下面将对常用的数学和统计函数进行介绍。

1. 使用 SUM 函数求和

SUM 函数可以用于对所选单元格或单元格区域进行求和运算，其语法结构为 SUM(number1,[number2],…)。其中 number1 为必需参数，表示需要相加的第 1 个参数；[number2] 为可选参数，表示需要相加的第 2 个参数；SUM 函数最多可设置 255 个参数。例如，在"公司费用支出明细表 .xlsx"工作簿中使用 SUM 函数对各项费用的每月小计进行计算，具体操作如下。

素材文件所在位置 素材文件 \ 第 5 章 \ 公司费用支出明细表 .xlsx	微课视频
效果文件所在位置 效果文件 \ 第 5 章 \ 公司费用支出明细表 .xlsx	

STEP 1 打开"公司费用支出明细表 .xlsx"工作簿，选中 B6 单元格，输入公式"=SUM(B4:B5)"，如图 5-17 所示。

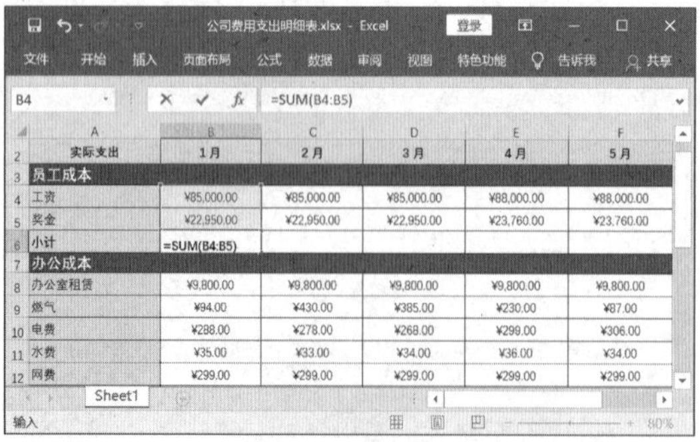

图 5-17 输入公式

STEP 2 按【Enter】键计算出结果。选中 B6 单元格，将鼠标指针移动到此单元格右下角，当

鼠标指针变成➕形状时，按住鼠标左键向右拖曳至 G6 单元格，计算出员工成本的每月小计，如图 5-18 所示。

STEP 3 使用相同的方法计算表格中其他费用的每月小计。

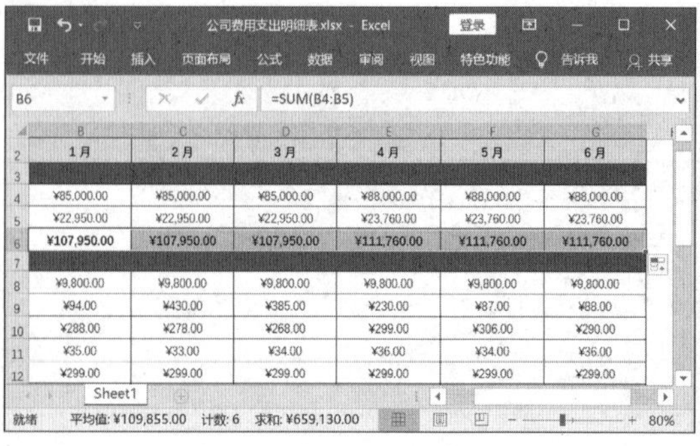

图 5-18 填充公式计算

2. 使用 SUMIF 函数按条件求和

SUMIF 函数用于对单元格区域中满足条件的数据进行求和运算，其语法结构为 SUMIF(range, criteria,sum_range)。其中，range 为必需参数，表示条件区域，空值和文本值将被忽略；criteria 为必需参数，表示求和条件，可以是由数字、逻辑表达式、文本等组成的判定条件；sum_range 为必需参数，表示求和区域。例如，在"日销售记录表 .xlsx"工作簿中计算各门店的总销售额，具体操作如下。

素材文件所在位置	素材文件 \ 第 5 章 \ 日销售记录表 .xlsx
效果文件所在位置	效果文件 \ 第 5 章 \ 日销售记录表 .xlsx

微课视频

STEP 1　打开"日销售记录表 .xlsx"工作簿，选中 K2 单元格，输入公式"=SUMIF($C$2:$C$19,J2,$H$2:$H$19)"，按【Enter】键计算出"来龙店"的总销售额，如图 5-19 所示。

STEP 2　按住鼠标左键向下拖曳，填充公式至 K4 单元格，计算出"光华店"和"金沙店"的总销售额，如图 5-20 所示。

图 5-19　计算"来龙店"的总销售额

图 5-20　计算其他门店的总销售额

知识补充

使用 SUMIFS 函数进行多条件求和

SUMIF函数在不使用辅助列的情况下，只能进行单个条件求和，如果要进行多条件求和，就需要使用 SUMIFS函数，其语法结构为(sum_range,criteria_range1,criteria1,[criteria_range2,criteria2],…)。其中，sum_range为必需参数，表示求和区域；criteria_range1为必需参数，表示条件1区域；criteria1为必需参数，表示条件1；[criteria_range2,criteria2]为可选参数，表示条件2区域和条件2，它是成对增加的，最多可增加127对。

3. 使用 SUMPRODUCT 函数计算数组元素之和

SUMPRODUCT 函数用于在给定的几组数组中，将数组间对应的元素相乘，并将乘积进行相加得出最终数值，其语法结构为 SUMPRODUCT(array1,[array2],[array3],…)。其中，array1 为必需参数，表示需要进行相乘并求和的第一个数组参数，数组参数必须具有相同的维数，否则，结果将返回错误值，并且，SUMPRODUCT 函数会将非数值型的数组元素作为 0 进行处理；[array2],[array3] 为可选参数，表示需要进行相乘并求和的 2 到 255 个数组参数。

例如，图 5-21 所示的表中，只知道各产品的单价和销售量，要计算当天的总销售额，就可使用 SUMPRODUCT 函数。操作方法：在 F15 单元格中输入公式"=SUMPRODUCT(F2:F14,G2:G14)"，按【Enter】键计算出总销售额，如图 5-22 所示。

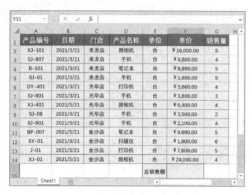

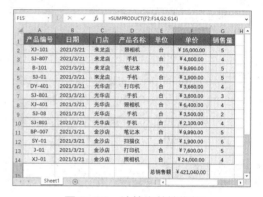

图 5-21　表格素材

图 5-22　计算出总销售额

4. 使用 RANK 函数对数值排名

RANK 函数是与 Excel 早期版本兼容的一个函数，在统计排名时经常使用，用于返回某数字在一列数字中的大小排名，其语法结构为 RANK(number,ref,[order])。其中，number 为必需参数，表示排名的数字；ref 为必需参数，表示参照数值区域，可以是单元格区域，也可以是数组；[order] 为可选参数，表示排序方式，如果忽略或为 0，则表示降序，一般都会忽略。

例如，图 5-23 所示为"新员工培训成绩表"，如果要根据考试总成绩来进行排名，就可使用 RANK 函数。操作方法：在 G2 单元格中输入公式"=RANK(F2,$F$2:$F$14)"，按【Enter】键，再按住鼠标左键向下拖曳填充公式至 G14 单元格，如图 5-24 所示。

图 5-23　表格素材

图 5-24　计算排名

5. 使用 COUNTA 函数统计非空单元格个数

COUNTA 函数用于统计非空单元格的个数，包括逻辑值、文本、错误值和数值等，其语法结构为 COUNTA(value1,value2,…)。其中，参数"value1,value2,…"可以是任何类型。

例如，要统计参与培训考试的新员工人数，就可在 H2 单元格中输入公式“=COUNTA(B2:B14)”，然后按【Enter】键完成操作，如图 5-25 所示。

6. 使用 COUNTIF 函数统计满足条件的单元格个数

COUNTIF 函数用于统计满足给定条件的单元格的个数，其语法结构为 COUNTIF(range, criteria)。其中，range 为必需参数，表示要统计的区域，可以包含数字、数组或数字的引用；criteria 为必需参数，表示统计的条件，可以是数字、表达式、单元格引用或文本字符串。

例如，要统计总成绩大于 250 分的人数，就可使用 COUNTIF 函数。操作方法：在 H2 单元格中输入公式“=COUNTIF(F2:F14,">250")”，然后按【Enter】键完成操作，如图 5-26 所示。

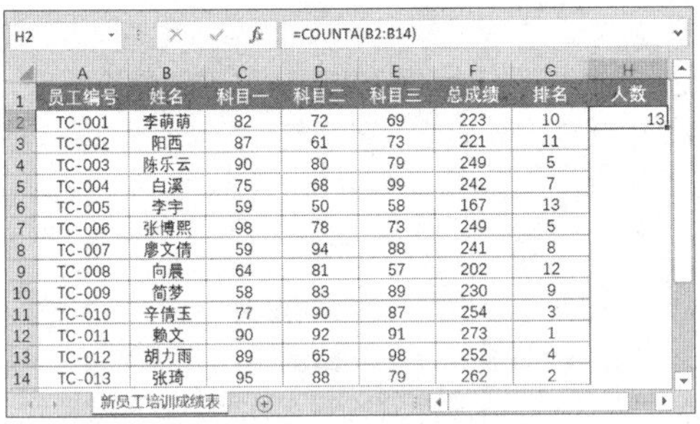

H2　=COUNTA(B2:B14)

员工编号	姓名	科目一	科目二	科目三	总成绩	排名	人数
TC-001	李萌萌	82	72	69	223	10	13
TC-002	阳西	87	61	73	221	11	
TC-003	陈乐云	90	80	79	249	5	
TC-004	白溪	75	68	99	242	7	
TC-005	李宇	59	50	58	167	13	
TC-006	张博熙	98	78	73	249	5	
TC-007	廖文倩	59	94	88	241	8	
TC-008	向晨	64	81	57	202	12	
TC-009	简梦	58	83	89	230	9	
TC-010	辛倩玉	77	90	87	254	3	
TC-011	赖文	90	92	91	273	1	
TC-012	胡力雨	89	65	98	252	4	
TC-013	张琦	95	88	79	262	2	

新员工培训成绩表

图 5-25　统计新员工人数

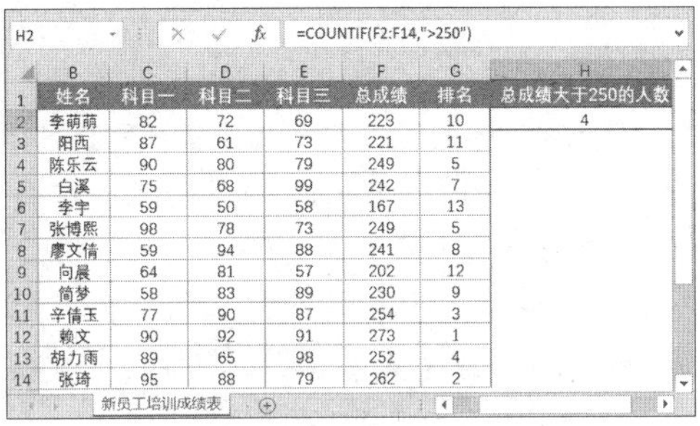

H2　=COUNTIF(F2:F14,">250")

姓名	科目一	科目二	科目三	总成绩	排名	总成绩大于250的人数
李萌萌	82	72	69	223	10	4
阳西	87	61	73	221	11	
陈乐云	90	80	79	249	5	
白溪	75	68	99	242	7	
李宇	59	50	58	167	13	
张博熙	98	78	73	249	5	
廖文倩	59	94	88	241	8	
向晨	64	81	57	202	12	
简梦	58	83	89	230	9	
辛倩玉	77	90	87	254	3	
赖文	90	92	91	273	1	
胡力雨	89	65	98	252	4	
张琦	95	88	79	262	2	

新员工培训成绩表

图 5-26　按条件计数

7. 使用 MAX 函数和 MIN 函数求最大值和最小值

MAX 函数用于返回一组数据中的最大值，MIN 函数用于返回一组数据中的最小值，两个函数的语法结构为 MAX/MIN(number1,[number2],…)。例如，要求图 5-26 所示总成绩中的最高分和最低分，就可使用这两个函数。

8. 使用 AVERAGE 函数求平均值

AVERAGE 函数用于求取一组数据中的平均值，其语法结构为 AVERAGE(number1,[number2],…)，常用于平均成绩、平均工资、平均年龄、平均销量等的计算。

5.2.5 日期和时间函数

在制作考勤表、工龄表、休假表、加班统计表、项目时间表等与日期和时间相关的表格时，经常会涉及日期和时间的计算，此时就需要用到 Excel 中的日期和时间函数。下面将分别对常用的日期和时间函数分别介绍。

1. 使用 NOW 函数和 TODAY 函数返回系统当前的日期和时间

NOW 函数用于返回系统当前的日期和时间，而 TODAY 函数只返回系统当前的日期，这两个函数都没有参数，但函数名称后面必须跟一个括号“()”。如要返回系统当前的日期和时间，只需输入公式“=NOW()”；如要返回系统当前的日期，只需输入公式“=TODAY()”。

需要注意的是，使用 NOW 函数和 TODAY 函数返回的日期和时间并不是固定的，它随着系统当前日期和时间的变化而变化。

2. 使用 DATEDIF 函数计算两个日期之差

DATEDIF 函数虽然是 Excel 中的一个隐藏函数，却是日期函数和时间函数中使用最多的一个函数，用于计算两个日期之间的天数、月数或年数，其语法结构为 DATEDIF(start_date,end_date,unit)。其中，start_date 为必需参数，表示时间段内的第一个日期或起始日期（起始日期必须在 1900 年之后），日期可以是带引号的字符串、日期序列号、单元格引用以及其他公式的计算结果等；end_date 为必需参数，表示时间段内的最后一个日期或结束日期，需要注意的是，结束日期必须大于起始日期；unit 为必需参数，表示返回值类型，其类型有 6 种，"y" 表示返回两个日期值间隔的整年数，"m" 表示返回两个日期值间隔的整月数，"d" 表示返回两个日期值间隔的天数，"md" 表示返回两个日期值间隔的天数（忽略日期中的年和月），"ym" 表示返回两个日期值间隔的月数（忽略日期中的年和日），"yd" 表示返回两个日期值间隔的天数（忽略日期中的年）。

例如，在"员工信息表 .xlsx"工作簿中使用 DATEDIF 函数计算员工年龄，其具体操作如下。

素材文件所在位置	素材文件 \ 第 5 章 \ 员工信息表 .xlsx
效果文件所在位置	效果文件 \ 第 5 章 \ 员工信息表 .xlsx

STEP 1 打开"员工信息表 .xlsx"工作簿，选中 G2 单元格，输入公式"=DATEDIF(F2,"2020/12/30","Y")"，按【Enter】键计算出第一位员工的年龄，如图 5-27 所示。

STEP 2 按住鼠标左键向下拖曳填充公式至 G14 单元格，计算出其他员工的年龄，如图 5-28 所示。

图 5-27　计算第一位员工的年龄

图 5-28　计算其他员工的年龄

知识补充

计算年龄

如果希望年龄随着时间的改变而自动变化，那么可将"=DATEDIF(F2,"2020/12/30","Y")"公式中的""2020/12/30""更改为"TODAY()"，这样就可根据系统当前日期的变化而自动更改年龄。

3. 使用 NETWORKDAYS 函数计算工作日天数

NETWORKDAYS 函数用于返回两个日期之间的所有工作日天数（工作日不包括周末和指定的法定节假日），其语法结构为 NETWORKDAYS(start_date, end_date, [holidays])。其中，start_date 为必需参数，表示起始日期；end_date 为必需参数，表示结束日期；[holidays] 为可选参数，表示需要排除的国家法定节假日，可以是一个，也可以是多个。

例如，要计算 2020 年 9 月 18 日到 2020 年 10 月 25 日的工作日天数，需要在表格中列出要排除的国家法定节假日，如图 5-29 所示，然后在 C2 单元格中输入公式"=NETWORKDAYS(A2,B2,E2:E9)"，按【Enter】键完成操作，如图 5-30 所示。

图 5-29　输入日期数据

图 5-30　计算工作日天数

4. 使用 HOUR 函数计算小时数

HOUR 函数用于返回时间值的小时数，小时数是介于 0（12:00A.M）到 23（11:00P.M）之间的整数，其语法结构为 HOUR(serial_number)。其中，serial_number 是一个时间值。

例如，要计算图 5-31 所示员工的加班时数，需要在 G2 单元格中输入公式“=HOUR(F2-E2)”，按【Enter】键，再按住鼠标左键向下拖曳，填充公式至 G8 单元格即可，如图 5-32 所示。

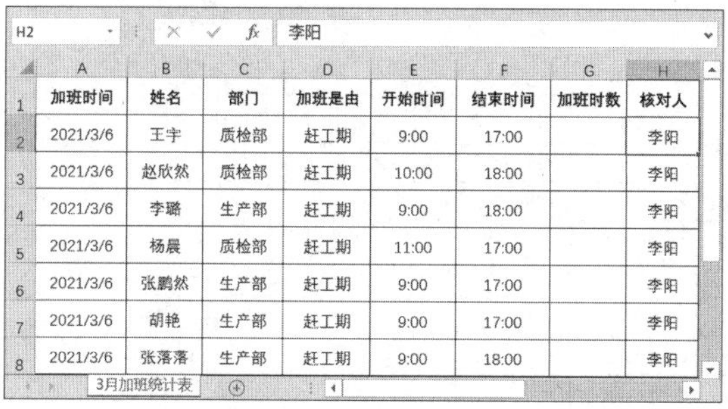

H2　李阳

加班时间	姓名	部门	加班是由	开始时间	结束时间	加班时数	核对人
2021/3/6	王宇	质检部	赶工期	9:00	17:00		李阳
2021/3/6	赵欣然	质检部	赶工期	10:00	18:00		李阳
2021/3/6	李璐	生产部	赶工期	9:00	18:00		李阳
2021/3/6	杨晨	质检部	赶工期	11:00	17:00		李阳
2021/3/6	张鹏然	生产部	赶工期	9:00	17:00		李阳
2021/3/6	胡艳	生产部	赶工期	9:00	17:00		李阳
2021/3/6	张落落	生产部	赶工期	9:00	18:00		李阳

3月加班统计表

图 5-31　素材表格

G2　=HOUR(F2-E2)

加班时间	姓名	部门	加班是由	开始时间	结束时间	加班时数	核对人
2021/3/6	王宇	质检部	赶工期	9:00	17:00	8	李阳
2021/3/6	赵欣然	质检部	赶工期	10:00	18:00	8	李阳
2021/3/6	李璐	生产部	赶工期	9:00	18:00	9	李阳
2021/3/6	杨晨	质检部	赶工期	11:00	17:00	6	李阳
2021/3/6	张鹏然	生产部	赶工期	9:00	17:00	8	李阳
2021/3/6	胡艳	生产部	赶工期	9:00	17:00	8	李阳
2021/3/6	张落落	生产部	赶工期	9:00	18:00	9	李阳

3月加班统计表

图 5-32　计算加班时数

5.2.6 查找和引用函数

在制作报表时，经常需要引用数据源表格的数据，或者根据某个条件来查找符合要求的数据，此时，就需要用到 Excel 中的查找和引用函数。下面将对常用的查找和引用函数分别进行介绍。

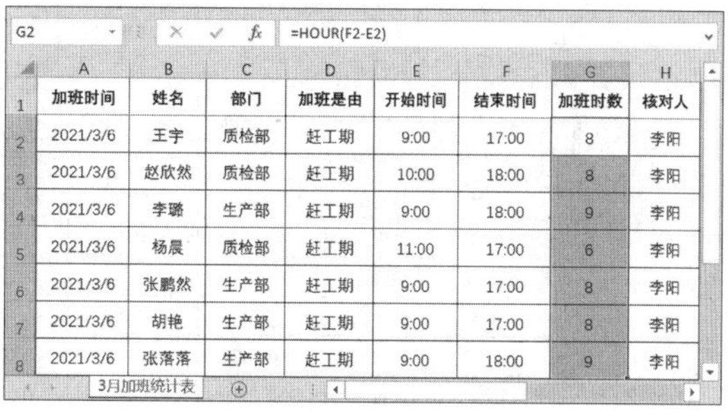

1. 使用 VLOOKUP 函数在数组或区域中按行查找数据

VLOOKUP 函数可以根据给定的条件，在指定的区域中查找到与之匹配的数据，其语法结构为 VLOOKUP(lookup_value,table_array,col_index_num,[range_lookup])。其中，lookup_value 为必需参数，表示要查找的值，可以是数值、引用或文本字符串；table_array 为必需参数，表示要查找的区域；col_index_num 为必需参数，表示要返回查找区域第几列中的数据；[range_lookup] 为可选参数，表示模糊匹配 / 精确匹配，如果是 0 或 FALSE，则表示精确匹配，如果忽略或者是 TRUE，则表示模糊匹配。

例如，要在表格数据区域根据姓名查找“谢佳”在第三季度的业绩，只需在 J2 单元格中输入公式“=VLOOKUP(I2,$A$1:$G$22,5,0)”，按【Enter】键完成操作，如图 5-33 所示。

J2　=VLOOKUP(I2,$A$1:$G$22,5,0)

员工姓名	所属分店	第一季度	第二季度	第三季度	第四季度	累计业绩		姓名	第三季度业绩
陈丽华	滨海店	¥150,000	¥190,000	¥100,000	¥75,000	¥515,000		谢佳	¥170,000.00
吴勇	机场店	¥19,000	¥30,000	¥250,000	¥23,000	¥322,000			
李欣	滨海店	¥95,000	¥80,000	¥190,000	¥250,000	¥615,000			
袁落落	阳城店	¥5,000	¥21,000	¥250,000	¥20,000	¥296,000			
谢佳	机场店	¥70,000	¥11,000	¥170,000	¥200,000	¥451,000			
宋沛沛	天府店	¥209,000	¥118,000	¥130,000	¥80,900	¥537,900			
程静	阳城店	¥35,000	¥119,000	¥90,000	¥27,000	¥271,000			
廖玉万	机场店	¥108,900	¥23,000	¥80,000	¥25,000	¥236,900			

2020年

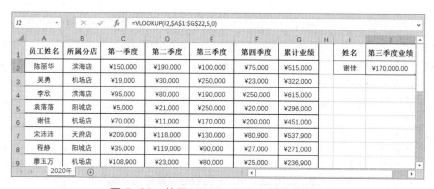

图 5-33　使用 VLOOKUP 函数查找数据

2. 使用 HLOOKUP 函数在数组或区域中按列查找数据

HLOOKUP 函数用于在表格或数组的首行查找指定的数值，并返回表格或数组中指定行的同一列的数值，其语法结构为 HLOOKUP(lookup_value,table_array,row_index_num,[range_lookup])。其中，lookup_value 为必需参数，表示要查找的值；table_array 为必需参数，表示要查找的区域；row_index_num 为必需参数，表示返回数据在要查找的区域的第几行；[range_lookup] 为可选参数，表示模

糊匹配 / 精确匹配。

例如，使用 HLOOKUP 函数在表格数据区域查找"谢佳"在第三季度的业绩时，不能根据姓名查找，因为按行查找时，一个姓名会对应多个值。此时，就需要通过表字段"第三季度"进行查找，在 J2 单元格中输入公式"=HLOOKUP(" 第三季度 ",\$A\$1:\$G\$22,6,0)"，按【Enter】键完成操作，如图 5-34 所示。

图 5-34　使用 HLOOKUP 函数查找数据

3. 使用 LOOKUP 函数在单行或单列中查找数据

LOOKUP 函数用于从单行或单列或数组中查找一个值，它有向量形式和数组形式两种参数样式，下面分别进行介绍。

- **向量形式：** LOOKUP 函数的向量形式用于在一行或一列中查找某个值，其语法结构为 LOOKUP(lookup_value,lookup_vector,[result_vector])。其中，lookup_value 为必需参数，表示要查找的值；lookup_vector 为必需参数，表示查找值所在的区域，必须是一行或一列；[result_vector] 为可选参数，表示返回值所在的区域，必须与 lookup_vector 参数的区域大小相同。例如，使用 LOOKUP 函数的向量形式查找"谢佳"在第三季度的业绩时，只需在 J2 单元格中输入公式"=LOOKUP(I2,A2:A22,E2:E22)"，按【Enter】键完成操作，如图 5-35 所示。

图 5-35　使用 LOOKUP 函数的向量形式查找数据

- **数组形式：** LOOKUP 函数的数组形式用于在数组区域的第一行或第一列中查找指定的值，并返回数组最后一行或最后一列中同一位置的值，其语法结构为 LOOKUP(lookup_value, array)。其中，lookup_value 为必需参数，表示要查找的值；array 为必需参数，表示包含查找值与返回值的数组。例如，使用 LOOKUP 函数的数组形式查找"谢佳"在第三季度的业绩时，也可使用 LOOKUP 函数的数组形式进行查找，只需在 J2 单元格中输入公式"=LOOKUP(I2,A2:E22)"，按【Enter】键完成操作，如图 5-36 所示。

图 5-36　使用 LOOKUP 函数的数组形式查找数据

4. 使用 INDEX 函数返回指定位置中的内容

INDEX 函数用于返回表或区域中的值或值的引用，它有数组和引用两种形式，下面分别进行介绍。

● **数组形式**：INDEX 函数的数组形式用于返回指定行列引用的单元格或单元格的值，其语法结构为 INDEX(array,row_num,[column_num])。其中，array 为必需参数，表示数组，可以是单元格区域和数组常量；row_num 为必需参数，表示提取数组中第几行的数据；[column_num]为可选参数，表示提取数组中第几列的数据。例如，查找"谢佳"在第三季度的业绩时，可使用 INDEX 函数的数组形式进行引用，在 J2 单元格中输入公式"=INDEX(A1:G22,6,5)"，按【Enter】键完成操作，如图 5-37 所示。

图 5-37　使用 INDEX 函数的数组形式引用数据

知识补充

引用某行或某列的所有数据

使用INDEX函数的数组形式引用表格数据时，如果需要引用某行或某列的所有数据，只需要将第2个参数或第3个参数设置为0；如果第2个参数设置为0，则表示返回整列；如果第3个参数为0，则表示返回整行。另外，由于最后返回的是多个数据，因此，会用到数组公式，数组公式的相关知识会在本章的"知识拓展"中进行讲解。

● **引用形式**：INDEX 函数的引用形式用于返回指定的行与列交叉处的单元格引用，如果引用由不连续的选定区域组成，可以选择要查找的选定区域。它的语法结构为 INDEX(reference,row_num,[column_num],[area_num])。其中，reference 为必需参数，表示数据区域，可以是一个单元格区域的引用，也可以是多个不连续的单元格区域的引用，如果是多个单元格区域的引用，则需要用括号括起来；row_num 为必需参数，表示引用第几行数据；[column_num] 为可选参数，表示引用第几列的数据；[area_num] 为可选参数，表示引用第几个区域中的数据。例如，图 5-38 所示 J2 单元格中的公式"=INDEX((A1:E22,C1:G22),6,3,2)"表示第 2 个单元格引用区域"C1:G22"中第 6 行第 3 列的交叉单元格的数据，也就是 E6 单元格中的值。

图 5-38　使用 INDEX 函数的引用形式引用数据

知识补充

INDEX 函数与其他函数搭配使用

INDEX函数多与ROW（获取行号）、COLUMN（获取列号）、MATCH（精确位置）等函数搭配使用。

5.2.7　逻辑和文本函数

根据条件对表格数据进行判断，或者对文本进行处理时，还会经常用到 Excel 中的逻辑和文本函数。下面将对常用的逻辑和文本函数进行介绍。

1.　使用 IF 函数根据指定条件进行判断

IF 函数用于根据指定的条件判断真假，如果满足条件，则返回一个值；如果不满足条件，则返回另外一个值。其语法结构为 IF(logical_test,value_if_true,value_if_false)。其中，logical_test 为必需参数，表示用于判断的条件；value_if_true 为必需参数，表示条件成立时返回的值；value_if_false 为必需参数，表示条件不成立时返回的值。

例如，要根据面试成绩来判断员工是否通过面试，只需要在 D2 单元格中输入公式"=IF(C2>=60,"是","否")"，按【Enter】键，再按住鼠标左键向下拖曳，填充公式至 D11 单元格，即可判断出所有面试人员是否通过面试，如图 5-39 所示。

在 Excel 中，一个 IF 函数只能执行一次选择，当需要进行多次选择时，就需要嵌套相应的 IF 函数。如果要用"优秀""良好""差"来判断员工的面试结果，只需要在 D2 单元格中输入公式"=IF(C2>=80,"优秀",IF(C2>=70,"良好","差"))"，按【Enter】键，再按住鼠标左键向下拖曳，填充公式至 D11 单元格，即可评定出所有面试人员的面试结果，如图 5-40 所示。

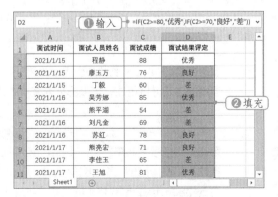

图 5-39　判断面试是否通过　　　　　　　　图 5-40　嵌套 IF 函数

2. 使用 AND 函数判断指定的多个条件是否同时成立

AND 函数用于判断指定的多个条件是否同时成立,如果所有条件都成立,则返回逻辑值 TURE(真);如果其中任意一个条件不成立,则返回逻辑值 FLASE(假)。其语法结构为 AND(logical1,logical2,…)。其中,"Logical1, logical2,…"表示待检测的 1 到 30 个条件值,各条件值可为 TRUE 或 FALSE,常与 IF 函数搭配使用。

例如,要根据面试成绩和笔试成绩来判断面试人员是否通过面试时,要求面试成绩和笔试成绩均达到 60 分才表示通过面试,任何一门未达到 60 分,就不能算通过,此时就需要使用 AND 函数和 IF 函数来进行判断。在 F2 单元格中输入公式"=IF(AND(C2>=60,D2>=60),"是"," 否")",按【Enter】键,再按住鼠标左键向下拖曳,填充公式至 F11 单元格,即可评定所有面试人员的面试结果,如图 5-41 所示。

3. 使用 OR 函数判断指定的多个条件中是否有一个条件成立

OR 函数用于判断指定的多个条件中是否有一个条件成立,如果所有条件中有一个条件成立,则返回 TURE(真);如果所有条件都不成立,则返回 FLASE(假)。其语法结构为 OR(logical1,logical2,…)。

例如,如果面试成绩和笔试成绩中有一个达到 60 分,就算通过面试,此时就可使用 OR 函数和 IF 函数来进行判断。在 F2 单元格中输入公式"=IF(OR(C2>=60,D2>=60)," 是 "," 否 ")",按【Enter】键,再按住鼠标左键向下拖曳,填充公式至 F11 单元格,即可评定所有面试人员的面试结果,如图 5-42 所示。

图 5-41　判断多个条件是否同时成立　　　　图 5-42　判断是否有一个条件满足要求

4. 使用 LEFT 函数从文本左侧开始截取字符

LEFT 函数用于从一个文本字符串的第一个字符开始截取指定个数的字符,其语法结构为 LEFT(text,[num_chars])。其中,text 为必需参数,表示字符串;[num_chars] 为可选参数,表示要截取的字符个数。

例如,从产品描述中提取产品名称时,就可使用 LEFT 函数快速截取。在 B2 单元格中输入公式"=LEFT(A2,3)",按【Enter】键截取产品名称,如图 5-43 所示。

5. 使用 RIGHT 函数从文本右侧开始截取字符

RIGHT 函数用于从一个文本字符串的右端开始截取指定个数的字符,其语法结构为 RIGHT(text,[num_chars])。RIGHT 函数的参数含义与 LEFT 函数的参数含义相同。

例如,从产品描述中提取颜色时,就可使用 RIGHT 函数从文本右侧快速截取。在 C2 单元格中输入公式"=RIGHT(A2,4)",按【Enter】键截取颜色,如图 5-44 所示。

图 5-43　从文本左侧截取字符　　　　　　图 5-44　从文本右侧截取字符

6. 使用 MID 函数从文本中间任意位置截取字符

MID 函数用于从一个文本字符串中的指定位置截取出指定数量的字符，其语法结构为 MID(text, start_num,num_chars)。其中，text 为必需参数，表示字符串；start_num 为必需参数，表示截取字符的开始位置；num_chars 为必需参数，表示截取字符的个数。

例如，从产品描述中提取特点时，就可使用 MID 函数从指定处开始截取。在 D2 单元格中输入公式"=MID(A2,19,5)"，按【Enter】键截取指定处的字符，如图 5-45 所示。

7. 用 SUBSTITUTE 函数替换文本

SUBSTITUTE 函数用于对指定的字符串进行替换，如果字符串中有多个相同的字符时，则可以指定替换第几次出现的字符，类似 Excel 中的查找和替换功能，其语法结构为：SUBSTITUTE(text,old_text,new_text,[instance_num])。其中，text 为必需参数，表示字符串；old_text 为必需参数，表示需替换的旧文本；new_text 为必需参数，表示替换的新文本；[instance_num] 为可选参数，表示替换第几个旧文本。

例如，将商品原编号中的第 2 个"H"替换为"K"，只需要在 B2 单元格中输入公式"=SUBSTITUTE(A2,"H","K",2)"，按【Enter】键即可替换字符，如图 5-46 所示。

图 5-45　从指定位置开始截取　　　　图 5-46　替换字符

5.2.8 | 财务函数

财务函数主要用于对财务数据进行计算，如折旧计算、本金和利息计算、投资计算、报酬计算和证券计算等。下面将对常用的财务函数进行介绍。

1. 使用 FV 函数计算投资的期值

FV 函数用于根据固定利率计算投资的未来值（期值），其语法结构为 FV(rate,nper,pmt,[pv],[type])。其中，rate 为必需参数，表示各期利率，默认是指年利率，如果是按月支付，就需要除以 12，得到月利率；nper 为必需参数，表示总投资或贷款期数；pmt 为必需参数，表示各期应付的金额；[pv] 为可选参数，表示现值（即一系列未来付款在当前的值的总和），如果忽略，则表示 pv=0；[type] 为可选参数，表示期初或期末，0 为期初，1 或忽略为期末。

例如，某公司将 100 万元投资于一个新项目，需要在每年年初时投资 20 万元，年利率为 9.79%，要计算投资 5 年后得到的资金总额，就可使用 FV 函数进行计算。在 B4 单元格中输入公式"=FV(B3,B2,B1,0,1)"，按【Enter】键即可计算期值，如图 5-47 所示。

知识补充

支出费用用负数表示

在财务数据中，支出的费用一般用负数表示，并且用红色文字进行显示，所以表格中支出的费用都是用带负号的红色文字显示的。

2. 使用 PV 函数计算投资的现值

PV 函数用于根据固定利率计算贷款或投资的现值，也就是未来各期年金现在的价值的总和，其语法结构为 PV（rate,nper,pmt,[fv],[type]）。其中，rate,nper,pmt,[type] 参数与 FV 函数中相同参数的含义相同；[fv] 为可选参数，表示未来值或在最后一次支付后希望得到的现金余额，如果省略 fv，则表示 fv=0。

例如，有一种保险理财产品，一次性投资 30 万元，购买该理财产品后，每月返还 1 500 元，返还期数为 20 年。要判断该保险理财产品是否划算，可使用 PV 函数。假设未来 20 年理财产品的年利率都为 4.2%，则折算现值为"=PV(4.2%/12,20*12,1500)"，约等于 243 281 元，即需要存入 243 281 元，就能在未来 20 年内每月获得 1 500 元。243 281 元小于 30 万元，因此，该保险理财产品对购买者来说是不划算的。

3. 使用 RATE 函数计算年金的各期利率

RATE 函数用于计算返回投资或贷款的每期实际利率，其语法结构为 RATE（nper,pmt,pv,[fv][type],[guess]）。其中，nper,pmt,pv,[fv][type] 与前面讲解的财务函数的相同参数的含义相同；[guess] 为可选参数，表示预期利率，如果省略，则假定其值为 10%。

例如，某公司为一个项目投资 30 万元，投资期是 6 年，回报金额为 53 万元，那么年利率是多少呢？此时就可使用 RATE 函数进行计算。在 B4 单元格中输入公式"=RATE(B2,0,B1,B3)"，按【Enter】键即可计算利率，如图 5-48 所示。

4. 使用 NPER 函数计算还款期数

NPER 函数用于计算基于固定利率及等额分期付款方式，返回某项投资的总期数，其语法结构为 NPER（rate,pmt,pv,[fv][type]），各参数的含义与前面讲解的财务函数的相同参数的含义相同。

例如，某公司为某个项目投资 50 万元，年利率为 8%，每月支付 2 万元，要想知道需要多个月才能将投资的年金支付完，此时，就需要使用 NPER 函数来计算。在 B4 单元格中输入公式"=NPER(B3/12,B1,B2,1)"，按【Enter】键即可计算出投资总期数，如图 5-49 所示。

图 5-47　计算期值

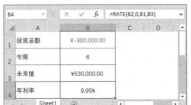

图 5-48　计算利率

图 5-49　计算投资总期数

知识补充

公式解析

公式"=NPER(B3/12,B1,B2,1)"中的"B3/12"表示月利率。由于投资金额是按月支付的，所以必须使用月利率，这样计算出来的投资总期数才是正确的。

5.3　课堂案例：制作"销售额统计表"表格

销售额是指销售某种商品而获得的收入。对于销售型的公司来说，销售额是衡量销售人员绩效的一个重要指标，也是决定着销售人员薪酬多少的重要因素。而通过"销售额统计表"，公司不仅可以了解销售人员每月的销售情况，还可以找到公司销售人员所存在的问题。"销售额统计表"根据时间可以按日统计、按月统计、按季度统计、按半年统计和按年度统计等，也可以根据公司要求进行制作。

5.3.1 案例目标

　　"销售额统计表"中需要计算的数据很多，所以在计算时，一定要灵活运用 Excel 中的函数。在本案例中对"销售额统计表"表格进行制作时，需要用到 Excel 中的数学和统计函数。"销售额统计表"制作完成后的参考效果如图 5-50 所示。

2021年1~6月销售额统计表

姓名	门店	一月份	二月份	三月份	四月份	五月份	六月份	总销售额	排名
贾珂	五星店	70,000	79,500	92,500	73,000	68,500	96,500	480,000	2
郭凤阳	龙城店	82,000	63,500	90,500	77,000	75,150	89,000	477,150	4
李宏	龙城店	80,500	71,000	69,500	79,500	84,500	88,000	473,000	6
曾勒	五星店	60,500	90,000	78,500	88,000	80,000	65,000	462,000	13
贺萧辉	龙城店	72,500	62,500	97,000	74,500	78,000	81,000	465,500	10
杜城	荔城店	62,500	76,000	87,000	67,500	88,000	84,500	465,500	10
黄贺阳	龙城店	66,000	82,500	85,500	80,000	86,500	71,000	471,500	7
王培风	五星店	58,000	77,500	75,000	83,000	74,500	79,000	447,000	18
黄月	荔城店	68,500	67,500	85,000	89,000	79,000	61,500	450,500	16
杨伟刚	荔城店	73,500	70,000	84,000	75,000	87,000	78,000	467,500	8
董凤	龙城店	80,000	78,000	81,000	76,500	80,500	67,000	463,000	12
李嘉文	五星店	72,500	74,500	60,500	87,000	77,000	78,000	449,500	17
刘晓冬	荔城店	75,500	72,500	75,000	82,000	86,000	65,000	456,000	14
吴佳加	龙城店	71,500	81,500	79,500	73,500	84,000	88,000	478,000	3
赵惠	龙城店	79,000	88,500	88,000	80,000	86,000	76,000	497,500	1
张岩	龙城店	85,500	63,500	67,500	88,500	78,500	84,000	467,500	8
王梦源	五星店	72,000	72,500	77,000	84,000	78,000	90,000	473,500	5
胡路曦	荔城店	70,000	60,500	66,050	84,000	88,000	83,000	451,550	15

	1月	2月	3月	4月	5月	6月	总销售额
每月平均销售额	72,222	73,972	79,947	80,111	81,064	79,139	466,456
每月最高销售额	85,500	90,000	97,000	89,000	88,000	96,500	497,500
每月最低销售额	58,000	60,500	60,500	67,500	68,500	61,500	447,000

部门	人数	1月	2月	3月	4月	5月	6月	总销售额
龙城店	8	617,000	591,000	658,500	629,500	653,150	644,000	3,793,150
五星店	4	333,000	394,000	383,500	415,000	378,000	408,500	2,312,000
荔城店	5	350,000	346,500	397,050	397,500	428,000	372,000	2,291,050

图 5-50　"销售额统计表"的参考效果

素材文件所在位置	素材文件＼第 5 章＼销售额统计表 .xlsx
效果文件所在位置	效果文件＼第 5 章＼销售额统计表 .xlsx

5.3.2 制作思路

　　要完成"销售额统计表"的制作，需要灵活应用本章所讲的函数。其具体制作思路如图 5-51 所示。

图 5-51　制作思路

5.3.3　操作步骤

下面使用 SUM 函数、RANK 函数、AVERAGE 函数、MAX 函数，MIN 函数、COUNTIF 函数和 SUMIF 函数等对表格数据进行计算，具体操作如下。

STEP 1　打开"销售额统计表 .xlsx"工作簿，选中 I3 单元格，单击【公式】/【函数库】组中的"自动求和"下拉按钮▼，在打开的下拉列表中选择"求和"选项，如图 5-52 所示。

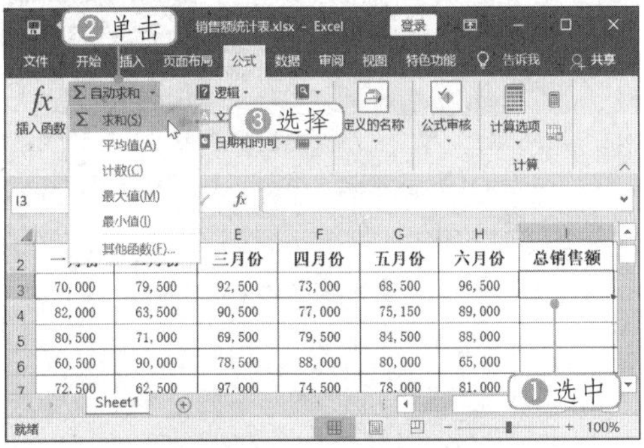

图 5-52　选择"自动求和"选项

STEP 2　Excel 会自动根据选择的单元格识别需要计算的单元格区域，并在单元格中输入求和公式。如果参与计算的单元格区域不正确，可进行修改，这里保持默认公式不变，如图 5-53 所示。

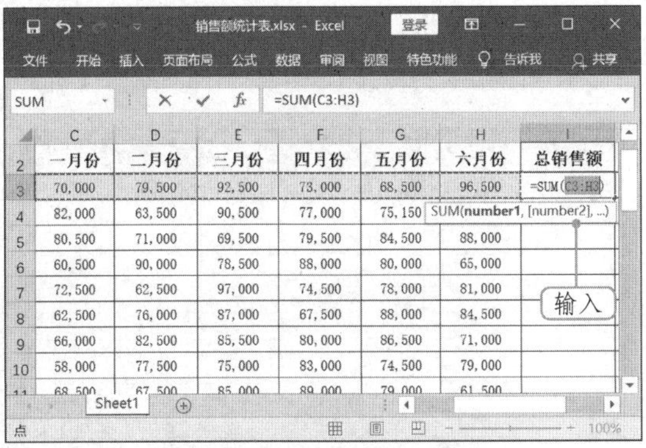

图 5-53　自动识别输入公式

STEP 3　按【Enter】键计算出结果，然后向下填充公式至 I20 单元格，计算出所有员工上半年的

总销售额，如图 5-54 所示。

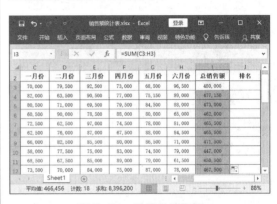

图 5-54　计算总销售额

STEP 4　选中 J3 单元格，输入公式"=RANK (I3,$I$3:$I$20)"，按【Enter】键计算员工排名，然后向下填充公式至 J20 单元格，计算出所有员工的排名，如图 5-55 所示。

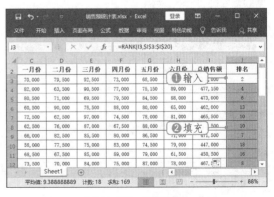

图 5-55　计算排名

STEP 5　选 中 C23 单 元 格，输 入 公 式"=AVERAGE(C3:C20)"，按【Enter】键计算出结果，然后向右填充公式至 I23 单元格计算出每月的平均销售额，如图 5-56 所示。

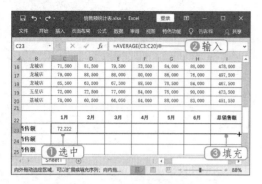

图 5-56　计算每月平均销售额

STEP 6　选中 C24 单元格，输入公式"=MAX(C3:C20)"，按【Enter】键计算出结果，然后向右填充公式至 I24 单元格计算出每月的最大销售额，如图 5-57 所示。

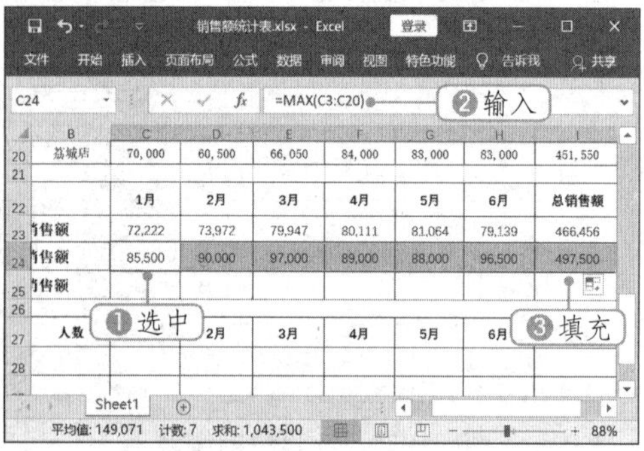

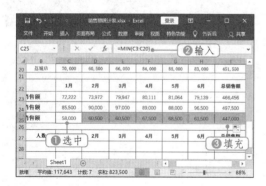

图 5-57　计算每月最大销售额

STEP 7　选中 C25 单元格，输入公式"=MIN(C3:C20)"，按【Enter】键计算出结果，然后向右填充公式至 I25 单元格计算出每月的最小销售额，如图 5-58 所示。

图 5-58　计算每月最小销售额

STEP 8　选中 B28 单元格，输入公式"=COUNTIF($B$3:$B$20,A28)"，按【Enter】键计算出结果，然后向下填充公式至 B30 单元格计算各门店人数，如图 5-59 所示。

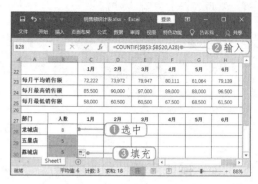

图 5-59　计算各门店人数

STEP 9　选中 C28 单元格，输入公式"=SUMIF($B$3:$B$20,$A$28,C3:C20)"，按【Enter】键计算出结果，然后向右填充公式至 I28 单元格，计算"龙城店"每月的总销售额和 1~6 月的总销售额，如图 5-60 所示。

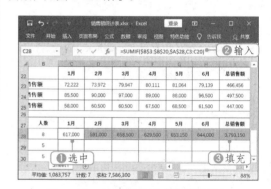

图 5-60　计算"龙城店"的销售额

STEP 10　在 C29 单元格中输入公式"=SUMIF($B$3:$B$20,$A$29,C3:C20)"，在 C30 单元格中输入公式"=SUMIF($B$3:$B$20,$A$30,C3:C20)"，按【Enter】键计算出结果，然后选中 C29:C30 单元格区域，按住鼠标左键向右拖曳填充公式至 I30 单元格，分别计算出其他两个门店每月的总销售额和 1~6 月的总销售额，如图 5-61 所示。

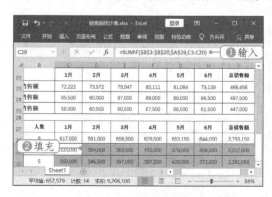

图 5-61　计算其他门店的销售额

技巧秒杀

使用组合键批量计算

在Excel中，计算某行或某列数据时，除了使用快速填充公式的方法进行计算外，还可按组合键批量计算。操作方法：先选中某行或某列中需要计算的单元格区域，再在编辑栏中输入公式，按【Ctrl+Enter】组合键，可同时计算出所选单元格区域的结果。

5.4　强化实训

本章详细介绍了 Excel 中公式和函数的使用方法，为帮助读者进一步掌握表格数据的计算方法，下面将通过制作"人员结构统计表"表格和"员工工资表"表格进行强化训练。

5.4.1　制作"人员结构统计表"表格

对企业人员结构进行统计，有助于企业了解人员的分布情况，为人力资源规划提供数据支撑。人员结构统计主要是对人员的类别、性别、学历、年龄、工龄等进行统计。

【制作效果与思路】

在本实训中制作的"人员结构统计表"表格的效果如图 5-62 所示，具体制作思路如下（各函数参数可以打开效果文件进行查看）。

部门	员工总数	性别		学历				年龄					工龄		
		男	女	研究生	本科	专科	高中及以下	20~25岁	26~30岁	31~35岁	36~40岁	40岁以上	1~5年	6~10年	10年以上
财务部	5	3	2	1	3	1			3		1	1	4	1	
行政部	7	2	5		4	1	2	2	2	1	1		5	1	1
人事部	6	1	5		2	1		1	1	3	1		3	3	
市场部	9	7	2		6	7			1	7	1		3	6	
销售部	16	13	3	1	3	8	1	1	6	7	1	1	9	6	1
生产部	15	14	1	1		4	7	1	1	8	5		10	3	2
仓储部	6	4	2	1		2	3			4	1		1	4	1
合计	64	44	20	4	18	24	14	5	14	30	12	3	35	24	5

图 5-62　"人员结构统计表"的效果

（1）打开工作簿，在"人员结构统计表"工作表中的 B4:B10 单元格区域中使用 COUNTIF 函数对"人员信息表"工作表中各部门的人数进行统计。

（2）在"人员结构统计表"工作表中的 C4:D10 单元格区域中使用 COUNTIFS 函数对"人员信息表"工作表中各部门的男、女人数进行统计。虽然与统计各部门人数一样，都是计数，但需要满足部门和性别两个条件，所以要用 COUNTIFS 函数进行多条件计数。

（3）对"人员结构统计表"工作表中的 E4:H10 单元格区域，也就是对各部门各学历的人数进行统计时，也需要用 COUNTIFS 函数，其原理与统计各部门的男、女人数一样。

（4）年龄和工龄一般是按阶段进行统计的，而使用函数统计某个阶段的人数时，需要先满足两个条件，也就是满足这个阶段的最低值和最高值，再加上满足部门，共有 3 个条件。使用 COUNTIFS 函数虽然可以实现，但相对来说比较复杂，此时可使用兼具 SUMIF 函数、SUMIFS 函数、COUNTIF 函数、COUNTIFS 函数等功能的 SUMPRODUCT 函数对 I4:P10 单元格区域进行统计。使用 SUMPRODUCT 函数按多条件计数时，公式的语法结构为 SUMPRODUCT((条件 1 区域 = 条件 1)*(条件 2 区域 = 条件 2)*…*(条件 n 区域 = 条件 n))，多个条件之间需要用 "*" 号连接。

（5）使用 SUM 函数对企业员工总数、各性别人数、各学历人数、各年龄段人数和各工龄段人数进行统计。

素材文件所在位置 素材文件\第 5 章\人员结构统计表.xlsx

效果文件所在位置 效果文件\第 5 章\人员结构统计表.xlsx

微课视频

5.4.2 制作“员工工资表”表格

“员工工资表”是每个企业每个月都会制作的表格，用于对员工的工资进行统计。不同的企业，其工资表的组成和结构也不相同。一般来说，制作工资表时，工资条是必不可少的，通过它员工可快速查看到当月工资的详细情况，工资条也是将工资发放到员工手中的一种依据。

【制作效果与思路】

在本实训中制作的“员工工资表”表格的效果如图 5-63 所示，员工工资条部分效果如图 5-64 所示，具体制作思路如下。

8月工资表

姓名	基本工资	岗位工资	管理津贴	特殊岗位津贴	工龄工资	加班工资	应发工资	社保扣款	个人所得税扣款	实发工资
张明	3500.00	700.00	0.00	500.00	250.00	360.00	5310.00	257.00	1.59	5051.41
冯淑琴	3500.00	300.00	0.00	0.00	150.00	100.00	4050.00	257.00	0.00	3793.00
罗鸿亮	8000.00	1000.00	500.00	500.00	500.00	400.00	10900.00	257.00	354.30	10288.70
李萍	3500.00	300.00	0.00	500.00	250.00	260.00	4810.00	257.00	0.00	4553.00
朱小军	3500.00	300.00	0.00	0.00	200.00	80.00	4080.00	257.00	0.00	3823.00
王超	3500.00	300.00	0.00	500.00	150.00	0.00	4450.00	257.00	0.00	4193.00
邓丽红	8000.00	1000.00	500.00	0.00	600.00	360.00	10460.00	257.00	310.30	9892.70
邹文静	3500.00	300.00	0.00	0.00	100.00	0.00	3900.00	257.00	0.00	3643.00
张丽	3500.00	300.00	0.00	0.00	100.00	200.00	4100.00	257.00	0.00	3843.00
杨雪华	3500.00	700.00	0.00	500.00	300.00	300.00	5300.00	257.00	1.29	5041.71
彭静	3500.00	300.00	0.00	0.00	150.00	80.00	4030.00	257.00	0.00	3773.00
付晓宇	3500.00	300.00	0.00	0.00	100.00	160.00	4060.00	257.00	0.00	3803.00
洪伟	5000.00	700.00	500.00	500.00	250.00	320.00	7270.00	257.00	60.39	6952.61
谭桦	3500.00	300.00	0.00	0.00	150.00	0.00	3950.00	257.00	0.00	3693.00
郭凯	5000.00	1000.00	500.00	0.00	400.00	240.00	7140.00	257.00	56.49	6826.51
陈佳倩	5000.00	700.00	500.00	500.00	350.00	160.00	7210.00	257.00	58.59	6894.41

岗位对照表 工资表 工资条

图 5-63 “员工工资表”的效果

（1）打开工作簿，在“工资表”工作表中的 B3:E18 单元格区域中使用 IF 函数按“岗位对照表”工作表中的职位、岗位等级、是否是特殊岗位来返回员工对应的基本工资、岗位工资、管理津贴和特殊岗位津贴。

（2）“工资表”工作表中的 F3:F18 单元格区域是根据“岗位对照表”工作表中的员工的工龄来进行计算的，一年的工龄工资是 50 元。G3:G18 单元格区域是根据“岗位对照表”工作表中的员工加班小时数来进行计算的，加班一个小时是 20 元。H3:H18 单元格区域是使用 SUM 函数对 B3:G18 单元格区域进行求和运算计算出来的。

（3）公式为个人所得税时，个人所得税 = 应纳税额 × 适用税率 - 速算扣除数，而应纳税额又分为 7 个等级，不同的等级对应不同的税率和速算扣除数。虽然使用 IF 函数的多层嵌套也能计算出来，但相对较复杂，这里使用 MAX 函数来计算 J3:J18 单元格区域。J3 单元格的公式为“=MAX((H3-SUM(I3:I3)-5000)*{3,10,20,25,30,35,45}%-{0,210,1410,2660,4410,7160,15160},0)”，表示计算出的应纳税额“(H3-SUM(I3:I3)-5000)”与相应税级百分数“{3,10,20,25,30,35,45}%”的乘积减去税率所在级距的速算扣除数“{0,210,1410,2660,4410,7160,15160}”所得到的值与 0 相比，返回的最大值即为个人所得税，计算公式可参考效果文件。

（4）工资条中的数据是引用工资表中的数据得来的，“工资条”工作表中 B3:K3 单元格区域中的数据可通过 OFFSET 函数、ROW 函数和 COLUMN 函数引用得出第一位员工的工资条，其他员工的工资条则可通过填充公式的方式得到。

（5）填充公式后，标题中的月份将发生变化，此时可按【Ctrl+H】组合键打开"查找和替换"对话框，然后将"查找内容"设置为"*月"，将"替换为"设置为"8月"，全部进行替换。

图 5-64　员工工资条部分效果

5.5　知识拓展

下面将对与 Excel 公式和函数的应用相关的一些拓展知识进行介绍，帮助读者更好地使用公式和函数对表格中的数据进行计算。

1. 跨工作表和工作簿引用

在 Excel 公式中，除了可以引用当前工作表中的单元格或单元格区域外，还可以引用同一工作簿其他工作表或其他工作簿中的单元格或单元格区域。引用同一工作簿其他工作表中的单元格或单元格区域时，需要在单元格地址前加上工作表名称和半角叹号"！"，其表述方法为"工作表名称!+ 单元格引用"。引用其他工作簿中的单元格或单元格区域时，不仅需要加上工作表名称，还需要加上工作簿名称，其表述方式为"[工作簿名称]+ 工作表名称!　+ 单元格引用"。

2. 数组公式

数组公式以数组为参数，按【Ctrl+Shift+Enter】组合键完成编辑。与普通公式相比，数组公式最外层有大括号"{}"标识，而且返回的计算结果既可以是一个，也可以是多个。另外，在编辑数组公式时，必须选择整个数组区域，编辑完成后必须按【Ctrl+Shift+Enter】组合键结束。

3. 使用"合并计算"功能汇总数据

在 Excel 中，除了可使用数学和统计函数汇总数据外，还可使用 Excel 提供的"合并计算"功能快速将多个相似格式的工作表或数据区域，按照项目的匹配，对同类数据进行汇总。数据汇总的方式包括求和、计数、平均值、最大值、最小值等。操作方法：选择存放计算结果的单元格，单击【数据】/【数据工具】组中的"合并计算"按钮，打开"合并计算"对话框，然后设置计算函数，添加引用位置（引用位置就是参与计算的单元格区域），设置标签位置，再单击 确定 按钮即可。

5.6 课后练习：制作"业务员绩效考核表"表格

本章主要介绍了 Excel 公式与函数的相关知识，读者应加强对该部分知识的理解与应用。下面将通过一个练习，帮助读者熟练掌握以上知识的应用方法及操作方法。

在本练习中将使用公式、IF 函数和 RANK 函数制作"业务员绩效考核表"表格，效果如图 5-65 所示。

姓名	上月销售额	本月任务	本月销售额	计划回款额	实际回款额	任务完成率	评分	销售增长率	评语	回款完成率	评分	绩效奖金	奖金排名
郭呈瑞	¥73,854	¥54,632	¥80,936	¥53,620	¥96,112	148.1%	148	9.6%	优秀	179.2%	179.2	¥2,527	1
赵子俊	¥56,655	¥96,112	¥97,123	¥55,644	¥77,901	101.1%	101	71.4%	优秀	140.0%	140	¥2,344	2
李全友	¥88,018	¥56,655	¥89,030	¥53,620	¥76,889	157.1%	157	1.1%	良好	143.4%	143.4	¥2,263	3
王晓涵	¥73,854	¥54,632	¥85,995	¥71,831	¥87,006	157.4%	157	16.4%	优秀	121.1%	121.1	¥2,212	4
杜海强	¥58,679	¥51,597	¥61,714	¥55,644	¥91,053	119.6%	120	5.2%	优秀	163.6%	163.6	¥2,163	5
张嘉轩	¥89,030	¥53,620	¥74,866	¥56,655	¥97,123	139.6%	140	-15.9%	差	171.4%	171.4	¥2,094	6
张晓伟	¥54,632	¥60,702	¥65,761	¥76,889	¥92,065	108.3%	108	20.4%	优秀	119.7%	119.7	¥1,863	7
邓超	¥70,819	¥64,749	¥83,971	¥94,088	¥88,018	129.7%	130	18.6%	优秀	93.5%	93.55	¥1,814	8
李琼	¥76,889	¥59,690	¥70,819	¥70,819	¥91,053	118.6%	119	-7.9%	合格	128.6%	128.6	¥1,795	9
罗玉林	¥90,041	¥75,878	¥91,053	¥91,053	¥101,170	120.0%	120	1.1%	良好	111.1%	111.1	¥1,742	10
刘梅	¥91,053	¥77,901	¥93,076	¥51,597	¥56,655	119.5%	119	2.2%	良好	109.8%	109.8	¥1,736	11
周羽	¥91,053	¥94,088	¥100,158	¥56,655	¥62,725	106.5%	106	10.0%	优秀	110.7%	110.7	¥1,704	12
刘红芳	¥59,690	¥95,100	¥84,983	¥94,088	¥88,018	89.4%	89	42.4%	优秀	93.5%	93.55	¥1,690	13
宋科	¥84,983	¥79,924	¥100,158	¥100,158	¥69,807	125.3%	125	17.9%	优秀	69.7%	69.7	¥1,597	14
宋万	¥95,100	¥99,147	¥76,889	¥57,667	¥97,123	77.6%	78	-19.1%	差	168.4%	168.4	¥1,558	15
王超	¥53,620	¥83,971	¥58,679	¥69,807	¥80,936	69.9%	70	9.4%	优秀	115.9%	115.9	¥1,464	16
张丽丽	¥69,807	¥51,597	¥61,714	¥72,842	¥65,761	119.6%	120	-11.6%	差	90.3%	90.28	¥1,400	17
孙洪伟	¥77,901	¥53,620	¥63,737	¥76,889	¥73,854	118.9%	119	-18.2%	差	96.1%	96.05	¥1,339	18
王翔	¥97,123	¥99,147	¥95,100	¥69,807	¥50,585	95.9%	96	-2.1%	合格	72.5%	72.46	¥1,247	19

图 5-65 "业务员绩效考核表"表格的最终效果

素材文件所在位置 素材文件\第 5 章\课后练习\业务员绩效考核表.xlsx

效果文件所在位置 效果文件\第 5 章\课后练习\业务员绩效考核表.xlsx

微课视频

操作要求如下。

- 使用公式计算"任务完成率"列、"评分"列、"销售增长率"列、"回款完成率"列。
- 使用 IF 函数计算"评语"列和"绩效奖金"列。
- 使用 RANK 函数计算"奖金排名"列。

第2部分

第6章

Excel 数据分析

/ 本章导读

目前，我国以云计算、大数据、人工智能等为代表的数字化技术已成为数字中国建设的重要内容。在日常工作中，很多时候制作表格的目的就是对数据进行分析，以便获取有效的信息。本章主要介绍使用 Excel 的基本分析工具、图表、迷你图、数据透视表、数据透视图等工具进行数据分析的方法。

/ 技能目标

掌握使用排序、筛选、分类汇总、模拟分析等工具分析数据的方法。
掌握图表的使用方法。
掌握迷你图的使用方法。
掌握使用数据透视表、数据透视图分析数据的方法。

/ 案例展示

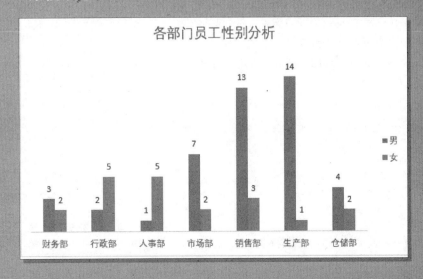

6.1 数据的简单分析

Excel 中提供了很多数据分析工具，如排序、筛选、分类汇总、模拟分析等，使用这些工具，可以快速对表格中的数据进行分析。下面将分别讲解这些数据分析工具的使用方法。

6.1.1 数据排序

很多时候，输入表格中的数据是混乱的，后期对数据进行分析时，可能会导致分析结果不正确或者不理想，所以，就需要对数据进行排序。在 Excel 中，常用的数据排序方法有自动排序、多条件排序和自定义排序等，用户可以根据情况来选择相应的排序方法。例如，在"销售额统计表.xlsx"工作簿中对数据进行排序，具体操作如下。

素材文件所在位置 素材文件 \ 第 6 章 \ 销售额统计表.xlsx
效果文件所在位置 效果文件 \ 第 6 章 \ 销售额统计表.xlsx

微课视频

STEP 1 打开"销售额统计表.xlsx"工作簿，选中数据区域的任意单元格，单击【数据】/【排序和筛选】组中的"排序"按钮，如图 6-1 所示。

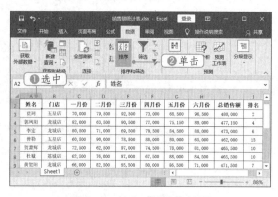

图 6-1 单击"排序"按钮

STEP 2 打开"排序"对话框，在"主要关键字"下拉列表中选择"门店"选项，在"排序依据"下拉列表中选择"单元格值"选项，在"次序"下拉列表中选择"自定义序列…"选项，如图 6-2 所示。

图 6-2 设置排序条件

技巧秒杀

快速排序

当需要按一个条件对数据区域进行升序或降序排列时，可以先在数据区域选中参与排序的字段名，然后单击【数据】/【排序和筛选】组中的"升序"按钮或"降序"按钮，进行快速排序。

STEP 3 打开"自定义序列"对话框，在"输入序列"文本框中输入"荔城店 五星店 龙城店"，单击 添加(A) 按钮，将序列添加到"自定义序列"列表中，然后单击 确定 按钮，如图 6-3 所示。

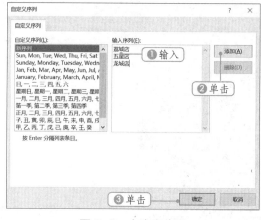

图 6-3 自定义序列

STEP 4 返回"排序"对话框，单击 添加条件(A) 按钮，添加一个次要条件，然后在"次要关键字"

下拉列表中选择"排名"选项，单击 确定 按钮，如图 6-4 所示。

图 6-4　添加次要关键字

知识补充

多条件排序

使用多个条件进行排序时，一定要注意分清关键条件和次要条件，关键条件是第一条件，次要条件是第二条件，而且关键条件只能有一个，次要条件可以是一个或多个。

STEP 5　返回工作表中，可看到数据区域已按照自定义的门店顺序进行排序，并且是根据各门店中员工的排名先后进行排序的，如图 6-5 所示。

2021年1~6月销售额统计表

姓名	门店	一月份	二月份	三月份	四月份	五月份	六月份	总销售额	排名
杨伟刚	荔城店	73,500	70,000	84,000	75,000	87,000	78,000	467,500	8
杜城	荔城店	62,500	76,000	87,000	67,500	88,000	84,500	465,500	10
刘晓冬	荔城店	75,500	72,500	75,000	82,000	86,000	65,000	456,000	14
胡路曦	荔城店	70,000	60,500	66,050	84,000	88,000	83,000	451,550	15
黄月	荔城店	68,500	67,500	85,000	89,000	79,000	61,500	450,500	16
贾珂	五星店	70,000	79,500	92,500	73,000	68,500	96,500	480,000	2
王梦源	五星店	72,000	72,500	77,000	84,000	78,000	90,000	473,500	5
曾勒	五星店	60,500	90,000	78,500	88,000	80,000	65,000	462,000	13
李嘉文	五星店	72,500	74,500	60,500	87,000	77,000	78,000	449,500	17

图 6-5　查看排序效果

6.1.2　数据筛选

分析数据时，如果需要从海量的数据中找到符合要求的数据，可以使用 Excel 提供的"筛选"功能进行数据筛选。在 Excel 2016 中，筛选分为自动筛选和高级筛选两种，下面将分别进行介绍。

1. 自动筛选

自动筛选就是通过设置简单的筛选条件快速定位符合要求的数据，并且只显示满足条件的数据，不符合条件的数据将被隐藏。在 Excel 2016 中，自动筛选有颜色筛选、文本筛选、关键字筛选、数字筛选等多种方式，用户可以根据表格中数据的特点，选择相应的方式进行数据筛选。例如，在"销售额统计表 .xlsx"工作簿中对数据进行筛选，具体操作如下。

素材文件所在位置　素材文件 \ 第 6 章 \ 销售额统计表.xlsx
效果文件所在位置　效果文件 \ 第 6 章 \ 销售额统计表 1.xlsx

微课视频

STEP 1　打开"销售额统计表 .xlsx"工作簿，选中数据区域的任意单元格，单击【数据】/【排序和筛选】组中的"筛选"按钮 ，如图 6-6 所示。

STEP 2　进入筛选状态，单击"总销售额"单元格右侧的下拉按钮 ，在打开的下拉列表中选择"数字筛选"选项，再在打开的子列表中选择筛选项，这里选择"自定义筛选"选项，如图 6-7 所示。

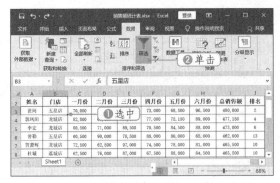

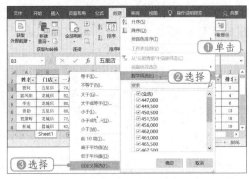

图 6-6　单击"筛选"按钮　　　　　　图 6-7　选择"自定义筛选"选项

知识补充

其他筛选

在筛选下拉列表中有一个"搜索"文本框，当需要筛选出包含某个文字或某个数字的数据时，就可直接在其中输入关键字进行筛选。另外，在输入关键字时，如果筛选条件不明确，可以借助"*"和"?"两个通配符进行模糊条件筛选，"*"表示多个字符，"?"表示一个字符。

STEP 3 打开"自定义自动筛选方式"对话框，在第一个下拉列表中选择"大于或等于"选项，在其后的下拉列表中输入筛选条件"470000"，单击 确定 按钮，如图 6-8 所示。

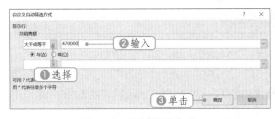

图 6-8　设置筛选条件

STEP 4 返回工作表中，可查看到筛选出的总销售额大于或等于 470000 的数据记录，效果如图 6-9 所示。

图 6-9　查看筛选结果

2. 高级筛选

相对于自动筛选来说，高级筛选可以通过设置筛选条件，完成比较复杂的多条件筛选，并且可以把筛选结果筛选到其他工作表或工作簿中。但设置筛选条件时需要注意，筛选条件至少要包含列字段和筛选条件值，且列字段必须与数据列表中的字段名称完全匹配。另外，筛选条件为"与"的关系，应该放在同一行，筛选条件为"或"的关系，要不同行分开显示。例如，在"销售额统计表 .xlsx"中使用高级筛选数据，具体操作如下。

素材文件所在位置　素材文件＼第 6 章＼销售额统计表 .xlsx
效果文件所在位置　效果文件＼第 6 章＼销售额统计表 2.xlsx

微课视频

STEP 1 打开"销售额统计表 .xlsx"工作簿，新建一个工作表，在工作表中的 A1:G3 单元格区域中输入筛选条件，然后选中筛选条件外的任意单元格，单击【数据】/【排序和筛选】组中的"高

级"按钮 ，如图 6-10 所示。

STEP 2 打开"高级筛选"对话框，选中"将筛选结果复制到其他位置"单选项，在"列表区域"参数框中输入数据区域"Sheet1!$A$2:$J$20"，

在"条件区域"参数框中输入条件所在的单元格区域"$A$1:$G$3"，在"复制到"参数框中输入放置筛选结果的起始单元格"Sheet2!$A$5"，

单击 ▭确定▭ 按钮，如图 6-11 所示。

STEP 3　根据输入的筛选条件筛选出符合要求的数据，结果如图 6-12 所示。

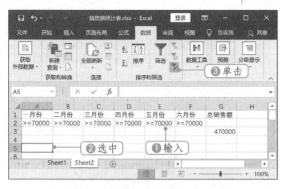

图 6-10　单击"高级"按钮

图 6-11　设置高级筛选

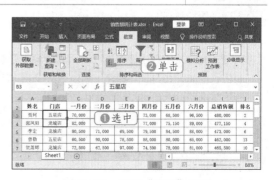

图 6-12　查看筛选结果

6.1.3　分类汇总数据

在 Excel 中除了可使用函数进行汇总统计外，还可使用 Excel 的"分类汇总"功能，快速对不同类别的数据进行分类汇总。但在执行分类汇总数据操作前，须先对要进行分类汇总的字段进行排序。例如，在"销售额统计表 .xlsx"工作簿中按门店统计总销售额，其具体操作如下。

素材文件所在位置　素材文件 \ 第 6 章 \ 销售额统计表 .xlsx
效果文件所在位置　效果文件 \ 第 6 章 \ 销售额统计表 3.xlsx

微课视频

STEP 1　打开"销售额统计表 .xlsx"工作簿，选中 B3 单元格，单击【数据】/【排序和筛选】组中的"降序"按钮，如图 6-13 所示。

STEP 2　按文本字母的先后顺序进行降序排列。保持 B3 单元格的选中状态，单击【数据】/【分级显示】组中的"分类汇总"按钮，如图 6-14 所示。

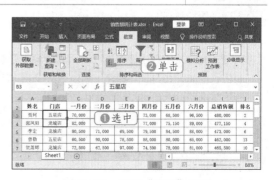

图 6-13　单击"降序"按钮

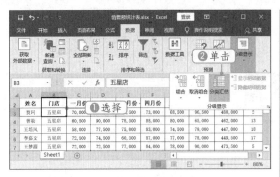

图 6-14　单击"分类汇总"按钮

STEP 3　打开"分类汇总"对话框，在"分类字段"下拉列表中选择"门店"选项，在"汇总方式"下拉列表中选择"求和"选项，在"选定汇总项"列表中选中"总销售额"复选框，单击 **确定** 按钮，如图 6-15 所示。

图 6-15　设置分类汇总

STEP 4　在工作表中可查看到分类汇总的结果，如图 6-16 所示。单击左侧代表级别的 **1**、**2**、**3** 图标，可显示相应级别的数据。

图 6-16　查看分类汇总结果

知识补充

执行多重分类汇总

如果需要针对多个分类字段进行汇总，就需要用到多重分类汇总。其方法与执行分类汇总的方法相同，只不过从执行第二重分类汇总时，必须在"分类汇总"对话框中取消选中"替换当前分类汇总"复选框，表示当前分类汇总不会替换掉前一重分类汇总，如果选中"替换当前分类汇总"复选框，则表示当前分类汇总会替换掉前一重分类汇总，最后只会保留最后一重分类汇总。

6.1.4　模拟分析数据

在分析数据时，可以通过 Excel 提供的模拟分析工具，在一个或多个公式中试用不同的几组值来分析所有不同的结果，以帮助用户对数据做出更为精准的预测。在 Excel 2016 中，常用的模拟分析工具有方案管理器、单变量求解、模拟运算表等。

1. 方案管理器

通过 Excel 2016 中提供的"方案管理器"功能，用户可以很方便地对多种方案（即多个假设条件）进行分析。例如，在"年度销售计划表 .xlsx"工作簿中创建并生成方案，具体操作如下。

素材文件所在位置　素材文件\第 6 章\年度销售计划表 .xlsx
效果文件所在位置　效果文件\第 6 章\年度销售计划表 .xlsx

微课视频

STEP 1　打开"年度销售计划表 .xlsx"工作簿，选中 B2 单元格，然后单击【数据】/【预测】组中的"模拟分析"按钮，在打开的下拉列表中选择"方案管理器"选项，如图 6-17 所示。

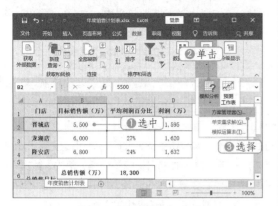

图 6-17　选择"方案管理器"选项

STEP 2　打开"方案管理器"对话框，单击添加(A)...按钮，打开"编辑方案"对话框，然后在"方案名"文本框中输入方案名称，如输入"方案 1"，再在"可变单元格"参数框中输入单元格引用地址，如输入"$B$2:$B$4"，单击确定按钮，如图 6-18 所示。

图 6-18　设置编辑方案

STEP 3　打开"方案变量值"对话框，在该对话框的文本框中输入所有的变量值，也就是各门店计划完成的销售额，单击确定按钮，如图 6-19 所示。

图 6-19　输入方案变量值

STEP 4　返回"方案管理器"对话框，在"方案"列表中显示了创建的方案，单击添加(A)...按钮，继续添加"方案 2"和"方案 3"。

STEP 5　添加完成后，在"方案管理器"对话框的"方案"列表框中选择"方案 2"选项，单击显示(S)按钮，如图 6-20 所示。

图 6-20　选择方案

STEP 6　在工作表编辑区中可查看到方案 2 的显示结果，如图 6-21 所示。

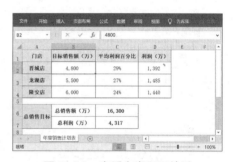

图 6-21　查看方案显示结果

STEP 7　在"方案管理器"对话框中单击摘要(U)...按钮，打开"方案摘要"对话框，然后在"结果单元格"参数框中输入需要显示结果的单元格，如输入"=$C$6:$C$7"，单击确定按钮，如图 6-22 所示。

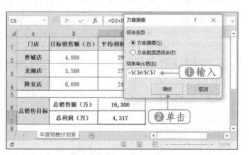

图 6-22　方案摘要设置

STEP 8　新建一个名为"方案摘要"的工作表，在该工作表中显示了创建方案的具体情况，效果如图 6-23 所示。

第 6 章

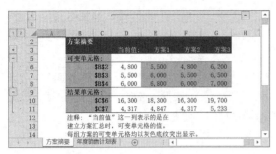

图 6-23　查看生成的方案

2. 单变量求解

　　"单变量求解"可以根据一定的公式运算结果，倒推出变量，相当于对公式进行逆运算调整变量值。例如，已知产品的生产成本和生产数量，要达到给定的目标利润，求产品售价，此时，就可以使用 Excel 2016 提供的"单变量求解"功能来预测产品单价。操作方法：选择含公式的目标值单元格，单击【数据】/【预测】组中的"模拟分析"按钮，在打开的下拉列表中选择"单变量求解"选项，打开"单变量求解"对话框，然后在"目标单元格"参数框中输入引用单元格，在"目标值"数值框中输入利润值，在"可变单元格"参数框中输入变量单元格，单击 确定 按钮，如图 6-24 所示，在打开的对话框中单击 确定 按钮，即可在工作表中查看到预测的产品售价，如图 6-25 所示。

图 6-24　设置参数

图 6-25　查看预测结果

3. 模拟运算表

　　在分析数据时，如果需要查看一个或两个变量的更改会对结果产生什么影响，就可使用"模拟运算表"。在 Excel 2016 中，模拟运算表分为单变量模拟运算表和双变量模拟运算表。如果只需要分析一个变量的变化对应的公式结果的变化，则可以使用单变量模拟运算表；如果要对两个公式中变量的变化进行模拟，分析不同变量在不同的取值时公式运算结果的变化情况及关系，就需要使用双变量模拟运算表。例如，在"产品利润预测表 .xlsx"工作簿中使用模拟运算表预测数据，具体操作如下。

素材文件所在位置　素材文件 \ 第 6 章 \ 产品利润预测表 .xlsx
效果文件所在位置　效果文件 \ 第 6 章 \ 产品利润预测表 .xlsx

微课视频

STEP 1　打开"产品利润预测表 .xlsx"工作簿，选中 D3:E8 单元格区域，单击【数据】/【预测】组中的"模拟分析"按钮，在打开的下拉列表中选择"模拟运算表"选项，如图 6-26 所示。

STEP 2　打开"模拟运算表"对话框，在"输入引用列的单元格"参数框中引用变量"单价"单元格"$B$2"，单击 确定 按钮，如图 6-27 所示。

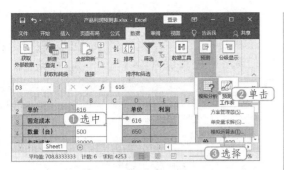

图 6-26　选择"模拟运算表"选项

图 6-27　设置引用变量单元格

STEP 3　返回工作表编辑区，可查看到产品利润随着单价的变化而变化。选中 H3:L8 单元格区域，打开"模拟运算表"对话框，在"输入引用行的单元格"参数框中引用变量"数量"单元格"$B$4"，

在"输入引用列的单元格"参数框中引用变量"单价"单元格"$B$2"，单击 确定 按钮，如图 6-28 所示。

图 6-28　设置多变量

STEP 4　返回工作表编辑区，可查看到产品随着单价和数量的变化而得到的利润，如图 6-29 所示。

图 6-29　查看预测结果

知识补充

模拟运算表注意事项

　　在创建模拟运算表区域时，可将变化的数据放置在一行或一列中。若变化的数据在一列中，应将计算公式创建于其右侧列的首行中；若变化的数据在一行中，则应将计算公式创建于该行下方的首列中。另外，目标值单元格必须是公式，变量必须是公式中的其中一个单元格，否则将无法使用"模拟运算表"功能计算变量。

6.2 图表的使用

　　图表是 Excel 中分析数据的一大利器，它能直观、形象地展现各数据之间的关系。在 Excel 2016 中，不仅可以根据数据创建需要的图表，还能根据需求对图表进行编辑和美化，使制作的图表既能满足数据分析的需求，又能美观整齐地呈现。

6.2.1　创建与编辑图表

　　Excel 中提供了多种图表类型，用户可以根据数据特点来选择合适的图表类型进行创建。如果创建的图表不能满足需求，还可对图表进行相应的编辑，包括更改图表数据源、更改图表类型、修改图表布局等。例如，在"人员结构统计表 .xlsx"工作簿中创建图表，并根据实际情况对图表进行编辑，具体操作如下。

STEP 1 打开"人员结构统计表.xlsx"工作簿，在"人员结构统计表"工作表中按住【Ctrl】键选中 A2:A10 和 C2:D10 单元格区域，单击【插入】/【图表】组中的"插入折线图或面积图"按钮，在打开的下拉列表中选择"带数据标记的折线图"选项，即可根据选择的数据在工作表中创建折线图，如图 6-30 所示。

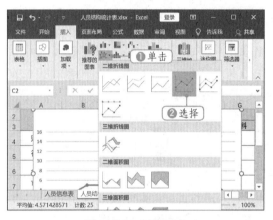

图 6-30　创建图表

STEP 2 将图表移动到表格下方，并将其调整到合适的大小，然后选中图表，单击【图表工具 设计】/【数据】组中的"选择数据"按钮，如图 6-31 所示。

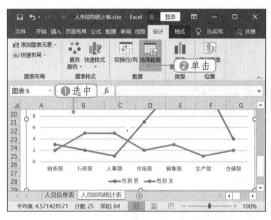

图 6-31　单击"选择数据"按钮

STEP 3 打开"选择数据源"对话框，在"图例项（系列）"列表中选中"性别 男"复选框，然后单击 编辑(E) 按钮，如图 6-32 所示。

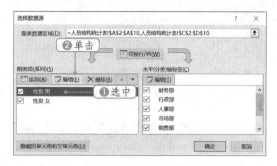

图 6-32　选择图例项

STEP 4 打开"编辑数据系列"对话框，在"系列名称"参数框中输入"= 人员结构统计表 !$C$3"，单击 确定 按钮，如图 6-33 所示。

图 6-33　编辑数据系列

STEP 5 返回"选择数据源"对话框，使用相同的方法修改"性别 女"图例项的系列名称，修改完成后单击 确定 按钮。

STEP 6 返回工作表中，可查看到图表中图例项名称已经改变，然后选中图表，单击【图表工具 设计】/【类型】组中的"更改图表类型"按钮，如图 6-34 所示。

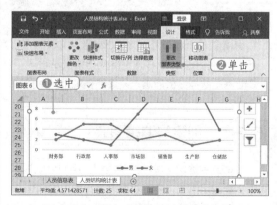

图 6-34　单击"更改图表类型"按钮

STEP 7 打开"更改图表类型"对话框，在"所有图表"选项卡中的左侧选择"柱形图"选项，再在右侧选择"簇状柱形图"选项，如图 6-35所示。

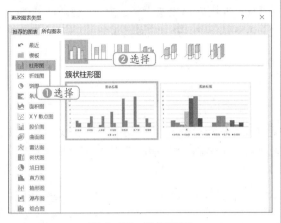

图 6-35 选择图表

STEP 8 单击 确定 按钮，返回工作表中，折线图图表已更改为柱形图图表，然后在图表的"图表标题"占位符中输入"各部门员工性别分析"。

STEP 9 选中图表，单击【图表工具 设计】/【图表布局】组中的"添加图表元素"按钮，在打开的下拉列表中选择"数据标签"选项，再在打开的子列表中选择"数据标签外"选项，为图表数据系列添加数据标签，如图 6-36所示。

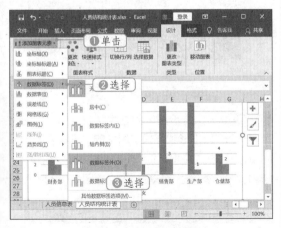

图 6-36 添加数据标签

STEP 10 保持图表的选中状态，单击【图表工具 设计】/【图表布局】组中的"添加图表元素"按钮，在打开的下拉列表中选择"图例"选项，再在打开的子列表中选择"右侧"选项，将图例移动到图表右侧，如图 6-37所示。

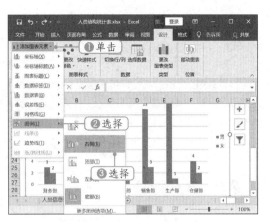

图 6-37 调整图例位置

STEP 11 单击【图表工具 设计】/【图表布局】组中的"添加图表元素"按钮，在打开的下拉列表中选择"坐标轴"选项，再在打开的子列表中选择"主要纵坐标轴"选项，取消图表中的主要纵坐标轴，如图 6-38所示。

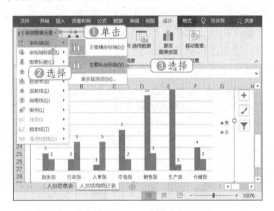

图 6-38 取消纵坐标轴

STEP 12 在"添加图表元素"下拉列表中选择"网格线"选项，再在打开的子列表中选择"主轴主要水平网格线"选项，取消图表的水平网格线，效果如图 6-39所示。

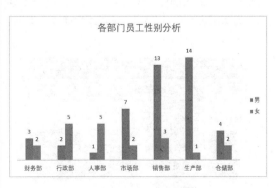

图 6-39 查看图表效果

知识补充

移动图表

在Excel 2016中还可将图表移动到新工作表中。操作方法：选中图表，单击【图表工具 设计】/【位置】组中的"移动图表"按钮，打开"移动图表"对话框，选中"新工作表"单选项，在其后的文本框中输入新工作表名称，单击 确定 按钮，Excel将新建一个工作表，并将选中的图表移动到该工作表中，注意在该工作表中不能调整图表的位置和大小。

6.2.2 美化图表

在 Excel 2016 中，既可以通过应用图表样式和更改颜色来美化图表，也可以通过单独设置图表元素的格式来达到美化图表的目的。例如，对"公司费用表 .xlsx"工作簿中的图表进行美化，具体操作如下。

素材文件所在位置 素材文件 \ 第 6 章 \ 公司费用表 .xlsx
效果文件所在位置 效果文件 \ 第 6 章 \ 公司费用表 .xlsx

微课视频

STEP 1 打开"公司费用表 .xlsx"工作簿，选中图表；在【图表工具 设计】/【图表样式】组中的列表中选择需要的图表样式，如选择"样式 6"选项，如图 6-40 所示。

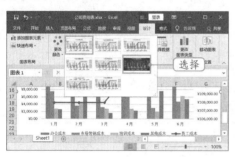

图 6-40 选择图表样式

STEP 2 将选择的样式应用到图表中，保持图表的选中状态，在【图表工具 设计】/【图表样式】组中单击"更改颜色"按钮，在打开的下拉列表中选择配色方案，如选择"彩色调色板 3"选项，如图 6-41 所示。

图 6-41 选择配色方案

STEP 3 选中图表中的绘图区，在【图表工具 格式】/【形状样式】组中的列表中选择需要的"半透明 - 灰色，强调颜色 3，无轮廓"选项，如图 6-42 所示。

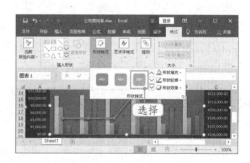

图 6-42 设置绘图区样式

STEP 4 保持绘图区的选中状态，单击【图表工具 格式】/【形状样式】组中的"形状轮廓"下拉按钮，在打开的下拉列表中选择"白色，背景 1"选项，为绘图区添加白色边框，如图 6-43 所示。

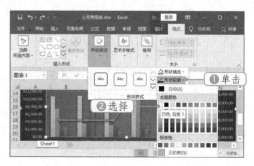

图 6-43 设置绘图区轮廓

知识补充

快速选择图表各元素

如果不清楚图表各元素的位置，可以在【图表工具 格式】/【当前所选内容】组中的"图表元素"下拉列表中查看图表的组成元素，选择某个元素，在图表中将选中对应的元素。

6.3　迷你图的使用

迷你图是一种存放于单元格中的小型图表，通常用于对数据表内的某一系列数值的变化趋势进行分析，相对于图表来说更简单。

6.3.1　创建迷你图

在 Excel 2016 中提供了折线图、柱形图和盈亏图 3 种迷你图，用户可以根据数据特点选择合适的迷你图进行创建。操作方法：选中存放迷你图的单个或多个连续的单元格，单击【插入】/【迷你图】组中的图表按钮，如单击"折线图"按钮 ，打开"创建迷你图"对话框，然后设置数据范围和位置范围，单击 确定 按钮，如图 6-44 所示，Excel 将根据所选数据创建迷你图，效果如图 6-45 所示。

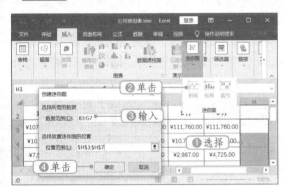

图 6-44　创建迷你图

图 6-45　查看创建的迷你图效果

知识补充

单个迷你图和一组迷你图的区别

创建迷你图时，引用的是一行或一列数据作为数据源，则创建的是单个迷你图；如果引用的是多行或多列数据作为数据源，或者像填充公式一样填充创建的，则创建的是一组迷你图，而且在编辑时，会同时对这一组迷你图进行操作，如更改迷你图、删除迷你图、更改数据源等，不能单个单个地进行编辑。

6.3.2　突出显示数据点

创建迷你图后，可以突出显示需要强调的数据标记（值）。操作方法：选中迷你图，在【迷你图工具 设计】/【显示】组中选中某个复选框，就能在迷你图中突出显示标记或数据值对应的点，如图 6-46 所示。

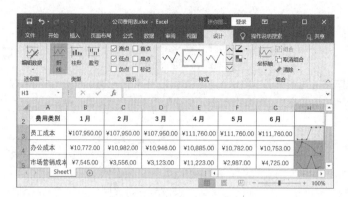

图 6-46 突出显示数据标记

6.3.3 美化迷你图

在 Excel 2016 中通过应用迷你图样式、设置迷你图颜色和设置标记颜色等对迷你图进行美化，可使制作的迷你图更加直观和美观。其分别介绍如下。

● **应用迷你图样式：** 选中迷你图，在【迷你图工具 设计】/【样式】组中的列表中选择需要的迷你图样式，整体美化迷你图，如图 6-47 所示。

● **设置迷你图颜色：** 选中迷你图，在【迷你图工具 设计】/【样式】组中单击"迷你图颜色"下拉按钮 ，在打开的下拉列表中选择需要的颜色。

● **设置标记颜色：** 选中迷你图，在【迷你图工具 设计】/【样式】组中单击"标记颜色"下拉按钮 ，在打开的下拉列表中选择需要设置的标记，再在打开的子列表中选择需要的颜色，如图 6-48 所示。

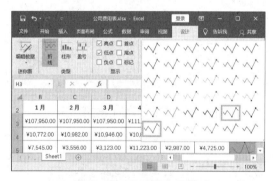

图 6-47 应用迷你图样式

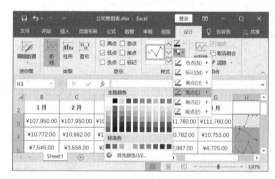

图 6-48 设置标记颜色

6.4 数据透视表和数据透视图的使用

在 Excel 中分析数据时，有时需要从不同的角度对数据进行分析，当图表无法实现时，可以使用数据透视表来实现。另外，根据数据透视表，用户还可以创建数据透视图，以便更直观地展示数据。

6.4.1 创建和编辑数据透视表

使用数据透视表分析数据，首先需要根据数据源创建数据透视表，然后再根据实际情况对数据透视表进行编辑，如组合数据、更改数据透视表值、字段显示方式、更新数据源、更改数据透视表样式等。例如，在"人员信息表.xlsx"工作簿中创建和编辑数据透视表，具体操作如下。

素材文件所在位置 素材文件 \ 第 6 章 \ 人员信息表 .xlsx

效果文件所在位置 效果文件 \ 第 6 章 \ 人员信息表 .xlsx

STEP 1 打开"人员信息表 .xlsx"工作簿，选中 A1:K65 单元格区域，单击【插入】/【表格】组中的"数据透视表"按钮，如图 6-49 所示。

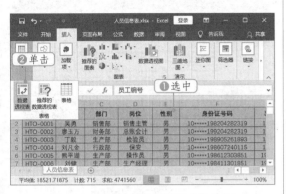

图 6-49 单击"数据透视表"按钮

STEP 2 打开"创建数据透视表"对话框，Excel 会默认选中"选择一个表或区域"单选项，在"表 / 区域"参数框中会自动引用表格中所有包含数据的单元格区域，然后在"选择放置数据透视表的位置"栏中选中"新工作表"单选项，单击 确定 按钮，如图 6-50 所示。

图 6-50 创建数据透视表

STEP 3 在新工作表中创建一个空白的数据透视表，并打开"数据透视表字段"窗格，在"字段"列表中选择需要添加到数据透视表中的"部门"字段，按住鼠标左键拖曳至"行"列表中，如图 6-51 所示。

STEP 4 释放鼠标，创建数据透视表的行。使用相同的方法将"性别"字段拖曳到"列"列表中，

然后将"员工编号"字段拖曳到"值"列表中，完成字段的添加，如图 6-52 所示。

图 6-51 添加"部门"字段

图 6-52 添加其他字段

STEP 5 使用相同的方法在数据透视表右侧再创建一个关于年龄的数据透视表，然后选中 G4 单元格，单击鼠标右键，在打开的快捷菜单中选择"组合"选项，如图 6-53 所示。

图 6-53 选择"组合"选项

STEP 6 打开"组合"对话框，设置"起始于"为"20"，"终止于"为"40"，"步长"为"5"，单击 确定 按钮，如图 6-54 所示。

图 6-54　参数设置

STEP 7　按照设置的值对行标签进行组合，效果如图 6-55 所示。

图 6-55　查看行标签组合效果

STEP 8　选中 B5 单元格，单击鼠标右键，在打开的快捷菜单中选择"值显示方式"选项，再在打开的子菜单中选择需要的显示方式，如选择"总计的百分比"选项，如图 6-56 所示。

图 6-56　更改值的显示方式

STEP 9　数据透视表中的值将以百分比的形式显示，然后选中第 1 张数据透视表中的任意单元格，在【数据透视表工具 设计】/【数据透视表样式】组中的列表中选择"深灰色，数据透视表样式深色 9"选项，为数据透视表应用选择的样式，如图 6-57 所示。

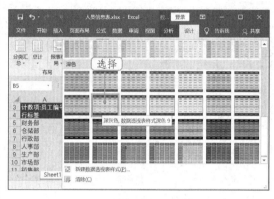

图 6-57　选择数据透视表样式

STEP 10　使用相同的方法为第 2 张数据透视表应用相同的数据透视表样式，效果如图 6-58 所示。

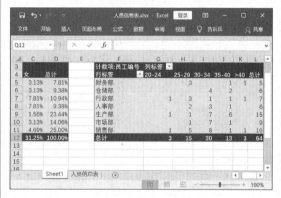

图 6-58　设置数据透视表样式的效果

知识补充

刷新数据透视表

当数据透视表引用的数据源发生变化时，数据透视表中的数据并不会自动更新，此时就需要刷新数据透视表。操作方法：选中数据透视表中的任意单元格，单击【数据透视表工具 分析】/【数据】组中的"刷新"按钮，获取数据源表中的最新数据。

6.4.2　使用切片器筛选数据

创建数据透视表后，Excel 会自动在"行标签"和"列标签"单元格中添加筛选下拉按钮，可以像筛选表格数据一样对数据透视表中的数据进行筛选。除此之外，用户还可使用切片器对数据进行快速分段和筛选，只显示需要的数据。例如，继续在"人员信息表 .xlsx"工作簿中使用切片器对数据透视表中的数据进行筛选，具体操作如下。

效果文件所在位置　效果文件\第6章\人员信息表1.xlsx

STEP 1　在打开的"人员信息表.xlsx"工作簿中的"Sheet1"工作表中选中第2张数据透视表中的任意单元格，单击【数据透视表工具 分析】/【筛选】组中的"插入切片器"按钮，如图6-59所示。

STEP 2　打开"插入切片器"对话框，在列表中选中需要插入切片器的复选框，这里选中"部门"和"年龄"复选框，单击 确定 按钮，如图6-60所示。

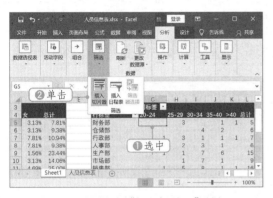

图 6-59　单击"插入切片器"按钮

图 6-60　选择字段

 知识补充

使用日程表筛选数据透视表中的数据

日程表是从日期的角度来对数据进行筛选的，可筛选日期跨度大的数据，虽然切片器也能对日期进行筛选，但它更适合筛选日期跨度小的数据。使用日程表筛选数据的操作方法：选中数据透视表中的任意单元格，在【数据透视表工具 分析】/【筛选】组中单击"插入日程表"按钮，打开"插入日程表"对话框，在其中对筛选字段进行设置即可。

STEP 3　在工作表中插入"部门"和"年龄"两个切片器，且每个切片器中的数据都以升序自动进行排列，如果要查看"生产部"的年龄分布情况，可选择"部门"切片器中的"生产部"选项，如图6-61所示。

STEP 4　在数据透视表中将只显示"生产部"员工的年龄分布情况，效果如图6-62所示。

图 6-61　选择切片器中的选项

图 6-62　筛选数据的效果

6.4.3　使用数据透视图分析数据

当需要直观地展现数据透视表中的数据时，可使用数据透视图。相对于普通图表来说，数据透视图可以动态地筛选数据，能从不同的角度来分析数据。数据透视图是依托数据透视表而创建的，例如，继续在

"人员信息表.xlsx"工作簿中根据数据透视表创建数据透视图，并对数据透视图进行编辑、筛选等操作，具体操作如下。

微课视频

效果文件所在位置 效果文件\第6章\人员信息表2.xlsx

STEP 1 在打开的"人员信息表.xlsx"工作簿中的"Sheet1"工作表中选中第1张数据透视表中的任意单元格，单击【数据透视表工具 分析】/【工具】组中的"数据透视图"按钮，如图6-63所示。

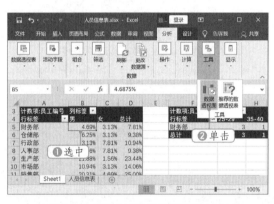

图6-63 单击"数据透视图"按钮

STEP 2 打开"插入图表"对话框，在左侧选择"饼图"选项，在右侧选择需要的饼图，单击 确定 按钮，如图6-64所示。

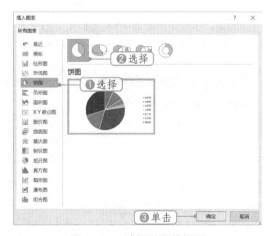

图6-64 选择需要的饼图

STEP 3 Excel将根据数据透视表中的数据创建数据透视图，然后选择数据透视图，单击【数据透视图工具 设计】/【图表布局】组中的"添加图表元素"按钮，在打开的下拉列表中选择"数

据标签"选项，在打开的子列表中选择"数据标签外"选项，为饼图添加数据标签，如图6-65所示。

图6-65 添加数据标签

STEP 4 在数据标签上单击鼠标右键，在打开的快捷菜单中选择"设置数据标签格式"选项，打开"设置数据标签格式"窗格，在"标签选项"下选中"类别名称"和"值"复选框，可在数据透视图中显示出类别，如图6-66所示。

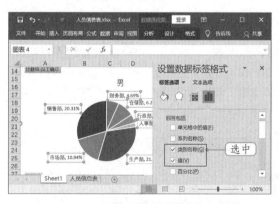

图6-66 设置标签格式

STEP 5 单击数据透视图中的 性别▼ 下拉按钮，在打开的下拉列表中取消选中"男"复选框，单击 确定 按钮，如图6-67所示。

STEP 6 在数据透视表和数据透视图中将筛选出"女"的相关数据，然后在数据透视图中显示出数据标签和类别名称，效果如图6-68所示。

图 6-67　筛选设置

图 6-68　查看筛选效果

6.5　课堂案例：制作"产品订单明细表"表格

"产品订单明细表"一般用于记录其他企业向本企业订购商品的情况，包括订购时间、发货时间、订购数量、订购单价、订购金额等，有利于本企业对订单进行跟踪，也便于相关人员查看产品订单信息并对产品订单数据进行分析。

6.5.1　案例目标

在本案例中对"产品订单明细表"表格进行制作时，需要综合运用本章所讲知识，从不同角度对产品订单信息进行分析、查看。"产品订单明细表"表格制作完成后的参考效果如图 6-69 所示。

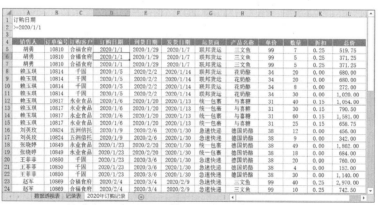

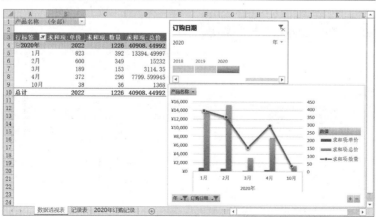

图 6-69　"产品订单明细表"的参考效果

素材文件所在位置	素材文件\第6章\产品订单明细表.xlsx
效果文件所在位置	效果文件\第6章\产品订单明细表.xlsx

6.5.2　制作思路

　　"产品订单明细表"在制作时需要对数据进行分析，所以会用到 Excel 的分析工具、数据透视表、数据透视图等。其具体制作思路如图 6-70 所示。

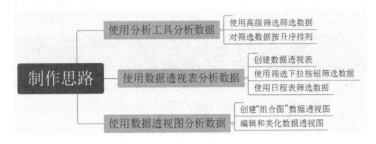

图 6-70　制作思路

6.5.3　操作步骤

1. 使用分析工具分析数据

　　下面使用高级筛选和排序功能，筛选出 2020 年的订单记录，并按照订购日期进行升序排列，具体操作如下。

STEP 1　打开"产品订单明细表.xlsx"工作簿，新建一个名为"2020 年订购记录"的工作表，在 A1 和 A2 单元格中输入筛选条件，选中任意单元格，单击【数据】/【排序和筛选】组中的"高级"按钮▽，打开"高级筛选"对话框，选中"将筛选结果复制到其他位置"单选项，然后设置"列表区域""条件区域""复制到"，单击 确定 按钮，如图 6-71 所示。

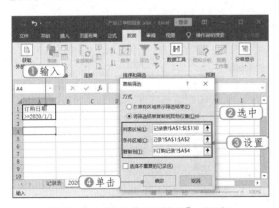

图 6-71　设置"高级筛选"对话框

STEP 2　将符合条件的数据筛选到"2020 年订购记录"工作表中。选中"订购日期"列中含日期的任意单元格，单击【数据】/【排序和筛选】组中的"升序"按钮ᔍↆ，如图 6-72 所示。

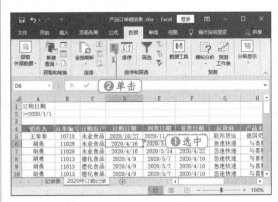

图 6-72　单击"升序"按钮

STEP 3　数据将按照订购日期的先后顺序进行排列，效果如图 6-73 所示。

图 6-73　查看排序效果

2. 使用数据透视表分析数据

下面将创建数据透视表，并使用日程表对数据透视表中的数据进行分析，具体操作如下。

STEP 1　在"记录表"工作表中选中 A1:L130 单元格区域，单击【插入】/【表格】组中的"数据透视表"按钮 ，打开"创建数据透视表"对话框，保持默认设置，单击 确定 按钮，如图 6-74 所示。

图 6-74　创建数据透视表

STEP 2　在"数据透视表字段"窗格中的"字段"列表中将字段拖曳到相应的列表中，以创建有内容的数据透视表，然后选中"2018 年"所在的单元格，在其上单击鼠标右键，在打开的快捷菜单中选择"展开 / 折叠"选项，再在打开的子菜单中选择"展开整个字段"选项，如图 6-75 所示。

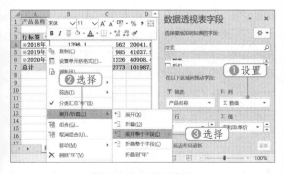

图 6-75　展开字段

STEP 3　展开年份下的所有字段，然后为数据透视表应用"白色，数据透视表样式中等深浅 8"样式，再单击 B1 单元格中的筛选下拉按钮 ，在打开的下拉列表中只选中"德国奶酪"复选框，单击 确定 按钮，如图 6-76 所示。

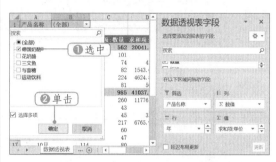

图 6-76　筛选数据透视表的数据

STEP 4　筛选出各个年份与"德国奶酪"产品相关的订单记录，效果如图 6-77 所示。

图 6-77　查看筛选结果

STEP 5　选中数据透视表中的任意单元格，单击【数据透视表工具 分析】/【筛选】组中的"插入日程表"按钮 ，打开"插入日程表"对话框，选中"订购日期"复选框，单击 确定 按钮，如图 6-78 所示。

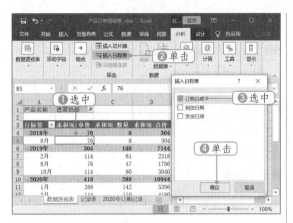

图 6-78　插入日程表

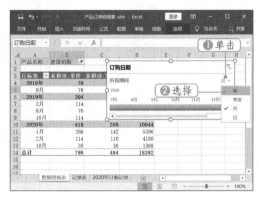

图 6-79　设置日期分隔单位

STEP 6　在工作表中插入日程表，然后单击日程表中的下拉按钮 ▾，在打开的下拉列表中选择日期分段，如选择"年"选项，如图 6-79 所示。

STEP 7　日程表中的日期将以"年"为单位进行显示，然后在日程表中单击"2019"，在数据透视表中将筛选 2019 年"德国奶酪"产品的订购信息，如图 6-80 所示。

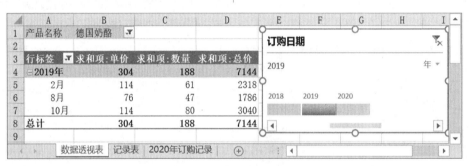

图 6-80　查看 2019 年的订购信息

3. 使用数据透视图分析数据

下面将创建数据透视图对数据透视表中的数据进行分析，具体操作如下。

STEP 1　在数据透视表中取消产品筛选，展示出所有产品的订购记录，然后选中数据透视表中的任意单元格，单击【插入】/【图表】组中的"数据透视图"按钮 ，如图 6-81 所示。

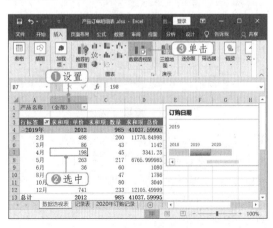

图 6-81　单击"数据透视图"按钮

STEP 2　打开"插入图表"对话框，在左侧选择"组合图"选项，在右侧选择"自定义组合"选项，然后在下方的列表中将"求和项：数量"的图表类型设置为"带数据标记的折线图"，选中其后的复选框，添加次坐标轴，再将"求和项：单价和"和"求和项：总价"的图表类型设置为"簇状柱形图"，单击 确定 按钮，如图 6-82 所示。

STEP 3　在工作表中创建组合图，然后将组合图移动到日程表下方，再在数据透视图上方的"求和项：总价"字段上单击鼠标右键，在打开的快捷菜单中选择"隐藏图表上的值字段按钮"选项，隐藏数据透视图上显示的值字段按钮，如图 6-83 所示。

STEP 4　选中数据透视图中的纵坐标轴，单击鼠标右键，在打开的快捷菜单中选择"设置坐标轴格式"选项，如图 6-84 所示。

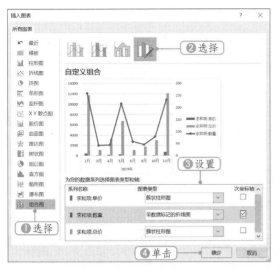

图 6-82　设置"组合图"

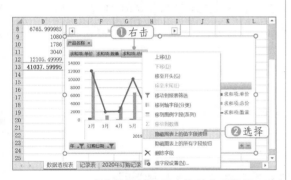

图 6-83　隐藏数据透视图中的值字段按钮

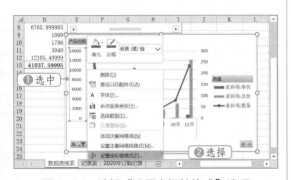

图 6-84　选择"设置坐标轴格式"选项

STEP 5　打开"设置坐标轴格式"窗格，单击"数字"项，将其展开，在"类别"下拉列表中选择数据分类，如选择"货币"选项，然后在"小数位数"数值框中输入"0"，为纵坐标轴中的刻度数据添

加货币符号，如图 6-85 所示。

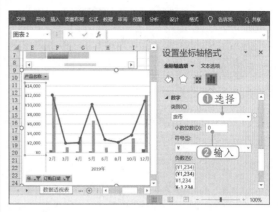

图 6-85　为纵坐标轴添加货币符号

STEP 6　选中数据透视图，单击【数据透视图工具 设计】/【图表样式】组中的"快速样式"按钮 ，在打开的下拉列表中选择"样式 4"选项，为数据透视图应用图表样式，如图 6-86所示。

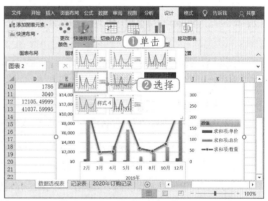

图 6-86　应用图表样式

STEP 7　对数据透视表中的数据进行筛选后，在数据透视图中展现的数据也将随之发生变化，如图 6-87 所示。

知识补充

数据透视图的编辑与美化

在 Excel 2016 中，数据透视图与图表的编辑、美化方法是一样的，只是关联的数据源有所区别。

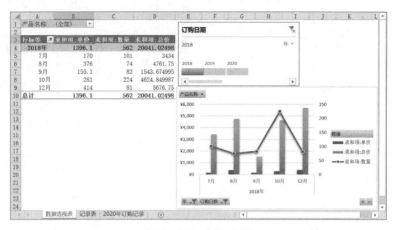

图 6-87　查看效果

6.6　强化实训

本章详细介绍了使用 Excel 的基本分析工具、图表、迷你图、数据透视表和数据透视图分析数据的方法，为了帮助读者进一步掌握表格数据的分析方法，下面将通过制作"培训费用分析表"表格和"员工加班记录表"表格进行强化训练。

6.6.1　制作"培训费用分析表"表格

培训费用是在公司经营过程中必定会产生的一项费用，企业对培训费用进行分析，可以为下一次员工培训计划的制订提供重要的参考。

【制作效果与思路】

在本实训中制作的"培训费用分析表"表格的效果如图 6-88 所示，具体制作思路如下。

（1）打开工作簿，根据表格数据创建带数据标记的折线图。

（2）为图表应用"样式 11"图表样式，添加数据标签，删除图例。

（3）在"设置坐标轴格式"窗格中设置坐标轴的边界和单位值，并将负数设置为带负号的红色文字。

（4）在"设置数据标签格式"窗格中将数据标签的负数设置为带负号的红色文字。

（5）在"设置数据系列格式"窗格中将折线设置为平滑曲线。

（6）进入筛选状态，只显示一个数据系列，这样可以对图表中的数据进行动态展示。

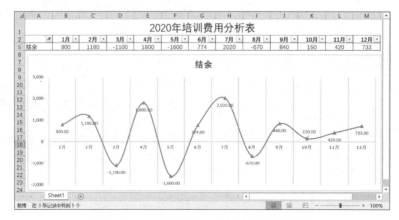

图 6-88　"培训费用分析表"表格的效果

素材文件所在位置	素材文件 \ 第 6 章 \ 培训费用分析表 .xlsx	
效果文件所在位置	效果文件 \ 第 6 章 \ 培训费用分析表 .xlsx	

微课视频

6.6.2　制作"员工加班记录表"表格

"员工加班记录表"用于对员工的加班情况进行记录，以方便后期对员工的加班费进行统计，通过该表企业可以对员工加班情况进行分析。

【制作效果与思路】

在本实训中制作的"员工加班记录表"表格的效果如图 6-89 所示，具体制作思路如下。

（1）打开工作簿，根据表格数据新建一个数据透视表，然后插入切片器对部门和加班类别进行筛选。

（2）根据数据透视表中的数据创建数据透视图。

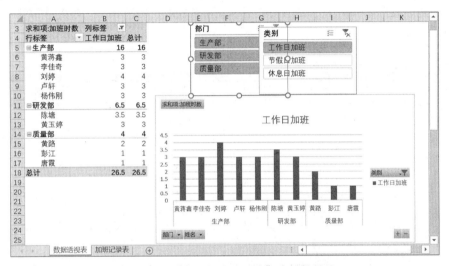

图 6-89　"员工加班记录表"表格的效果

素材文件所在位置	素材文件 \ 第 6 章 \ 员工加班记录表 .xlsx	
效果文件所在位置	效果文件 \ 第 6 章 \ 员工加班记录表 .xlsx	

微课视频

6.7　知识拓展

下面将对与 Excel 表格制作相关的一些拓展知识进行介绍，帮助读者更好地制作需要的表格，使读者制作的表格更加符合要求。

1. 使用"预测工作表"功能预测数据

Excel 2016 提供了"预测工作表"功能，通过该功能用户可以基于历史数据分析出事物发展的未来趋势，并且以图表的形式展示出来。操作方法：选中数据区域中的任意单元格，单击【数据】/【预测】组中的"预测工作表"按钮，打开"创建预测工作表"对话框，对话框中呈现了历史数据和未来预测数据的图表，其中蓝色折线是历史数据，橙色折线是未来预测数据，然后单击"选项"，展开更多预测参数项，根据需求可对参数进行相应的设置，设置完成后单击 创建 按钮创建预测表。

2. 对表格数据进行分组显示

Excel 2016 还提供了"组合"功能，通过该功能用户可根据表格数据的特点，自动判断数据分级的位置，将某个范围内的数据记录整合在一起，从而实现分级显示数据表。操作方法：选中数据区域中的任意单元格，单击【数据】/【分级显示】组中的"组合"下拉按钮▼，在打开的下拉列表中选择"自动建立分级显示"选项，自动分级显示表格数据，此时就像分类汇总那样折叠或展开表格数据。

6.8 课后练习

本章主要介绍了分析 Excel 表格数据的相关知识，读者应加强该部分知识的理解与应用。下面将通过两个练习，帮助读者熟练掌握以上知识的应用方法及操作方法。

练习 1 汇总"入库明细表"表格

在本练习中将使用 Excel 的"排序"和"分类汇总"功能对"入库明细表"表格中的数据进行分析，表格效果如图 6-90 所示。

	A 供应商	B 到货日期	C 品名	D 型号规格	E 数量	F 价格	G 金额
1	供应商	到货日期	品名	型号规格	数量	价格	金额
2	光电技科	2020/9/27	触摸屏	飞懋335N	1	¥3,376	¥3,376
3	光电技科	2020/9/29	触摸屏	飞懋337N	4	¥3,376	¥13,504
4	光电技科	2020/9/29	触摸屏	飞懋338N	3	¥3,376	¥10,128
5	光电技科	2020/9/30	触摸屏	飞懋336N	1	¥3,376	¥3,376
6	光电技科	2020/9/29	打印机	Epson（TM-T82II）	8	¥1,026	¥8,205
7	光电技科 汇总						¥38,590
8	纪迅科技	2020/8/21	VPN	侠诺	3	¥780	¥2,340
9	纪迅科技	2020/4/28	打印机	北洋	2	¥1,580	¥3,160
10	纪迅科技	2020/9/18	计算机	HP台式	4	¥5,264	¥21,056
11	纪迅科技	2020/9/24	计算机	HP台式	2	¥5,264	¥10,528
12	纪迅科技	2020/9/23	读卡器	明华射频	12	¥154	¥1,846
13	纪迅科技	2020/9/18	扫描枪	1.5CM	1	¥282	¥282
14	纪迅科技 汇总						¥39,212
15	三亚商贸	2020/8/7	打印机	S-U801	4	¥978	¥3,912
16	三亚商贸	2020/8/22	打印机	S-U802	1	¥1,478	¥1,478
17	三亚商贸	2020/8/27	打印机	O-3150	1	¥1,452	¥1,452
18	三亚商贸	2020/8/27	打印机	O-U801	1	¥1,778	¥1,778
19	三亚商贸	2020/9/29	网口打印机	GP-80200	9	¥479	¥4,308
20	三亚商贸	2020/9/30	网口打印机	GP-80200	1	¥479	¥479
21	三亚商贸 汇总						¥13,406
22	远东商城	2020/9/18	16口交换机	TP-LINK	3	¥196	¥587
23	远东商城	2020/9/26	16口交换机	TP-LINK	1	¥196	¥196
24	远东商城	2020/9/29	17口交换机	TP-LINK	1	¥196	¥196
25	远东商城	2020/7/22	18口交换机	TP-LINK	1	¥196	¥196
26	远东商城	2020/7/22	计算机	惠普台式	1	¥4,999	¥4,999
27	远东商城	2020/9/18	计算机	HP台式	3	¥4,135	¥12,405
28	远东商城	2020/9/18	计算机	HP台式	1	¥4,135	¥4,135
29	远东商城	2020/9/18	计算机	宏基台式	1	¥3,900	¥3,900
30	远东商城	2020/9/26	计算机	宏基台式	1	¥2,050	¥2,050
31	远东商城	2020/9/24	服务器	IBM	1	¥13,600	¥13,600
32	远东商城	2020/9/26	水晶头	CNCOB	1	¥42	¥42
33	远东商城 汇总						¥42,306
34	总计						¥133,514

图 6-90 "入库明细表"表格的最终效果

素材文件所在位置 素材文件\第 6 章\课后练习\入库明细表.xlsx

效果文件所在位置 效果文件\第 6 章\课后练习\入库明细表.xlsx

微课视频

操作要求如下。

● 按多个条件对表格数据进行排序，主要条件是按"供应商"进行升序排列，次要条件是按"品名"
进行升序排列。

● 按供应商对金额进行分类汇总，然后只展开 2 级数据，按住【Ctrl】键选择汇总，将其底纹填
充色设置为"浅灰色，背景 2"。

● 再展开 3 级数据，可看到汇总行已通过底纹突出显示。

练习 2　分析"固定资产管理表"表格

在本练习中将使用"数据透视表"分析"固定资产管理表"表格，效果如图 6-91 所示。

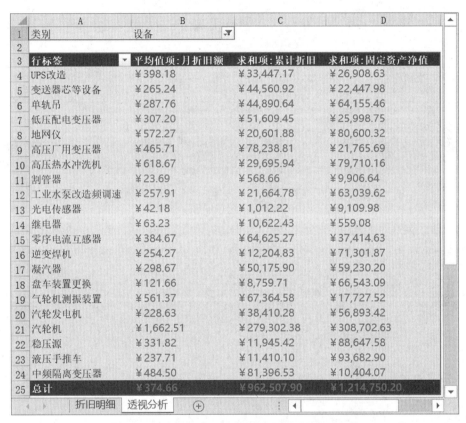

图 6-91　"固定资产管理表"表格的最终效果

 素材文件所在位置　素材文件 \ 第 6 章 \ 课后练习 \ 固定资产
管理表.xlsx

效果文件所在位置　效果文件 \ 第 6 章 \ 课后练习 \ 固定资产
管理表.xlsx

微课视频

操作要求如下。

● 打开工作簿，根据表格数据创建数据透视表。

● 将数据透视表中金额数据的数字格式自定义为""\¥"#,##0.00_);[红色]("\¥"#,##0.00)"，
并为数据透视表应用需要的样式。

● 筛选出数据透视表中"设备"类别的相关数据。

第7章

PowerPoint 幻灯片的编辑与设计

/ 本章导读

　　PowerPoint 是 Office 中的一个演示文稿制作组件，它可以通过简洁的文字、生动的图片、形象直观的图形、有声有色的多媒体等，对信息进行有效传递，它也因此被广泛应用于各个领域。本章主要介绍 PowerPoint 中幻灯片的基本操作，以及为幻灯片统一风格、添加对象、进行交互设计等操作。

/ 技能目标

　　掌握幻灯片的基本操作。
　　掌握统一幻灯片整体风格的具体操作方法。
　　掌握幻灯片对象的使用方法。
　　掌握幻灯片交互设计的基本方法。

/ 案例展示

7.1　幻灯片的基本操作

演示文稿是由一张张幻灯片组成的，所以，使用 PowerPoint 制作演示文稿时，主要是对幻灯片进行操作，如设置幻灯片大小、新建和编辑幻灯片、使用节管理幻灯片等。

7.1.1　设置幻灯片大小

PowerPoint 2016 中默认的幻灯片大小为宽屏（16：9），如果不能满足需求，可将幻灯片大小设置为标准（4：3），或者自定义幻灯片大小。操作方法：在演示文稿中单击【设计】/【自定义】组中的"幻灯片大小"按钮□，在打开的下拉列表中选择"标准（4：3）"选项，或选择"自定义幻灯片大小"选项，打开"幻灯片大小"对话框，然后对幻灯片的宽度、高度进行设置，设置完成后单击 确定 按钮，如图 7-1 所示；打开"Microsoft PowerPoint"提示对话框，根据需求单击相应按钮即可，如图 7-2 所示。

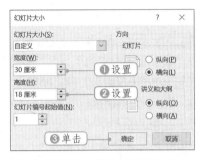

图 7-1　自定义幻灯片大小

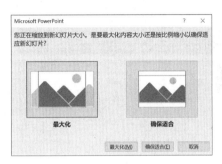

图 7-2　缩放幻灯片

知识补充

设置幻灯片大小

在"Microsoft PowerPoint"对话框中单击 最大化(M) 按钮，则会使幻灯片内容充满整个页面；若单击 确保适合(F) 按钮，则会按比例缩放幻灯片大小，以确保幻灯片中的内容能适应新幻灯片的大小。

7.1.2　新建和编辑幻灯片

在默认情况下，新建的演示文稿中只包含一张幻灯片，这并不能满足演示文稿的制作需求，此时就需要新建幻灯片。另外，对于新建的幻灯片，用户还可以根据需求进行编辑，如移动和复制幻灯片、在幻灯片中输入文本、对占位符的格式进行设置等。例如，在空白演示文稿中新建幻灯片，并对幻灯片进行相应的编辑，具体操作如下。

 素材文件所在位置　素材文件 \ 第 7 章 \ 工作简报 .docx
效果文件所在位置　效果文件 \ 第 7 章 \ 工作简报 .pptx

微课视频

STEP 1　启动 PowerPoint 2016，新建一个名为"工作简报"的演示文稿，然后单击【开始】/【幻灯片】组中的"新建幻灯片"下拉按钮▾，在打开的下拉列表中选择需要新建的幻灯片版式，

如选择"标题和内容"选项，如图 7-3 所示。

STEP 2　新建带标题和内容占位符的幻灯片，在第 1 张和第 2 张幻灯片的占位符中输入相应的内容。

第 **7** 章

图 7-3　新建幻灯片

STEP 3　选中第 1 张幻灯片，单击鼠标右键，在打开的快捷菜单中选择"复制幻灯片"选项，如图 7-4 所示。

图 7-4　复制幻灯片

STEP 4　在第 1 张幻灯片后面复制 1 张相同的幻灯片，然后删除内容占位符，修改幻灯片中标题占位符文本。选中该幻灯片，按住鼠标左键不放，将其拖曳至第 3 张幻灯片后，如图 7-5 所示。

图 7-5　移动幻灯片

STEP 5　释放鼠标，将第 2 张幻灯片移动到第 3 张幻灯片后，原来的第 3 张幻灯片将变成第 2 张幻灯片。

STEP 6　通过复制第 2 张幻灯片，制作第 3~6 张幻灯片，并对幻灯片中的文本内容进行更改，原来的第 3 张幻灯片将变成第 7 张幻灯片。然后

选中第 1 张幻灯片中的标题占位符，在【开始】/【字体】组中将字体设置为"方正大标宋简体"，字号设置为"80"，再单击"文字阴影"按钮 **S** 为文本添加阴影，如图 7-6 所示。

图 7-6　设置文本字体格式

STEP 7　使用相同的方法设置其他幻灯片中文本的字体格式，然后选中第 7 张幻灯片中的标题占位符，单击【开始】/【字体】组中的"字符间距"按钮 **AV**，在打开的下拉列表中选择"其他间距"选项，如图 7-7 所示。

图 7-7　选择"其他间距"选项

STEP 8　打开"字体"对话框，单击"字符间距"选项卡，在"间距"下拉列表中选择"加宽"选项，在"度量值"数值框中输入"20"，单击 确定 按钮，如图 7-8 所示。

图 7-8　设置字符间距

STEP 9　选中第 2 张幻灯片中的内容占位符，单击【开始】/【段落】组中的"行距"按钮，在打开的下拉列表中选择需要的行距，如选择"1.5"选项，将段落行距设置为"1.5"，如图 7-9 所示。

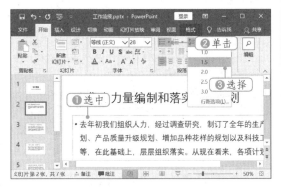

图 7-9　设置段落行距

STEP 10　使用相同的方法将第 3~6 张幻灯片中的内容占位符的行距设置为"1.5"，然后选中第 6 张幻灯片中的内容占位符，单击【开始】/【段落】组中的"项目符号"下拉按钮，在打开的下拉列表中选择"无"选项，取消段落项目符号，如图 7-10 所示。

图 7-10　取消项目符号

STEP 11　保持内容占位符的选中状态，单击【开始】/【段落】组中的"编号"下拉按钮，在打开的下拉列表中选择"1.2.3"编号样式选项，为

段落添加编号，如图 7-11 所示。

图 7-11　为段落添加编号

STEP 12　完成幻灯片的编辑操作，第 1~4 张幻灯片的效果如图 7-12 所示。

图 7-12　部分幻灯片的效果

知识补充

项目符号和编号设置

在"编号"下拉列表中选择"项目符号和编号"选项，打开"项目符号和编号"对话框，然后在"项目符号"选项卡中可对所选项目符号的颜色和大小进行设置，另外，单击 图片(P) 按钮，可将联机图片和计算机中保存的图片设置为图片项目符号，单击 自定义(U) 按钮，可将所选符号作为项目符号；在"编号"选项卡中可对编号的颜色、大小和起始编号值进行设置。

7.1.3　使用节管理幻灯片

一般一个完整的演示文稿中包含大量的幻灯片，为了便于理清幻灯片的整体结构，可使用 PowerPoint 2016 提供的"节"功能对演示文稿中的幻灯片进行分节管理。例如，在"商务礼仪培训"演示文稿中进行分节管理，具体操作如下。

素材文件所在位置	素材文件 \ 第 7 章 \ 商务礼仪培训 .pptx
效果文件所在位置	效果文件 \ 第 7 章 \ 商务礼仪培训 .pptx

微课视频

STEP 1 打开"商务礼仪培训 .pptx"演示文稿，选中第 3 张幻灯片，单击【开始】/【幻灯片】组中的"节"按钮，在打开的下拉列表中选择"新增节"选项，如图 7-13 所示。

图 7-13　选择"新增节"选项

STEP 2 在第 2 张幻灯片和第 3 张幻灯片之间新增一个节，在节名称上单击鼠标右键，在打开的快捷菜单中选择"重命名节"选项，打开"重命名节"对话框，然后在"节名称"文本框中输入"个人礼仪篇"，单击 重命名(R) 按钮，如图 7-14 所示。

图 7-14　重命名节

STEP 3 使用相同的方法在第 6 张幻灯片前新增"社交礼仪篇"节，在第 9 张幻灯片前新增"公务礼仪篇"节，然后在"公务礼仪篇"节的节名称上单击鼠标右键，在打开的快捷菜单中选择"全部折叠"选项，如图 7-15 所示。

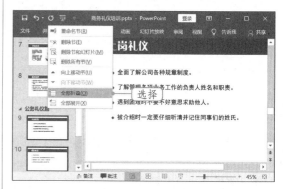

图 7-15　选择"全部折叠"选项

STEP 4 折叠节后，将只显示节名称和每个节包含的幻灯片张数，效果如图 7-16 所示。如果要展开节，双击节名称即可。

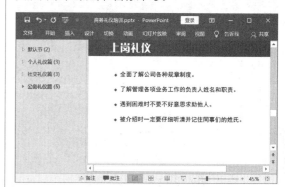

图 7-16　查看效果

知识补充

新增节

　　如果不是从演示文稿的第 1 张幻灯片开始新增节，那么在其他幻灯片前新增节时，PowerPoint 会自动在第 1 张幻灯片前新增一个名为"默认节"的节。

7.2　统一幻灯片的整体风格

　　一般来说，优秀的演示文稿都具备统一的布局、配色、字体等。在 PowerPoint 中，统一演示文稿中所有幻灯片的风格可以通过设置幻灯片的背景格式、主题、母版等来实现。

7.2.1　设置幻灯片的背景格式

　　演示文稿中的幻灯片的背景默认是以纯白色进行填充的，为了使幻灯片更加美观，可以填充为其他效果。PowerPoint 提供了多种填充方式，如纯色填充、渐变填充、图片填充、纹理填充、图案填充等，下面将分别进行介绍。

- ● **纯色填充：** 是指使用一种颜色对幻灯片背景进行填充。操作方法：选中幻灯片，单击【设计】/【自定义】组中的"设置背景格式"按钮，打开"设置背景格式"窗格，然后在"填充"栏中选中"纯色填充"单选项，再在"填充颜色"下拉列表中选择需要的填充颜色，如图 7-17 所示。
- ● **渐变填充：** 是指使用两种或两种以上的颜色进行的渐变填充。操作方法：选择幻灯片，在"设置背景格式"窗格中的"填充"栏中选中"渐变填充"单选项，然后在下方对类型、方向、角度、渐变光圈、颜色、位置、透明度、亮度等进行设置，如图 7-18 所示。

图 7-17　纯色填充

图 7-18　渐变填充

- ● **图片填充：** 是指使用计算机中保存的图片或联机图片进行填充。操作方法：选择幻灯片，在"设置背景格式"窗格中的"填充"栏中选中"图片或纹理填充"单选项，然后单击 插入(R)... 按钮，打开"插入图片"对话框，再选中需要的图片，单击 插入(S) 按钮，如图 7-19 所示，所选图片将被填充为幻灯片背景，效果如图 7-20 所示。

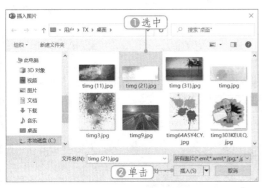

图 7-19　选择图片

图 7-20　图片填充

- ● **纹理填充：** 是指使用 PowerPoint 提供的纹理样式进行填充。操作方法：选中幻灯片，在"设置背景格式"窗格中的"填充"栏中选中"图片或纹理填充"单选项，然后在"纹理"下拉列表中选择需要的纹理样式即可，如图 7-21 所示。
- ● **图案填充：** 是指使用 PwerPoint 提供的图案进行填充。操作方法：选中幻灯片，在"设置背景格式"窗格中的"填充"栏中选中"图案填充"单选项，然后在"图案"栏中对所用图案，以及图案的前景色和背景色进行设置，如图 7-22 所示。

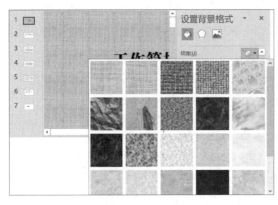

图 7-21　纹理填充

图 7-22　图案填充

技巧秒杀

为演示文稿中的所有幻灯片设置相同的背景填充效果

　　如果要为演示文稿中的所有幻灯片应用相同的背景填充效果，可以在选择幻灯片时按【Ctrl+A】组合键选中所有幻灯片，也可以在设置好幻灯片背景的填充效果后，单击"设置背景格式"窗格下方的 应用到全部(L) 按钮，将当前设置的背景填充效果应用到演示文稿的所有幻灯片中。

7.2.2　为幻灯片应用主题

　　主题为演示文稿提供了一套完整的格式。通过应用主题，用户可以快速改变幻灯片的字体、颜色、背景、图片和形状效果等，使整个演示文稿拥有统一的风格。在 PowerPoint 2016 中，不仅可以为幻灯片应用主题，还可根据实际情况对主题中的颜色、字体、形状效果等进行更改。例如，在"工作简报 1.pptx"演示文稿中应用主题，具体操作如下。

　素材文件所在位置　素材文件＼第 7 章＼工作简报 1.pptx
　效果文件所在位置　效果文件＼第 7 章＼工作简报 1.pptx

微课视频

STEP 1　打开"工作简报 1.pptx"演示文稿，在【设计】/【主题】组中的列表中选择需要的主题样式，如选择"裁剪"选项，如图 7-23 所示。

STEP 2　为演示文稿中的所有幻灯片应用选择的主题，效果如图 7-24 所示。

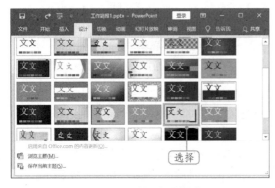

图 7-23　选择主题样式

图 7-24　查看主题效果

STEP 3　在【设计】/【变体】组中的下拉列表中选择"颜色"选项，在打开的子列表中选择需要的颜色，如选择"紫罗兰色Ⅱ"选项，更改主题中的配色，如图 7-25 所示。

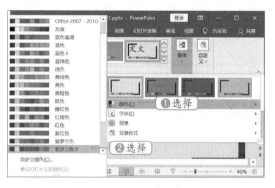

图 7-25　更改配色

STEP 4　在【设计】/【变体】组中的下拉列表中选择"字体"选项，在打开的子列表中选择"自定义字体"选项，如图 7-26 所示。

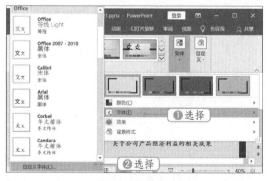

图 7-26　选择"自定义字体"选项

STEP 5　打开"新建主题字体"对话框，分别设置西文和中文的标题字体、正文字体，在"名称"文本框中输入"简报"，单击 保存(S) 按钮，如图 7-27 所示。

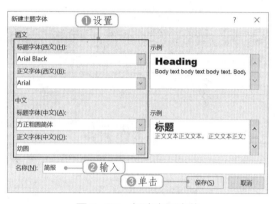

图 7-27　新建主题字体

STEP 6　将新建的主题字体应用于当前的演示文稿中，效果如图 7-28 所示。

图 7-28　查看主题字体效果

第7章

7.2.3 幻灯片母版设计

幻灯片母版控制着整个演示文稿的外观，包括字体格式、段落格式、背景效果、配色方案、页眉和页脚、动画以及其他所有内容。要想演示文稿的整体风格统一，通过设计幻灯片母版就能快速实现。例如，在"工作简报 1.pptx"演示文稿中设计幻灯片母版，以统一演示文稿的整体风格，具体操作如下。

 素材文件所在位置 素材文件\第 7 章\工作简报 1.pptx、办公 .jpeg
效果文件所在位置 效果文件\第 7 章\工作简报 2.pptx

 微课视频

STEP 1 打开"工作简报 1.pptx"演示文稿，单击【视图】/【母版视图】组中的"幻灯片母版"按钮，如图 7-29 所示。

图 7-29 单击"幻灯片母版"按钮

STEP 2 进入幻灯片母版视图，选择幻灯片母版版式，单击【幻灯片母版】/【编辑主题】组中的"主题"按钮，在打开的下拉列表中选择"框架"选项，如图 7-30 所示。

图 7-30 选择母版样式

STEP 3 为幻灯片母版应用主题，然后单击【幻灯片母版】/【背景】组中的"颜色"按钮，在打开的下拉列表中选择"橙色"选项，更改主题颜色，如图 7-31 所示。

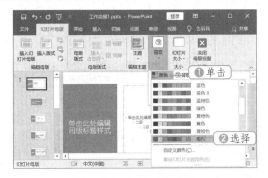

图 7-31 更改主题颜色

STEP 4 选中标题占位符，单击【开始】/【字体】组中的"加粗"按钮 **B** 加粗文本，再单击【开始】/【段落】组中的"行距"按钮，在打开的下拉列表中选择"1.5"选项，如图 7-32 所示。

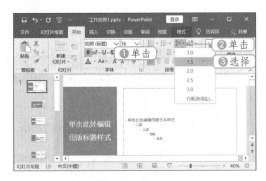

图 7-32 设置占位符格式

 知识补充

幻灯片母版设计注意事项

幻灯片母版视图左侧的幻灯片窗格中的第 1 张幻灯片为母版版式，它的改变会影响演示文稿中的所有幻灯片，幻灯片中的其他版式只影响使用该版式的幻灯片。所以，在设计幻灯片母版时，一般先设计母版版式，再根据需求设计其他版式。另外，在幻灯片母版中应用主题、设置字体格式和段落格式、插入对象等的方法与在普通视图中是一样的。

STEP 5　选中内容占位符,将字号设置为"24",行距设置为"1.5",然后单击【插入】/【文本】组中的"页眉和页脚"按钮,如图 7-33 所示。

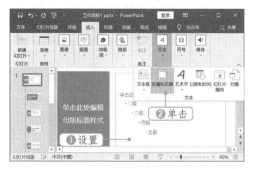

图 7-33　单击"页眉和页脚"按钮

STEP 6　打开"页眉和页脚"对话框,选中"日期和时间"复选框和"固定"单选项,在"固定"单选项下方的文本框中输入日期"2020/12/25",再选中"幻灯片编号""页脚""标题幻灯片中不显示"复选框,然后在"页脚"复选框下方的文本框中输入"JT 科技有限公司",单击 全部应用(Y) 按钮,如图 7-34 所示。

图 7-34　设置页眉和页脚

STEP 7　选中标题幻灯片版式,单击【幻灯片母版】/【背景】组中的 按钮,打开"设置背景格式"窗格,在"填充"选项下选中"图片或纹理填充"单选项,单击 插入(R)... 按钮,如图 7-35 所示。

图 7-35　选择填充方式

STEP 8　在打开的对话框中单击"从文件"选项,打开"插入图片"对话框,选中需要的图片"办公.jpeg",单击 插入(S) 按钮,如图 7-36 所示。

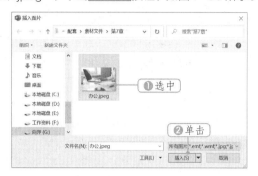

图 7-36　插入图片

STEP 9　将图片填充为标题幻灯片版式的背景,然后删除幻灯片版式下方的日期和时间、页脚和页码文本框,再将灰色色块和橙色色块调整到合适的大小和位置,最后复制灰色的色块,将其调整为细长方形,在"设置形状格式"窗格中将颜色设置为"白色,背景 1,深色 5%",将透明度设置为"0%",如图 7-37 所示。

图 7-37　设置颜色

STEP 10　对标题占位符和副标题占位符的位置和字体格式进行设置,完成后单击【幻灯片母版】/【关闭】组中的"关闭母版视图"按钮 ,返回普通视图,可查看到应用幻灯片母版后的效果,如图 7-38 所示。

图 7-38　应用幻灯片母版后的效果

第 7 章

7.3 幻灯片对象的使用

在幻灯片中不仅可以使用文本对象，还可以使用图片、图形、表格和图表、多媒体等对象来丰富幻灯片内容，使受众更加容易理解和记忆幻灯片要传递的信息。

7.3.1 图片的使用

相对于单纯的文字信息来说，图文并茂的信息更利于阅读。与 Word 中的操作一样，在 PowerPoint 中既可以插入图片，也可根据需求对图片进行编辑。例如，在"楼盘项目介绍.pptx"演示文稿中添加图片，具体操作如下。

 素材文件所在位置 素材文件 \ 第 7 章 \ 楼盘项目介绍.pptx、项目
效果文件所在位置 效果文件 \ 第 7 章 \ 楼盘项目介绍.pptx

 微课视频

STEP 1 打开"楼盘项目介绍.pptx"演示文稿，选中第 3 张幻灯片，单击【插入】/【图像】组中的"图片"按钮，在打开的下拉列表中选择"此设备"选项。

STEP 2 打开"插入图片"对话框，在地址栏中选择图片保存的位置，再选中需要插入的图片"图片 1.png"，单击 插入(S) 按钮，如图 7-39 所示。

图 7-39 插入图片

STEP 3 插入选择的图片，单击【图片工具 格式】/【调整】组中的"校正"按钮，在打开的下拉列表中选择"亮度 / 对比度"栏中的"亮度 :+20% 对比度 :0%(正常)"选项，调整图片亮度，如图 7-40 所示。

STEP 4 在第 4 张幻灯片中插入"小学 .jpg""银行 .jpg""超市 .jpg""广场 .jpg"4 张图片，保持所有图片的选中状态，在【图片工具 格式】/【大小】组的"高度"数值框中输入"5 厘米"，

然后按【Enter】键等比例调整图片大小。

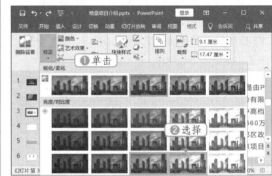

图 7-40 调整图片亮度

STEP 5 将图片移动到合适的位置，选中所有图片，单击【图片工具 格式】/【图片样式】组中的"图片版式"按钮，在打开的下拉列表中选择"蛇形图片题注"选项，如图 7-41 所示。

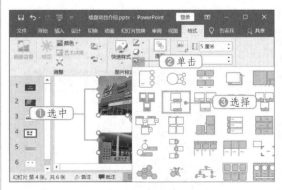

图 7-41 选择图片版式

STEP 6 将图片更改为选择的蛇形图片题注版

式，在图片对应的题注框中输入说明文本，再调整题注图形的宽度，然后选中左侧的两张图片，按住鼠标左键向左拖曳，调整左右两侧图片的距离，如图 7-42 所示。

图 7-42　调整间距

STEP 7　在第 6 张幻灯片中插入"A 户型 .png""B 户型 .png"两张图片，然后选中 A 户型图片，单击【图片工具 格式】/【调整】组中的"删除背景"按钮，此时紫色区域为删除区域，接着标记需要保留的区域，最后单击【背景消除】/【关闭】组中的"保留更改"按钮，如图 7-43 所示。

图 7-43　删除图片背景

STEP 8　删除图片背景，然后选中幻灯片中的两张图片，在【图片工具 格式】/【图片样式】组中单击"快速样式"按钮，在打开的下拉列表中选择"棱台亚光，白色"选项，为图片应用样式，如图 7-44 所示。

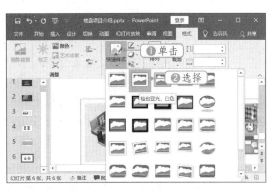

图 7-44　应用图片样式

STEP 9　完成对图片的编辑，包含图片的幻灯片效果如图 7-45 所示。

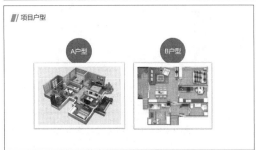

图 7-45　包含图片的幻灯片效果

7.3.2　图形的使用

在 PowerPoint 中，图形对象包括形状、文本框、SmartArt 图形等，使用这些图形对象，可以将幻灯片中的内容图示化，使制作的幻灯片更加具象。例如，在"公司简介 .pptx"演示文稿中使用图形对象来丰富幻灯片内容，具体操作如下。

素材文件所在位置　素材文件\第7章\公司简介.pptx
效果文件所在位置　效果文件\第7章\公司简介.pptx

STEP 1 打开"公司简介.pptx"演示文稿，选中第2张幻灯片，单击【插入】/【插图】组中的"形状"按钮，在打开的下拉列表中选择"矩形"选项，如图7-46所示。

图7-46　选择绘制的形状

STEP 2 拖曳鼠标指针绘制一个矩形方块，再在该形状右侧绘制一个长矩形，然后选中这两个矩形，单击【绘图工具 格式】/【排列】组中的"对齐"按钮🖿，在打开的下拉列表中选择"顶端对齐"选项，使两个矩形在同一水平线上，如图7-47所示。

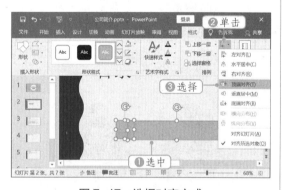

图7-47　选择对齐方式

STEP 3 取消长矩形的填充色，然后选中长矩形，在【绘图工具 格式】/【排列】组中单击"下移一层"下拉按钮▾，在打开的下拉列表中选择"置于底层"选项，如图7-48所示。

STEP 4 将长矩形置于矩形方块下方，单击【插入】/【文本】组中的"文本框"下拉按钮▾，在打开的下拉列表中选择"绘制横排文本框"选项，如图7-49所示。

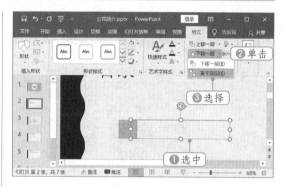

图7-48　设置排列顺序

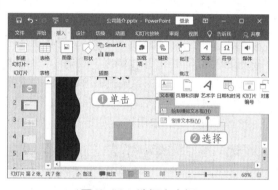

图7-49　选择文本框

STEP 5 拖曳鼠标指针在矩形方块上绘制一个文本框，输入"01"，设置字体为"Arial"，字号为"36"，然后在长矩形上绘制一个文本框，输入所需的文本内容，设置字体为"方正黑体简体"，字号为"28"。

STEP 6 使用相同的方法制作其他形状和文本框，效果如图7-50所示。

图7-50　查看形状效果

STEP 7 选中第4张幻灯片，再选中内容占位符，然后单击"插入 SmartArt"按钮 ，打开"选择 SmartArt 图形"对话框，在左侧选择"层次结构"选项，在中间选择需要的"组织结构图"选项，单击 确定 按钮，如图 7-51 所示。

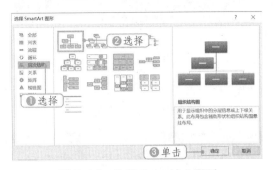

图 7-51　选择 SmartArt 图形

STEP 8　在插入的 SmartArt 图形的形状中输入文本，然后选中"销售部"形状，单击【SmartArt 工具 设计】/【创建图形】组中的"添加形状"下拉按钮 ▼，在打开的下拉列表中选择"在后面添加形状"选项，如图 7-52 所示。

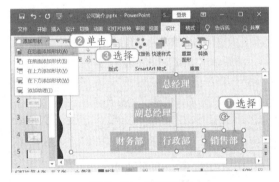

图 7-52　添加形状

STEP 9　在所选形状后添加一个形状，然后再添加一个同级别的形状，在添加的形状中输入相应的文本，最后选中 SmartArt 图形，单击【SmartArt 工具 设计】/【SmartArt 样式】组

中的"快速样式"按钮 ，在打开的下拉列表中选择"白色轮廓"选项，如图 7-53 所示。

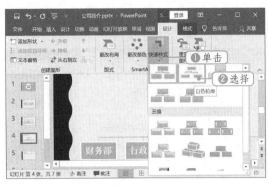

图 7-53　选择 SmartArt 图形样式

STEP 10　使用相同的方法为第 5 张幻灯片和第 6 张幻灯片添加需要的形状和 SmartArt 图形，效果如图 7-54 所示。

图 7-54　第 5 张和第 6 张幻灯片效果

7.3.3　表格和图表的使用

在幻灯片中展示数据和数据分析的结果时，表格和图表是不能缺少的对象，特别是在制作工作报告、可行性研究报告等演示文稿时。例如，在"产品销售报告 .pptx"演示文稿中使用表格和图表来展示数据，具体操作如下。

素材文件所在位置　素材文件 \ 第 7 章 \ 产品销售报告 .pptx
效果文件所在位置　效果文件 \ 第 7 章 \ 产品销售报告 .pptx

微课视频

STEP 1 打开"产品销售报告 .pptx"演示文稿，选中第 2 张幻灯片，单击【插入】/【表格】组中的"表格"按钮，在打开的下拉列表中拖曳鼠标指针选择 5 行 5 列的表格，如图 7-55 所示。

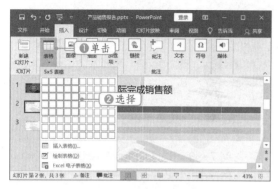

图 7-55　选择表格行列数

STEP 2 在单元格中输入相应的文本，设置表头的字体为"宋体"，表身的字体为"Calibri"，文本字号为"20"，然后选中表格中的所有单元格，分别单击【表格工具 布局】/【对齐方式】组中的"居中"按钮和"垂直居中"按钮，如图 7-56 所示。

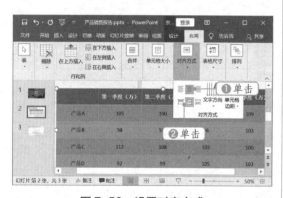

图 7-56　设置对齐方式

STEP 3 选中表格，将光标定位到第 1 个单元格中，在【表格工具 设计】/【绘制边框】组中将"笔颜色"设置为"白色，背景 1"，然后单击【表格工具 设计】/【表格样式】组中的"边框"下拉按钮，在打开的下拉列表中选择"斜下框线"选项，如图 7-57 所示。

STEP 4 为单元格添加斜线，在单元格中输入相应的文本，并将文本的对齐方式设置为"左对齐"，调整"季度"和"产品"文本之间的间距，完成斜线表头的制作，如图 7-58 所示。

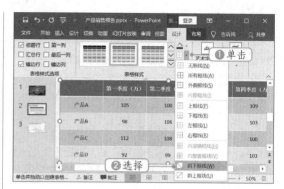

图 7-57　选择内置边框

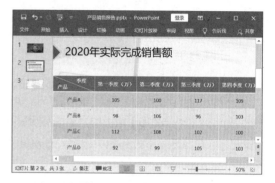

图 7-58　制作斜线表头

STEP 5 选中第 3 张幻灯片，再选中内容占位符，然后单击"图表"按钮，打开"插入图表"对话框，在左侧选择"柱形图"选项，在右侧选择"簇状柱形图"选项，如图 7-59 所示。

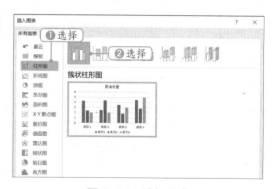

图 7-59　选择图表

STEP 6 单击 确定 按钮，插入图表，并在打开的表格中输入图表中需要展示的数据，如图 7-60 所示。

STEP 7 为图表应用"样式 6"图表样式，然后选中图表，单击【图表工具 设计】/【图表布局】组中的"快速布局"按钮，在打开的下拉列表中选择"布局 4"选项，更改图表布局，如图 7-61 所示。

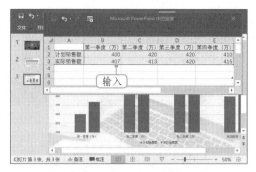

图 7-60　输入数据

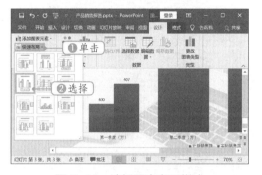

图 7-61　选择图表布局样式

STEP 8　加粗显示图表中的文字，然后保持图表的选中状态，单击【图表工具 设计】/【图表布局】组中的"添加图表元素"按钮 ，在打开的下拉列表中选择"坐标轴"选项，再在打开的子列表中选择"主要纵坐标轴"选项，取消图表的纵坐标轴，如图 7-62 所示。

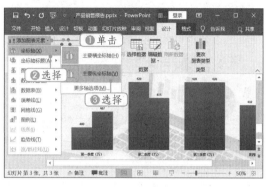

图 7-62　取消图表的纵坐标轴

7.3.4　多媒体对象的使用

在幻灯片中除了可插入文本、图片、图形等对象外，还可插入音频、视频等多媒体文件，以增强幻灯片的播放效果。例如，在"汽车介绍"演示文稿中插入音频和视频文件，并根据需求进行设置，具体操作如下。

素材文件所在位置　素材文件 \ 第 7 章 \ 汽车介绍.pptx、轻音乐.mp3、手机.mp4

效果文件所在位置　效果文件 \ 第 7 章 \ 汽车介绍.pptx

微课视频

STEP 1　打开"汽车介绍.pptx"演示文稿，选中第 1 张幻灯片，单击【插入】/【媒体】组中的"音频"按钮 ，在打开的下拉列表中选择"PC上的音频"选项，如图 7-63 所示。

图 7-63　选择音频选项

STEP 2　打开"插入音频"对话框，在素材文件中选中需要插入的音频文件"轻音乐.mp3"，单击 插入(S) 按钮，如图 7-64 所示。

图 7-64　插入音频文件

STEP 3　在幻灯片中添加音频文件图标，然后将图标移动到幻灯片左上角,选中音频图标,在【音频工具 播放】/【音频选项】组中设置音频播放选项,如在"开始"下拉列表中选择"单击时"选项,再选中"跨幻灯片播放"和"放映时隐藏"复选框,如图 7-65 所示。

图 7-65　设置音频播放选项

STEP 4　选中第 3 张幻灯片,单击【插入】/【媒体】组中的"视频"按钮,在打开的下拉列表中选择"PC 上的视频"选项,打开"插入视频文件"对话框,在素材文件中选中需要插入的视频文件"手机.mp4",单击 插入(S) 按钮,如图 7-66 所示。

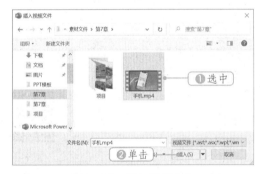

图 7-66　插入视频文件

STEP 5　调整视频图标的大小,然后选中视频图标,单击【视频工具 播放】/【编辑】组中的"剪裁视频"按钮,如图 7-67 所示。

图 7-67　单击"剪裁视频"按钮

STEP 6　打开"剪裁视频"对话框,设置视频的开始时间和结束时间,完成后单击 确定 按钮,如图 7-68 所示。

图 7-68　剪裁视频

STEP 7　选中视频图标,在【视频工具 播放】/【视频选项】组中将视频的开始播放时间设置为"单击时",然后选中"全屏播放"复选框,如图 7-69 所示。

图 7-69　设置视频播放选项

STEP 8　选中视频图标,在【视频工具 格式】/【视频样式】组中单击"视频样式"按钮,在打开的下拉列表中选择"简单框架,白色"选项,如图 7-70 所示。

图 7-70　应用视频样式

7.4　幻灯片交互设计

在放映幻灯片时，如果希望单击某个对象，便能快速跳转到指定的幻灯片进行放映，那么就需要为幻灯片设置交互设计。为幻灯片设置交互设计主要是通过动作按钮、动作和超链接来实现的，下面将进行详细讲解。

7.4.1　绘制动作按钮

动作按钮是用于将幻灯片转到下一张、上一张、最后一张等的形状，单击这些形状，可在放映幻灯片时实现幻灯片之间的跳转。操作方法：在"形状"下拉列表中的"动作按钮"栏中选择需要的形状，然后在幻灯片中拖曳鼠标指针进行绘制，绘制完成后释放鼠标，PowerPoint 会自动打开"操作设置"对话框，再在其中对链接位置进行设置，最后单击 确定 按钮。

知识补充

通过幻灯片母版添加动作按钮

如果需要为演示文稿中的每张幻灯片添加相同的动作按钮，可通过幻灯片母版进行设置。但若要删除或编辑这些动作按钮，则必须在幻灯片母版中进行相应操作。

7.4.2　添加动作

PowerPoint 2016 中提供了"动作"功能，通过该功能用户可以对所选对象设置单击或鼠标悬停时的操作，实现对象与幻灯片或对象与其他文件之间的交互。操作方法：在幻灯片中选中要添加动作的对象，单击【插入】/【链接】组中的"动作"按钮★，打开"操作设置"对话框，然后在"单击鼠标"选项卡中选中"超链接到"单选项，再在下方的下拉列表中选择动作链接的对象，如选择"其他文件"选项，如图 7-71 所示，打开"超链接到其他文件"对话框，最后选择需要链接的文件，单击 打开(O) 按钮，如图 7-72 所示。放映幻灯片时，单击对象，即可打开其链接的文件。

图 7-71　选择"其他文件"选项

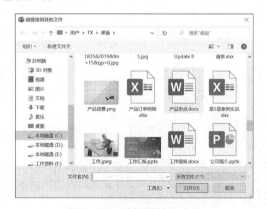

图 7-72　选择链接的文件

7.4.3　添加超链接

在 PowerPoint 2016 中，通过添加超链接，用户在放映幻灯片时也能实现对象与幻灯片或对象与其他文件之间的交互。操作方法：在幻灯片中选中要添加超链接的对象，单击【插入】/【链接】组中的"链接"按钮，打开"插入超链接"对话框，在"链接到"栏中选择链接的位置，在右侧设置要链接到的幻灯片、文件或网址等，单击 确定 按钮，如图7-73所示，返回幻灯片中，将鼠标指针移动到添加超链接的对象上，将显示链接的幻灯片或文件，如图7-74所示。另外，如果是为文本对象添加的超链接，那么添加超链接的文本将自动添加下画线，并且文本颜色会发生变化。

知识补充

跳转到超链接

超链接一般在放映过程中才能实现跳转，如果要在未放映状态下查看超链接效果，可选中添加超链接的对象，单击鼠标右键，在打开的快捷菜单中选择"打开超链接"选项，即可跳转到链接的幻灯片或其他文件。

图7-73　添加超链接　　　　　　　　图7-74　查看添加超链接的效果

7.5 课堂案例：制作"工作总结"演示文稿

工作总结是对某一段时间内的工作情况进行回顾和分析，用于找出问题、吸取经验教训，以便后期工作的顺利开展。工作总结一般包含工作的基本情况、工作成绩和做法、工作经验和工作教训、今后的打算等内容，但这并不是绝对的，读者可以根据企业要求和实际情况来撰写工作总结。

7.5.1　案例目标

在本案例中对"工作总结"演示文稿进行制作时，需要综合运用本章所讲知识，让演示文稿的整体效果更加美观、风格更加统一。"工作总结"演示文稿制作完成后的参考效果如图7-75所示。

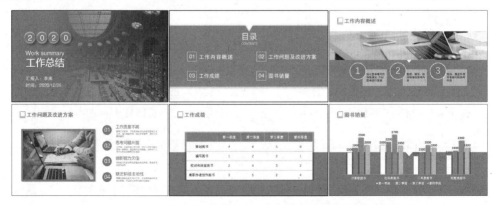

图7-75　"工作总结"演示文稿的参考效果

| 素材文件所在位置 | 素材文件 \ 第 7 章 \ 书 .png、图书馆 .jpg、图片 1.jpg、图片 2.jpg |
| 效果文件所在位置 | 效果文件 \ 第 7 章 \ 工作总结 .pptx |

微课视频

7.5.2　制作思路

制作"工作总结"演示文稿主要涉及幻灯片母版的设计，以及对图片、文本框、形状、SmartArt 图形、表格、图表等对象的使用的知识。其具体制作思路如图 7-76 所示。

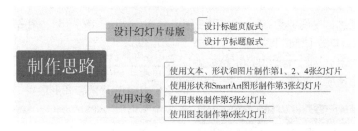

图 7-76　制作思路

7.5.3　操作步骤

1. 设计幻灯片母版

下面将在新建的空白演示文稿中对幻灯片母版进行设计，具体操作如下。

STEP 1　在空白演示文稿中单击【视图】/【母版视图】组中的"幻灯片母版"按钮，进入幻灯片母版视图，然后选中幻灯片母版版式，单击【插入】/【图像】组中的"图片"按钮，在打开的下拉列表中选择"此设备"选项。

STEP 2　打开"插入图片"对话框，在素材文件中选中需要插入的图片"书 .png"，单击 插入(S) 按钮，如图 7-77 所示。

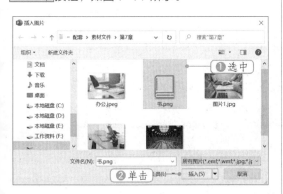

图 7-77　插入图片

STEP 3　将图片移动到合适的位置，设置标题占位符的字体为"方正黑体简体"，字号为"32"，

并设置"加粗"，然后单击"字体颜色"下拉按钮，在打开的下拉列表中选择"取色器"选项，如图 7-78 所示。

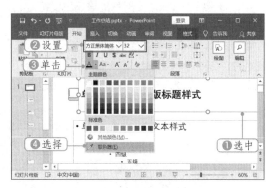

图 7-78　设置标题字体格式

STEP 4　此时鼠标指针变成 形状，将鼠标指针移动到图片上，吸取图片的颜色值，如图 7-79 所示。

STEP 5　单击以将吸取的颜色应用于标题占位符的文本中，然后删除内容占位符，绘制一个矩形，取消矩形的轮廓，再将矩形的颜色填充为取色器吸取的"水绿色"。

第 7 章

图 7-79　吸取颜色

STEP 6　在矩形上方的中间位置绘制一个等腰三角形形状，选中形状，单击【绘图工具 格式】/【排列】组中的"旋转"按钮 ，在打开的下拉列表中选择"垂直翻转"选项，如图 7-80 所示。

图 7-80　旋转形状

STEP 7　将等腰三角形形状的填充色设置为"水绿色"，取消形状轮廓，再选中等腰三角形和矩形两个形状，单击【绘图工具 格式】/【插入形状】组中的"合并形状"按钮 ，在打开的下拉列表中选择"组合"选项，将选择的形状组合为一个

新形状，如图 7-81 所示。

图 7-81　组合形状

STEP 8　选中标题版式，在【幻灯片母版】/【背景】组中选中"隐藏背景图形"复选框，隐藏幻灯片的背景和图形效果，然后插入图片"图书馆.jpg"，调整图片大小，再选中图片，单击【绘图工具 格式】/【大小】组中的"裁剪"下拉按钮 ，在打开的下拉列表中选择"纵横比"选项，再在打开的子列表中选择"16:9"选项，如图 7-82 所示。

图 7-82　裁剪形状

知识补充

合并形状

　　"合并形状"下拉列表中的"结合"选项表示将多个相互重叠或分离的形状结合生成一个新的形状；"组合"选项表示将多个相互重叠或分离的形状结合生成一个新的形状，但形状的重合部分将被剪除；"拆分"选项表示将多个形状重合或未重合的部分拆分为多个形状；"相交"选项表示将多个形状未重叠的部分剪除，而重叠的部分将被保留；"剪除"选项表示将被剪除的形状覆盖或将被其他对象覆盖的部分清除所产生的新形状。

STEP 9　单击"裁剪"按钮 ，按选择的比例裁剪图片，将图片移动到合适位置，然后在图片上方绘制一个与图片相同大小的矩形，取消矩形的轮廓，打开"设置形状格式"窗格，在"填充"栏中选中"渐变填充"单选项，再设置渐变

光圈、颜色、位置、透明度、亮度等，如图 7-83 所示。

STEP 10　选中形状，单击【绘图工具 格式】/【排列】组中的"下移一层"下拉按钮 ，在打开的下拉列表中选择"置于底层"选项，如图 7-84 所示。

中组合的新形状，粘贴到该节标题版式中，并将其调整到合适的高度。

STEP 13　选中该新形状，在"设置形状格式"窗格中单击"效果"按钮，然后对阴影效果进行设置，如图 7-85 所示。

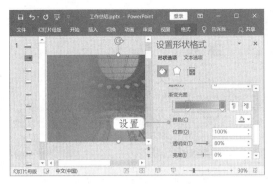

图 7-83　设置渐变填充

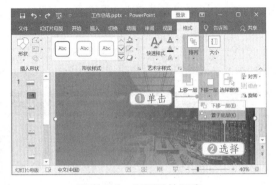

图 7-84　设置叠放顺序

STEP 11　将形状置于底层，使用相同的方法将图片置于最底层，然后设置标题占位符和副标题占位符的格式。

STEP 12　选中节标题版式，再选中【幻灯片母版】/【背景】组中的"隐藏背景图形"复选框隐藏幻灯片的背景和图形效果，然后复制母版版式

2. 使用对象

下面将通过使用文本、形状、图片、SmartArt 图形、表格、图表等对象来完善幻灯片的内容，具体操作如下。

STEP 1　在第 1 张幻灯片中的占位符中输入相应的文本，并将其调整到合适的位置，然后选择椭圆形状，按住【Shift】键绘制一个正圆，将形状颜色和轮廓颜色均设置为"水绿色"，再单击【绘图工具】/【形状样式】组中的"形状效果"按钮，在打开的下拉列表中选择"预设"选项，在打开的子列表中选择"预设 4"选项，如图 7-87 所示。

STEP 2　复制英文文本占位符至正圆上，并对英文占位符中的文本和文本格式进行相应的设置，然后选中正圆和正圆上的占位符，向右复制粘贴 3 个，并对占位符中的文本进行修改。

图 7-85　设置形状阴影效果

STEP 14　退出幻灯片母版视图，查看设计的幻灯片母版效果，如图 7-86 所示。

图 7-86　查看设计的效果

图 7-87　设置形状预设效果

STEP 3　单击【开始】/【幻灯片】组中的"新建幻灯片"下拉按钮，在打开的下拉列表中选择"节标题"选项，如图 7-88 所示。

图 7-88　新建幻灯片

STEP 4　新建节标题版式的幻灯片，在幻灯片的占位符中输入相应的文本内容，再设置占位符的位置和格式，然后绘制一个小矩形形状，取消颜色填充，再将轮廓颜色填充为白色，轮廓粗细设置为"2.25 磅"。

STEP 5　复制标题占位符，分别粘贴到小矩形的上方和右边，更改文本内容，并对字体格式进行设置，然后选择小矩形和两个占位符，复制粘贴到其他位置，再对占位符中的内容进行修改，完成第 2 张幻灯片的制作。

STEP 6　新建"标题和内容"版式的幻灯片，单击【插入】/【插图】组中的"SmartArt"按钮，打开"选择 SmartArt 图形"对话框，选择"堆叠列表"选项，单击 确定 按钮，如图 7-89 所示。

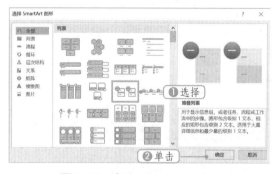

图 7-89　插入 SmartArt 图形

STEP 7　插入 SmartArt 图形，在其文本框中输入相应的文本内容，然后将 SmartArt 图形中的正圆填充为"水绿色"，轮廓颜色填充为"白色"，轮廓粗细设置为"3 磅"。

STEP 8　在幻灯片的空白区域绘制一个长矩形，取消轮廓填充，然后单击"形状填充"下拉按钮，在打开的下拉列表中选择"图片"选项，如图 7-90 所示。

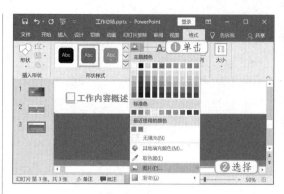

图 7-90　选择"图片"选项

STEP 9　打开"插入图片"对话框，选择并插入"图片 2.jpg"，然后单击【绘图工具 格式】/【大小】组中的"裁剪"下拉按钮，在打开的下拉列表中选择"填充"选项，如图 7-91 所示。

图 7-91　选择"填充"选项

STEP 10　此时图片呈裁剪状态，然后调整图片在形状中的填充效果，完成后在幻灯片空白处单击即可。

STEP 11　复制第 3 张幻灯片，更改标题文本，删除 SmartArt 图形，绘制一个白色填充效果的矩形，遮盖住水绿色区域，然后在幻灯片中插入"图片 1.jpg"，并添加相应的形状和文本。

STEP 12　选中新插入的图片，为其应用"中等复杂框架，黑色"图片样式，再单击【图片工具格式】/【图片样式】组中的"图片边框"下拉按钮，在打开的下拉列表中选择"水绿色"选项，更改边框颜色，如图 7-92 所示。

STEP 13　新建"标题和内容"版式的幻灯片，输入标题，插入 5 行 5 列的表格，然后在表格单元格中输入相应的文本，再设置文本的字体格式和对齐方式，调整第 1 列的列宽。

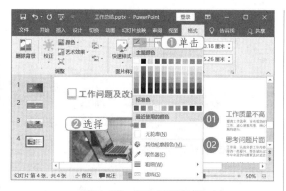

图 7-92 添加图片边框

STEP 14 选中表格中的第 2 列 ~ 第 5 列单元格，单击【图表工具 布局】/【单元格大小】组中的"分布列"按钮，如图 7-93 所示。

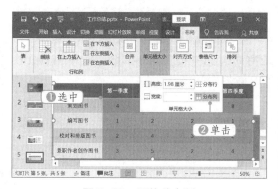

图 7-93 平均分布列

STEP 15 平均分布所选列的列宽，选中第 1 行，将底纹填充为"水绿色"，然后选中第 2 行 ~ 第 5 行，在【表格工具 设计】/【绘制边框】组中的"笔颜色"下拉列表中选择"水绿色"选项，再在【表格工具 设计】/【表格样式】组中单击"边框"下拉按钮，在打开的下拉列表中选择"内部横框线"选项，如图 7-94 所示。

图 7-94 添加边框

STEP 16 为所选行添加横框线，选中整个表格，

在【表格工具 设计】/【表格样式】组中单击"效果"按钮，在打开的下拉列表中选择"阴影"选项，再在打开的子列表中选择"偏移：中"选项，为表格添加阴影效果，如图 7-95 所示。

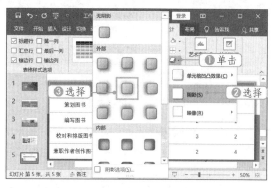

图 7-95 设置表格阴影效果

STEP 17 新建"标题和内容"版式的幻灯片，输入标题，插入簇状柱形图，在打开的表格中输入图表要展示的数据，如图 7-96 所示。

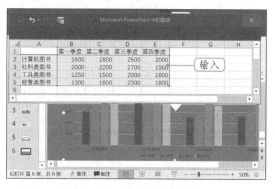

图 7-96 输入图表数据

STEP 18 关闭数据表格，加粗显示图表中的文字，将字号设置为"16"，再将图例和横坐标轴文本的颜色设置为"白色"。

STEP 19 选中图表，单击【图表工具 设计】/【图表布局】组中的"添加图表元素"按钮，在打开的下拉列表中选择"数据标签"选项，再在打开的子列表中选择"数据标签外"选项，为数据系列添加数据标签，如图 7-97 所示。

STEP 20 取消显示图表的主要纵坐标轴和主轴主要水平网格线，然后选中图表中的"第一季度"数据系列，单击【图表工具 格式】/【形状样式】组中"形状填充"下拉按钮，在打开的下拉列表中选择"白色，背景色 1"选项，将数据系列填充为白色，如图 7-98 所示。

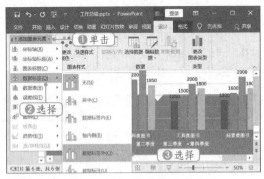

图 7-97　添加数据标签

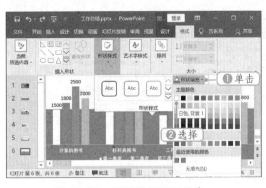

图 7-98　设置数据系列效果

STEP 21　保持数据系列的选中状态，在"形状效果"下拉列表中选择"阴影"子列表中的"偏移：中"选项，为数据系列添加阴影效果，最后使用相同的方法为其他数据系列添加相同的阴影效果，即可完成制作。

7.6　强化实训

本章详细讲解了幻灯片的编辑与设计的方法，为了帮助读者更好地制作幻灯片，下面将通过制作"企业盈利能力分析"和"员工满意度调查报告"演示文稿进行强化训练。

7.6.1　制作"企业盈利能力分析"演示文稿

盈利能力是指企业获取利润的能力，是财务分析中一项重要的内容。通过对盈利能力进行分析，企业可发现经营管理中存在的问题，以便及时采取相应的措施。

【制作效果与思路】

在本实训中制作的"企业盈利能力分析"演示文稿的效果如图 7-99 所示，具体制作思路如下。

（1）新建演示文稿，使用"青绿（RGB:21,125,168）"对幻灯片背景进行纯色填充，然后在幻灯片中插入需要的图片，并将图片调整到合适的位置。

（2）在内容页幻灯片中绘制一个白色的矩形，遮挡住幻灯片的背景颜色。

（3）在幻灯片的占位符中输入需要的文本内容，并添加形状、表格和图表等对象，完善幻灯片的内容。

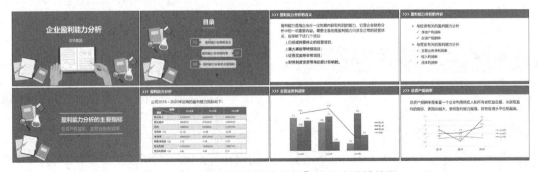

图 7-99　"企业盈利能力分析"演示文稿的效果

素材文件所在位置　素材文件＼第 7 章＼本 1.png、本 2.png、本 3.png

效果文件所在位置　效果文件＼第 7 章＼企业盈利能力分析.pptx

微课视频

7.6.2　制作"员工满意度调查报告"演示文稿

"员工满意度调查报告"主要用于了解员工对企业各方面管理的满意程度，以便及时发现企业存在的问题，从而有针对性地优化改进，提高企业的管理水平，增加企业的凝聚力。

【制作效果与思路】

在本实训中制作的"员工满意度调查报告"演示文稿的效果如图 7-100 所示，具体制作思路如下。

（1）打开演示文稿，更改幻灯片大小，然后为演示文稿应用主题，并对幻灯片中的图表效果进行更改。

（2）为除标题幻灯片外的所有幻灯片添加日期和时间、页码、页眉等内容。

（3）为除标题幻灯片外的所有幻灯片添加上一页、下一页、开头、结尾 4 个动作按钮。

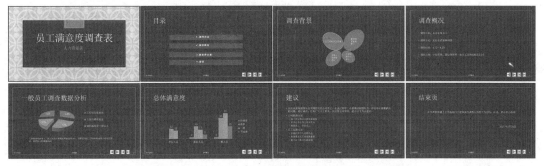

图 7-100　"员工满意度调查报告"演示文稿的效果

 素材文件所在位置　素材文件＼第 7 章＼员工满意度调查报告.pptx
效果文件所在位置　效果文件＼第 7 章＼员工满意度调查报告.pptx

微课视频

7.7　知识拓展

下面对与幻灯片制作相关的一些拓展知识进行介绍，以帮助读者更好地制作需要的演示文稿，使读者制作的演示文稿更加美观。

1.　制作电子相册

如果需要制作的演示文稿是全图型的，则可通过 PowerPoint 2016 提供的"相册"功能快速将图片分配到幻灯片中。操作方法：单击【插入】/【图像】组中的"相册"按钮，打开"相册"对话框，再单击 文件/磁盘(F)... 按钮，打开"插入新图片"对话框，选中需要插入的多张图片，单击 插入(S) ▼ 按钮，返回"相册"对话框，然后对图片、相册版式、图片版式和主题等进行设置，单击 创建(C) 按钮。

2.　将文本转换为 SmartArt 图形

如果需要将幻灯片中的文本制作成 SmartArt 图形，那么可通过 PowerPoint 2016 提供的"转换为 SmartArt"功能，快速将文本转化为 SmartArt 图形。操作方法：选中需要转换的文本，单击【开始】/【段落】组中的"转换为 SmartArt"按钮，在打开的下拉列表中选择需要的 SmartArt 图形即可。

7.8　课后练习：制作"中层管理人员培训"演示文稿

本章主要介绍了幻灯片的编辑与设计的相关知识，读者应加强该部分知识的理解与应用。下面将通过一个练习，帮助读者熟练掌握以上知识的应用方法及操作方法。

在本练习中将制作"中层管理人员培训.pptx"演示文稿，首先需要通过幻灯片母版来设计幻灯片的背景，然后根据需求为幻灯片添加对象，制作完的演示文稿效果如图 7-101 所示。

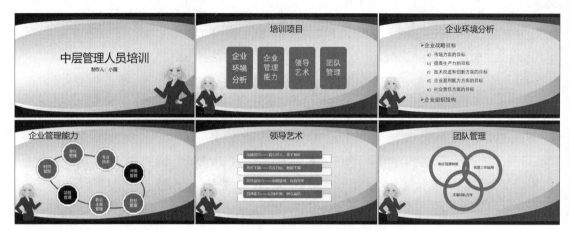

图 7-101 "中层管理人员培训"演示文稿的最终效果

 素材文件所在位置 素材文件 \ 第 7 章 \ 背景.jpg、职场女性.png
效果文件所在位置 效果文件 \ 第 7 章 \ 中层管理人员培训.pptx

 微课视频

操作要求如下。

● 新建演示文稿，进入幻灯片母版视图，通过图片填充来设置幻灯片的背景，并插入需要的图片。
● 添加文本、形状和 SmartArt 图形等对象来完善幻灯片的内容。

第3部分

第8章

PowerPoint 幻灯片的
动画设置与放映输出

/ 本章导读

　　对于制作好的演示文稿，用户可以添加动画效果让幻灯片在放映时进行动态展示，以增加幻灯片的趣味性和生动性。另外，用户还可以根据实际需求将幻灯片输出为不同格式的文件，以便在不同的场合使用。本章主要对添加动画效果、幻灯片放映设置以及幻灯片输出等知识进行讲解。

/ 技能目标

　　掌握为幻灯片添加动画的方法。
　　掌握幻灯片放映的相关设置方法。
　　掌握幻灯片的输出方法。

/ 案例展示

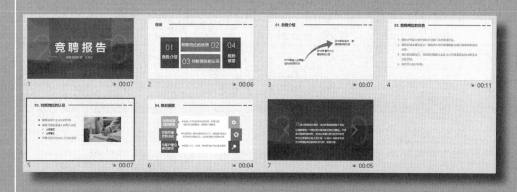

8.1 添加动画效果

演示文稿是由一张张幻灯片组成的，对幻灯片添加动画效果可以获得更好的观看体验。下面将介绍为幻灯片添加切换动画、为幻灯片对象添加动画以及添加触发动画的方法。

8.1.1 为幻灯片添加切换动画

切换动画是指幻灯片与幻灯片之间进行切换时的动画效果。PowerPoint 2016 提供了多种切换动画，用户可把需要的切换动画添加到幻灯片中，并且还可对切换方向、切换时间、切换方式和切换声音等进行设置。例如，在"工作简报.pptx"演示文稿中为幻灯片添加切换动画，具体操作如下。

素材文件所在位置　素材文件 \ 第 8 章 \ 工作简报.pptx
效果文件所在位置　效果文件 \ 第 8 章 \ 工作简报.pptx

微课视频

STEP 1 打开"工作简报.pptx"演示文稿，选中第 1 张幻灯片，单击【切换】/【切换到此幻灯片】组中的"切换效果"按钮▇，在打开的下拉列表中选择需要的切换动画，如选择"显示"选项，如图 8-1 所示。

STEP 2 为幻灯片添加选择的切换动画，单击【切换】/【切换到此幻灯片】组中的"效果选项"按钮▇，在打开的下拉列表中选择"从左侧全黑"选项，如图 8-2 所示。

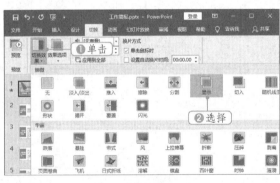

图 8-1　选择切换动画

图 8-2　选择切换效果选项

知识补充

切换效果选项

不同的切换动画所对应的切换效果选项是不同的，而且"效果选项"按钮也会随着切换动画的不同而发生改变。

STEP 3 在【切换】/【计时】组中的"声音"下拉列表中选择切换声音为"单击"，在"持续时间"数值框中输入"02.00"，以设置切换时间的长短；保持默认选中"单击鼠标时"

复选框，表示单击时即可进行切换，如图 8-3 所示。

STEP 4 使用相同的方法为演示文稿中的其他幻灯片添加需要的切换动画，如图 8-4 所示。

图 8-3　设置切换计时

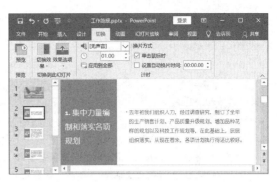

图 8-4　为其他幻灯片添加切换动画

 技巧秒杀

快速为每张幻灯片添加相同的切换动画

若要为演示文稿中的每张幻灯片添加相同的切换动画，可先为某张幻灯片添加切换动画，然后单击【切换】/【计时】组中的"应用到全部"按钮，即可将当前幻灯片的切换动画应用到演示稿的其他幻灯片中。

8.1.2 为幻灯片对象添加动画

在 PowerPoint 中，除了可为幻灯片添加切换动画外，还可为幻灯片对象添加动画。为了使幻灯片对象之间的动画衔接更加自然，还需对动画计时、播放顺序等进行设置。例如，在"工作总结 .pptx"演示文稿中为幻灯片对象添加合适的动画，具体操作如下。

素材文件所在位置　素材文件 \ 第 8 章 \ 工作总结 .pptx
效果文件所在位置　效果文件 \ 第 8 章 \ 工作总结 .pptx

 微课视频

STEP 1　打开"工作总结 .pptx"演示文稿，选中第 1 张幻灯片中的所有占位符和形状，单击【动画】/【动画】组中的"动画样式"按钮★，在打开的下拉列表中选择"浮入"动画，如图 8-5 所示。

STEP 2　单击【动画】/【动画】组中的"效果选项"按钮↑，在打开的下拉列表中选择"下浮"选项，如图 8-6 所示。

图 8-6　设置效果选项

图 8-5　选择动画样式

第 8 章

知识补充

自定义动画路径

在"动画样式"下拉列表中提供了多种进入动画、强调动画、退出动画和其他动作路径的动画，如果提供的动画样式不能满足需求，用户可先在幻灯片中选中对象，再在"动画样式"下拉列表中的"动作路径"栏中选择"自定义路径"选项，此时鼠标指针将变成十形状，然后在需要绘制动作路径的开始处拖曳鼠标指针绘制动作路径，绘制到合适位置后双击即可结束绘制。绘制的动作路径并不是固定的，用户可根据需求对动作的方向、位置、路径长短等进行设置。

STEP 3 选中"工作总结"占位符，单击【动画】/【高级动画】组中的"添加动画"按钮★，在打开的下拉列表中选择"字体颜色"选项，如图 8-7 所示。

图 8-7 添加"字体颜色"强调动画

STEP 4 单击【动画】/【高级动画】组中的"动画窗格"按钮，打开动画窗格，选择椭圆形状及形状上的文本框，按住鼠标左键向上拖曳至第一个动画选项前面，待出现红色直线连接符时释放鼠标，如图 8-8 所示。

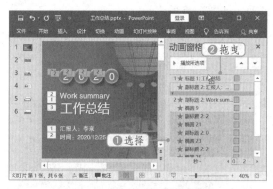

图 8-8 调整动画选项的顺序

STEP 5 将所选动画选项移动到直线连接符处，使用相同的方法调整其他动画选项的顺序，如图 8-9 所示。

图 8-9 调整其他动画选项顺序

STEP 6 选择第 1 个动画选项，在【动画】/【计时】组中设置开始播放时间为"单击时"，然后在"持续时间"数值框中输入"01.00"，在"延迟"数值框中输入"00.50"，如图 8-10 所示。

图 8-10 设置动画选项的计时参数

知识补充

为同一对象添加多个动画

为幻灯片对象添加动画时，可以为同一对象添加多个动画，但需要注意的是，从为同一对象添加第2个动画开始，就必须通过"高级动画"功能添加，这样才不会替换掉前面添加的动画。

STEP 7　使用相同的方法设置其他动画选项的计时参数，如图 8-11 所示。

STEP 8　使用为第 1 张幻灯片对象添加动画的

方法，为演示文稿中的其他幻灯片对象添加需要的动画，如图 8-12 所示。

图 8-11　设置其他动画选项的计时参数

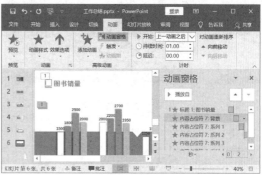

图 8-12　为其他幻灯片对象添加动画

8.1.3　添加触发动画

触发动画是指单击一个对象，可触发另一个对象或动画的动画。在幻灯片中，触发对象可以是图片、图形、按钮、段落、文本框等。例如，在"企业盈利能力分析"演示文稿中为目录页幻灯片的内容添加触发动画，具体操作如下。

素材文件所在位置　素材文件 \ 第 8 章 \ 企业盈利能力分析.pptx
效果文件所在位置　效果文件 \ 第 8 章 \ 企业盈利能力分析.pptx

微课视频

STEP 1　打开"企业盈利能力分析 .pptx"演示文稿，选中第 2 张幻灯片，为 3 个圆角矩形添加"擦除"动画，并将擦除方向设置为"自左侧"或"自右侧"。

STEP 2　选中"盈利能力分析的含义"圆角矩形，单击【动画】/【高级动画】组中的"触发"按钮，在打开的下拉列表中选择"通过单击"选项，再在打开的子列表中选择"任意多边形 10"选项，如图 8-13 所示。

STEP 3　在所选圆角矩形前面增加一个触发器，使用相同的方法为"盈利能力分析的内容"和"盈利能力分析的主要指标"圆角矩形添加触发器，如图 8-14 所示。

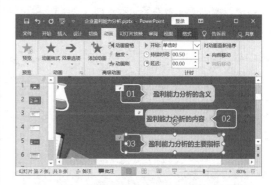

图 8-14　为其余两个圆角矩形添加触发器

STEP 4　在放映第 2 张幻灯片时，不会显示触发对象，只会显示单击对象，如图 8-15 所示。

STEP 5　单击"01"形状，将触发圆角矩形所含的动画，即展开圆角矩形，效果如图 8-16 所示。

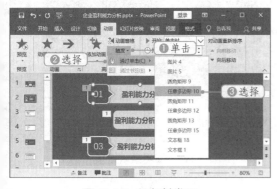

图 8-13　添加触发器

第 **8** 章

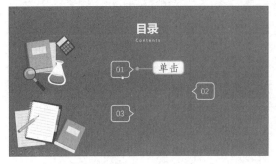 

图 8-15　单击对象　　　　　　图 8-16　查看触发动画的效果

知识补充

通过对话框设置动画

　　在动画窗格的动画选项上单击鼠标右键，在打开的快捷菜单中选择"效果选项"选项或"计时"选项，将打开相应动画的对话框，在其中可对效果、计时等进行相应设置。

8.2　幻灯片放映设置

　　在对幻灯片进行放映前，还需要根据场合和放映要求进行放映设置，如设置幻灯片的放映类型、隐藏幻灯片、设置排练计时、指定要放映的幻灯片、有效控制幻灯片的放映过程、联机演示幻灯片等，以便更好地放映幻灯片。

8.2.1　设置幻灯片的放映类型

　　PowerPoint 2016 提供了演讲者放映（全屏幕）、观众自行浏览（窗口）和在展台浏览（全屏幕）3 种放映类型，不同的放映类型的放映效果是不一样的，用户可根据放映场合来选择相应的放映类型。操作方法：单击【幻灯片放映】/【设置】组中的"设置幻灯片放映"按钮，打开"设置放映方式"对话框，在"放映类型"栏中选择需要的放映类型，单击 确定 按钮，如图 8-17 所示。放映幻灯片时，PowerPoint 就可以按指定的放映类型放映幻灯片，如图 8-18 所示。

图 8-17　选择放映类型　　　　　　图 8-18　查看放映效果

知识补充

放映类型

　　"演讲者放映(全屏幕)"是指以全屏形式放映幻灯片，且演讲者有全部的控制权，如放映过程中单击可切换幻灯片和动画、标注重点内容等；"观众自行浏览(窗口)"是指以窗口形式放映幻灯片，可以通过单击来控制放映过程，但不能进行添加标注等操作；"在展台浏览(全屏幕)"是指以全屏幕形式自动循环放映幻灯片，且不能通过单击来切换幻灯片，但可以通过单击超链接或动作按钮进行切换。

8.2.2　隐藏幻灯片

　　对于演示文稿中不需要放映的幻灯片，可将其隐藏。操作方法：选中需要隐藏的幻灯片，单击【幻灯片放映】/【设置】组中的"隐藏幻灯片"按钮 隐藏幻灯片，需要显示时，再次单击"隐藏幻灯片"按钮 即可。

8.2.3　设置排练计时

　　PowerPoint 2016 提供了"排练计时"功能。该功能可模拟演示文稿的放映过程，并自动录制每张幻灯片的放映时间，从而在放映演示文稿时，根据排练录制的时间自动播放每张幻灯片。例如，在"企业盈利能力分析 1.pptx"演示文稿中设置排练计时，具体操作如下。

素材文件所在位置	素材文件 \ 第 8 章 \ 企业盈利能力分析 1.pptx
效果文件所在位置	效果文件 \ 第 8 章 \ 企业盈利能力分析 1.pptx

微课视频

STEP 1　打开"企业盈利能力分析 1.pptx"演示文稿，单击【幻灯片放映】/【设置】组中的"排练计时"按钮 ，如图 8-19 所示。

图 8-19　单击"排练计时"按钮

STEP 2　进入幻灯片放映状态，并打开"录制"窗格录制第 1 张幻灯片的播放时间，如图 8-20 所示。

STEP 3　第 1 张幻灯片录制完成后，单击进入

第 2 张幻灯片并进行录制，直至录制完最后一张幻灯片，按【Esc】键，打开提示对话框，在其中显示了录制的总时间，单击 是(Y) 按钮进行保存，如图 8-21 所示。

图 8-20　录制幻灯片放映时间

STEP 4　返回幻灯片编辑区，单击【视图】/【演示文稿视图】组中的"幻灯片浏览"按钮 进入幻灯片浏览视图，在每张幻灯片下方将显示录制的时间，如图 8-22 所示。

第 **8** 章

195

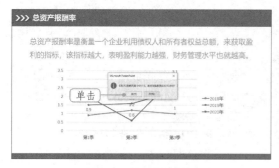

图 8-21 保存排练计时

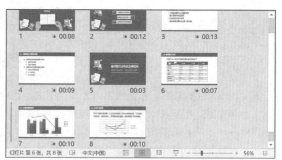

图 8-22 查看每张幻灯片的录制时间

知识补充

放映幻灯片时使用排练计时

设置了排练计时后，打开"设置放映方式"对话框，选中"如果存在排练时间，则使用它"单选项，这样操作后，在放映演示文稿时，PowerPoint才能使用排练计时进行自动放映。

8.2.4 指定要放映的幻灯片

在 PowerPoint 2016 中进行幻灯片放映时，默认会从头开始放映或从当前幻灯片进行放映，如果只需要放映演示文稿中的某些幻灯片，那么可通过 PowerPoint 2016 提供的"自定义幻灯片放映"功能来实现。操作方法：单击【幻灯片放映】/【开始放映幻灯片】组中的"自定义幻灯片放映"按钮，在打开的下拉列表中选择"自定义放映"选项，打开"自定义放映"对话框，再单击 新建(N)... 按钮，打开"定义自定义放映"对话框，设置放映名称和添加要放映的幻灯片，然后单击 确定 按钮，如图 8-23 所示；返回"自定义放映"对话框，选择放映名称，单击 放映(S) 按钮，如图 8-24 所示，即可开始放映指定的幻灯片。

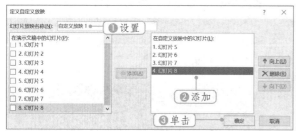

图 8-23 添加要放映的幻灯片

图 8-24 单击"放映"按钮放映

8.2.5 有效控制幻灯片的放映过程

在放映幻灯片的过程中，还可以通过右键菜单对幻灯片的放映过程进行控制，如跳转到指定的幻灯片并进行放映、为重点内容添加标注、放大显示重要的内容等。例如，对"企业盈利能力分析 1.pptx"演示文稿的放映过程进行控制，具体操作如下。

素材文件所在位置 素材文件\第 8 章\企业盈利能力分析 1.pptx

效果文件所在位置 效果文件\第 8 章\企业盈利能力分析 2.pptx

微课视频

STEP 1　打开"企业盈利能力分析 1.pptx"演示文稿，按【F5】键进入幻灯片放映状态，并从头开始放映幻灯片，单击以放映第 1 张幻灯片中的动画，放映完成后，单击鼠标右键，在打开的快捷菜单中选择"下一张"选项，如图 8-25 所示。

图 8-25　选择"下一张"选项

STEP 2　切换到第 2 张幻灯片进行放映，放映完第 4 张幻灯片中的动画后，单击鼠标右键，在打开的快捷菜单中选择"指针选项"选项，在打开的子菜单中选择"荧光笔"选项，如图 8-26 所示。

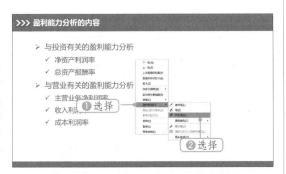

图 8-26　选择"指针选项"选项

STEP 3　在"指针选项"的子菜单中选择"墨迹颜色"选项，再在打开的子菜单中选择"红色"选项，如图 8-27 所示。

图 8-27　设置荧光笔颜色

STEP 4　此时，鼠标指针将变成红色的荧光笔形状，在需要标注的文本下方拖曳鼠标指针可绘制直线以突出文本内容，如图 8-28 所示。

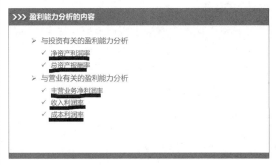

图 8-28　添加标注

STEP 5　标注完成后，在"指针选项"子菜单中选择"荧光笔"选项，使鼠标指针恢复到正常的箭头状态。

STEP 6　继续放映幻灯片，在第 6 张幻灯片上单击鼠标右键，在打开的快捷菜单中选择"放大"选项，如图 8-29 所示。

图 8-29　选择"放大"选项

STEP 7　此时鼠标指针将变成🔍形状，并自带一个半透明框，将半透明框移动到需要放大查看的内容上并单击，如图 8-30 所示。

图 8-30　单击以放大显示

第 **8** 章

STEP 8 此时将放大显示半透明框中的内容，然后将鼠标指针移动到放映的幻灯片上，鼠标指针将变成🖑形状，按住鼠标左键拖曳，可调整放大显示的区域。

STEP 9 查看完表格中的内容后，按【Esc】键使幻灯片恢复到正常大小，继续放映其他幻灯片，放映完成后，按【Esc】键，打开提示对话框，提示是否保留墨迹注释，单击 保留(K) 按钮，如图 8-31 所示。

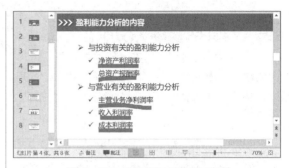

图 8-32　查看墨迹注释的效果

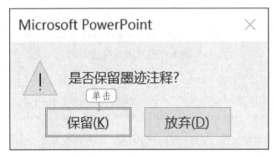

图 8-31　保留墨迹注释

STEP 10 返回幻灯片普通视图中，可查看保留的墨迹注释，效果如图 8-32 所示。

> **知识补充**
>
> **使用演示者视图放映幻灯片**
> 演示者视图可以在一个监视器上全屏放映幻灯片，在另一个监视器显示幻灯片的相关信息，如正在放映的幻灯片、计时器、操作按钮、演讲者备注等。使用演示者视图放映幻灯片的方法：在放映的幻灯片上单击鼠标右键，在打开的快捷菜单中选择"显示演示者视图"选项，打开演示者视图窗口，在其中按需放映幻灯片。

8.2.6　联机演示幻灯片

联机演示幻灯片时，演示者可以在任意位置通过 Web 与任何人共享幻灯片放映。例如，联机放映"企业盈利能力分析 1.pptx"演示文稿，具体操作如下。

STEP 1 打开"企业盈利能力分析 1.pptx"演示文稿，登录 PowerPoint 账户，然后单击【幻灯片放映】/【开始放映幻灯片】组中的"联机演示"按钮🖳。

STEP 2 打开"联机演示"对话框，如果允许查看下载该演示文稿，需选中"允许远程查看下载此演示文稿"复选框，单击 连接(C) 按钮，如图 8-33 所示。

STEP 3 在打开的对话框中显示链接，单击"复制链接"按钮，复制链接地址，并发送给访问群体，单击 开始演示(S) 按钮，如图 8-34 所示。

图 8-34　复制链接

图 8-33　同意联机演示

STEP 4 进入幻灯片全屏放映状态，开始对演示文稿进行放映，访问群体打开地址后，就可查看到放映的过程，如图 8-35 所示。

图 8-35　访问者查看放映页面

STEP 5　放映结束后，要退出演示文稿的放映

状态，即单击【联机演示】/【联机演示】组中的"结束联机演示"按钮⊠，打开提示对话框，单击 结束联机演示(E) 按钮结束联机演示，如图 8-36 所示。

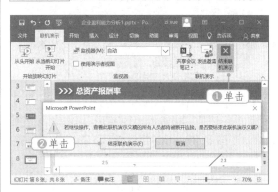

图 8-36　结束联机演示

8.3 幻灯片输出

对于制作好的演示文稿，往往需要在不同的设备或程序中进行查看，此时，就需要根据情况将演示文稿导出为合适的格式。下面将详细讲解打包演示文稿、导出为视频文件、导出为动态 GIF 文件、导出为图片文件以及导出为 PDF 文件的方法。

8.3.1　打包演示文稿

如果要在没有安装 PowerPoint 组件的计算机中打开和放映演示文稿，就需要将演示文稿打包到文件夹或空白 CD 中，包括演示文稿和一些必要的数据文件（如链接文件）。例如，打包"工作简报 .pptx"演示文稿，具体操作如下。

　素材文件所在位置　素材文件 \ 第 8 章 \ 工作简报.pptx
　　　　　效果文件所在位置　效果文件 \ 第 8 章 \ 工作简报

微课视频

STEP 1　打开"工作简报 .pptx"演示文稿，单击"文件"选项卡，在打开的页面左侧选择"导出"选项，在中间选择导出的类型，如选择"将演示文稿打包成 CD"选项，然后在页面右侧单击"打包成 CD"按钮，如图 8-37 所示。

STEP 2　打开"打包成 CD"对话框，单击 复制到文件夹(E)... 按钮，打开"复制到文件夹"对话框，在"文件夹名称"文本框中输入文件夹的名称"工作简报"，在"位置"文本框中输入保存位置，单击 确定 按钮，如图 8-38 所示。

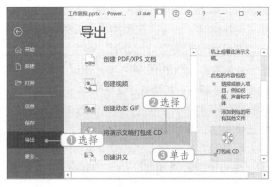

图 8-37　选择"将演示文稿打包成 CD"选项

第 8 章

199

图 8-38　设置打包成 CD 的参数

知识补充

复制到 CD

如果计算机安装有刻录机，还可将演示文稿打包到空白 CD 中。操作方法：准备一张空白光盘，打开"打包成 CD"对话框，单击 复制到CD(C) 按钮进行操作即可。

STEP 3　打开提示对话框，提示用户是否选择打包演示文稿中的所有链接文件，这里单击 是(Y) 按钮，如图 8-39 所示。

图 8-39　确认打包所有链接文件

STEP 4　开始打包演示文稿，打包完成后将自动打开保存的文件夹，在其中可查看到打包的文件，如图 8-40 所示。

图 8-40　查看打包演示文稿的文件

8.3.2　导出为视频文件

如果要使用视频播放器播放演示文稿，可以将演示文稿导出为视频，这样就可以更好地展示幻灯片中的动画效果。例如，导出"企业盈利能力分析 1.pptx"演示文稿为视频文件，具体操作如下。

　素材文件所在位置　素材文件\第 8 章\企业盈利能力分析 1.pptx
　效果文件所在位置　效果文件\第 8 章\企业盈利能力分析.mp4

STEP 1　打开"企业盈利能力分析 1.pptx"演示文稿，单击"文件"选项卡，在打开的页面左侧选择"导出"选项，在中间的"导出"栏中选择"创建视频"选项，在页面右侧设置创建视频的清晰度和是否使用排练计时，再在"放映每张幻灯片的秒数"数值框中输入"08.00"，单击"创建视频"按钮，如图 8-41 所示。

STEP 2　打开"另存为"对话框，在地址栏中选择视频保存的位置，在"文件名"文本框中输入视频保存的名称，在"保存类型"下拉列表中选择导出的视频格式，单击 保存(S) 按钮，如

图 8-42 所示。

图 8-41　设置"创建视频"参数

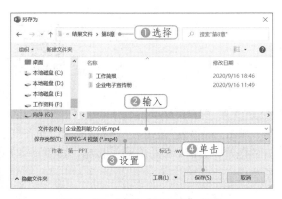

图 8-42　设置"另存为"参数

图 8-43　制作视频

STEP 3　开始制作视频，并在 PowerPoint 2016 工作界面的状态栏中显示视频导出的进度，如图 8-43 所示。

STEP 4　导出完成后，使用视频播放器将其打开，可预览演示文稿的播放效果，如图 8-44 所示。

图 8-44　预览效果

8.3.3　导出为动态 GIF 文件

"创建动态 GIF"是 PowerPoint 2016 新提供的一个功能，通过它用户可以使演示文稿导出为动态的 GIF 文件，方便在网络平台中进行上传。操作方法：在"导出"栏中选择"创建动态 GIF"选项，在右侧设置导出文件的大小和每张幻灯片的放映秒数，设置完成后单击"创建 GIF"按钮 ，如图 8-45 所示；在打开的"另存为"对话框中设置文件的保存路径和保存名称，设置完成后单击 保存(S) 按钮，演示文稿会导出为 GIF 文件，使用图片查看器就能查看导出效果，如图 8-46 所示。

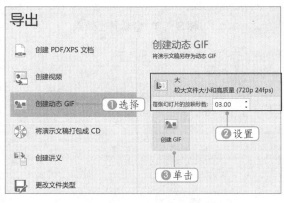

图 8-45　创建动态 GIF

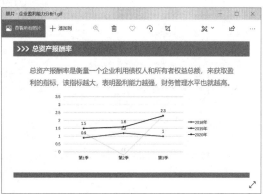

图 8-46　查看导出效果

8.3.4　导出为图片文件

演示文稿除了可以导出格式为 GIF 的动态的图片文件外，还可导出格式为 PNG、JPEG 等静止的图片文件。例如，将"企业盈利能力分析 1"演示文稿导出为 PNG 格式的图片文件，具体操作如下。

素材文件所在位置　素材文件 \ 第 8 章 \ 企业盈利能力分析 1.pptx
效果文件所在位置　效果文件 \ 第 8 章 \ 企业盈利能力分析

STEP 1　打开"企业盈利能力分析 1.pptx"演示文稿，在"导出"栏中选择"更改文件类型"选项，在右侧的"图片文件类型"栏中选择"PNG 可移植网络图形格式(*.png)"选项，然后单击"另存为"按钮🖫，如图 8-47 所示。

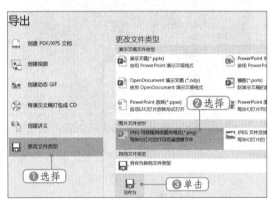

图 8-47　更改文件类型

STEP 2　打开"另存为"对话框，设置保存参数，单击 保存(S) 按钮，如图 8-48 所示。

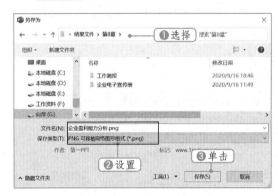

图 8-48　设置"另存为"参数

STEP 3　打开"Microsoft PowerPoint"对话框，单击 所有幻灯片(A) 按钮导出所有幻灯片，再在打开的提示对话框中单击 确定 按钮，如图 8-49 所示。

图 8-49　确认将幻灯片导出为图片

STEP 4　导出完成后，在保存的位置可查看将幻灯片导出为图片后的效果，如图 8-50 所示。

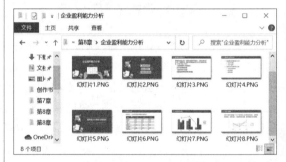

图 8-50　查看导出效果

8.3.5　导出为 PDF 文件

　　演示文稿除了可以导出为视频、图片等文件外，还能导出为 PDF 文件。操作方法：在"导出"栏中选择"创建 PDF/XPS 文档"选项，然后在右侧单击"创建 PDF/XPS"按钮🗐，打开"发布为 PDF 或 XPS"对话框，设置保存位置和保存名称，单击 发布(S) 按钮，如图 8-51 所示，导出演示文稿为 PDF 文件，最后使用 PDF 阅读器或网页就能查看导出效果，如图 8-52 所示。

图 8-51　导出为 PDF 文件

图 8-52　查看 PDF 文件效果

8.4　课堂案例：动态展示"竞聘报告"演示文稿

竞聘报告是竞聘者因竞聘某个岗位在竞聘会议上向与会者发表的一种文书，其内容主要包括竞聘优势、对竞聘岗位的认识以及被聘任后的工作设想和打算等，竞聘报告要求竞聘者围绕着竞聘岗位来阐述。

8.4.1　案例目标

在本案例中我们将对"竞聘报告"演示文稿进行动态展示，这需要我们综合运用本章所讲知识，让演示文稿的放映更能打动人心。"竞聘报告"演示文稿的展示效果如图 8-53 所示。

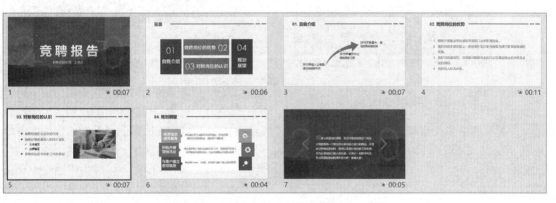

图 8-53　"竞聘报告"演示文稿的展示效果

| **素材文件所在位置** | 素材文件 \ 第 8 章 \ 竞聘报告.pptx |
| **效果文件所在位置** | 效果文件 \ 第 8 章 \ 竞聘报告.pptx、竞聘报告.pdf |

微课视频

8.4.2　制作思路

动态展示"竞聘报告"演示文稿主要涉及添加切换动画、添加对象动画、设置排练计时、幻灯片放映、幻灯片导出等知识。其具体制作思路如图 8-54 所示。

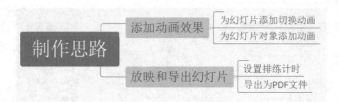

图 8-54　制作思路

8.4.3　操作步骤

1. 添加动画效果

为幻灯片和幻灯片对象添加需要的动画效果，具体操作如下。

STEP 1　打开"竞聘报告 .pptx"演示文稿，选中第 1 张幻灯片，为其添加"随机"切换动画，再在【切换】/【计时】组中设置持续时间为"02.00"，然后单击"应用到全部"按钮，如图 8-55 所示。

图 8-55　添加切换动画

STEP 2　选中第 1 张幻灯片中的"2020"文本框，单击【动画】/【动画】组中的"动画样式"按钮，在打开的下拉列表中选择"动作路径"栏中的"自定义路径"选项，如图 8-56 所示。

图 8-56　添加自定义路径

STEP 3　此时鼠标指针将变成＋形状，在起始位置拖曳鼠标指针绘制动作路径，如图 8-57 所示。

图 8-57　绘制动作路径

STEP 4　绘制完成后双击即可结束绘制，再选中动作路径，拖曳动作路径上的控制点，调整路径的长短，然后在【动画】/【计时】组中将开始时间设置为"上一动画之后"，在"持续时间"数值框中输入"01.50"，在"延迟"数值框中输入"00.50"，如图 8-58 所示。

图 8-58　设置动画计时

知识补充

动作路径

　　绘制的动作路径两头有红色或绿色的等腰三角形，绿色三角形代表开始位置，红色三角形代表结束位置。

STEP 5　　使用相同的方法为第 1 张幻灯片中的其他对象添加相应的动画效果，并设置"计时"。

STEP 6　　选中第 2 张幻灯片中的 4 个组合图形，单击【动画】/【动画】组中的"动画样式"按钮★，在打开的下拉列表中选择"更多进入效果"选项，打开"更改进入效果"对话框，在"基本"栏中选择"切入"选项，单击 确定 按钮，如图 8-59 所示。

图 8-59　选择"切入"效果

STEP 7　　为不同的组合图形设置不同的动画效果方向，再在"动画窗格"中设置组合图形的播放顺序，然后在【动画】/【计时】组中设置动画的开始时间和持续时间，如图 8-60 所示。

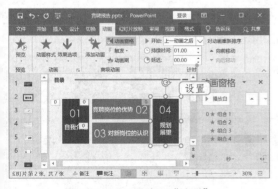

图 8-60　设置动画"计时"

STEP 8　　使用相同的方法为其他幻灯片中的对象添加相应的动画，并对动画的效果选项、播放顺序、"计时"等进行相应的设置。

2. 放映和导出幻灯片

　　对幻灯片设置排练计时，设置完成后将幻灯片导出为 PDF 文件，具体操作如下。

STEP 1　　选中第 1 张幻灯片，单击【幻灯片放映】/【设置】组中的"排练计时"按钮，进入幻灯片放映状态，并开始录制幻灯片的播放时间，如图 8-61 所示。

图 8-61　录制计时

STEP 2　　录制完成后单击即可切换到下一张幻灯片进行录制，直到录制完最后一张幻灯片，按【Esc】键，在打开的提示对话框中单击 是(Y) 按钮，如图 8-62 所示。

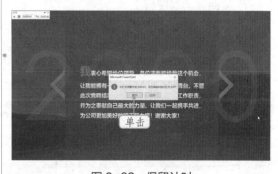

图 8-62　保留计时

STEP 3　　保留录制的计时，退出幻灯片放映状态。单击"文件"选项卡，在打开的页面左侧选择"导出"选项，在中间的"导出"栏中选择"创建 PDF/XPS 文档"选项，然后单击"创建PDF/XPS"按钮，如图 8-63 所示。

第 8 章

图 8-63　创建 PDF/XPS 文档

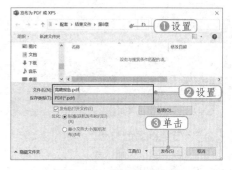

图 8-64　设置导出参数

STEP 4 打开"发布为 PDF 或 XPS"对话框，对保存位置和保存名称进行设置，单击 发布(S) 按钮，如图 8-64 所示。

STEP 5 开始导出演示文稿，导出完成后即可完成制作。如果计算机中安装有 PDF 阅读器，PDF 文件会自动在 PDF 阅读器中打开，用户可查看导出效果，如图 8-65 所示。

图 8-65　查看导出的 PDF 文件效果

8.5　强化实训

本章详细讲解了动画效果的添加、幻灯片的放映和输出设置等知识，为了帮助读者更好地展示幻灯片，下面将通过动态展示"广告策划案"演示文稿和放映并导出"企业电子宣传册"演示文稿进行强化训练。

8.5.1　动态展示"广告策划案"演示文稿

广告策划是实现和实施广告战略的一个重要环节。在进行广告策划时，借助演示文稿来展示广告策划案，可以更清楚地呈现广告策划案中的具体内容，使其更加生动直观。

【制作效果与思路】

在本实训中制作的"广告策划案"演示文稿的动画效果如图 8-66 所示，具体制作思路如下。

（1）打开演示文稿，为所有幻灯片添加相同的切换动画。

（2）为第 1、2、4、8、9 张幻灯片中的对象添加需要的动画效果。

（3）从第 1 张幻灯片开始放映，对幻灯片的动画效果进行预览。

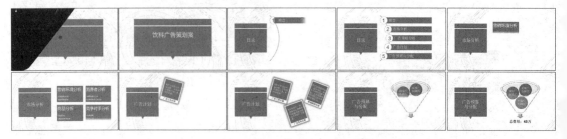

图 8-66　"广告策划案"演示文稿的动画效果

素材文件所在位置	素材文件＼第 8 章＼广告策划案.pptx
效果文件所在位置	效果文件＼第 8 章＼广告策划案.pptx

微课视频

8.5.2　放映和导出"企业电子宣传册"演示文稿

宣传册根据宣传内容和宣传形式的不同，可以分为政府宣传册、企业宣传册和工艺宣传册等类型。其中，企业宣传册是最常见的类型，而它又有电子版和纸质版两种形式。企业电子宣传册可以利用演示文稿来制作。

【制作效果与思路】

在本实训中导出"企业电子宣传册"演示文稿的效果如图 8-67 所示，具体制作思路如下。

（1）打开演示文稿，设置放映类型为"观众自行浏览（窗口）"，然后从头放映幻灯片。

（2）放映完成后，将演示文稿中的幻灯片导出为 PNG 格式的图片。

图 8-67　"企业电子宣传册"演示文稿的导出效果

素材文件所在位置	素材文件＼第 8 章＼企业电子宣传册.pptx
效果文件所在位置	效果文件＼第 8 章＼企业电子宣传册

微课视频

8.6　知识拓展

下面将对与幻灯片的动画和保存相关的一些拓展知识进行介绍，以帮助读者更好地展示幻灯片中的内容。

1.　使用"动画刷"复制动画效果

当需要为幻灯片中的其他对象或其他幻灯片中的对象应用已设置好的动画效果时，可通过"动画刷"复制动画效果，使对象快速拥有相同的动画效果。操作方法：选中幻灯片中已设置好动画效果的对象，单击【动画】/【高级动画】组中的【动画刷】按钮，此时鼠标指针将变成 形状，然后将鼠标指针移动到需要应用复制的动画效果的对象上，单击即可为对象应用复制的动画效果。

2.　将字体嵌入 PPT 中

在制作幻灯片时，经常会用到很多从网上下载的字体，如果在未安装这些字体的计算机中放映演示文稿，那么将会使用计算机中默认的字体代替演示文稿中用到的未安装的字体，从而会影响幻灯片的展示效果。为了保证在其他未安装字体的计算机中也能正常播放，那么在打包或保存演示文稿时，可将字体嵌入其中。操作方法：在演示文稿中单击"文件"选项卡，在打开的页面左侧选择"更多"选项，在打开的子列表中选择"选项"选项，打开"PowerPoint 选项"对话框，在左侧单击"保存"选项卡，在右侧选中"将字体嵌入文件"复选框，单击 确定 按钮。

8.7 课后练习：动态放映"产品销售报告"演示文稿

在本练习中将动态放映"产品销售报告"演示文稿，需要为幻灯片添加动画，使演示文稿在放映时进行动态展示，演示文稿效果如图 8-68 所示。

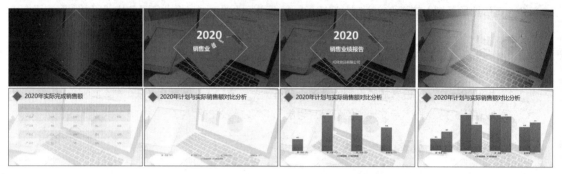

图 8-68　"产品销售报告"演示文稿的动态放映效果

素材文件所在位置　素材文件\第 8 章\课后练习\产品销售报告.pptx
效果文件所在位置　效果文件\第 8 章\课后练习\产品销售报告.pptx

微课视频

操作要求如下。

● 为幻灯片添加"分隔"切换动画，为幻灯片中的对象添加合适的动画效果，并对动画效果、计时等进行设置。

● 从头开始放映幻灯片，并在第 2 张幻灯片中标注出每个产品的最高销售额。

综合案例——制作人力资源状况分析报告

/ 本章导读

科技是第一生产力，人才是创新的第一资源，创新驱动本质上是人才驱动。对人力资源进行规划时，必须先对企业当前人力资源的具体情况进行分析，包括人员数量、人员流动情况等，以判断当前人力资源是否达到最优配置，并且还可以发现人力资源管理中存在的问题。本章主要介绍 Word、Excel 和 PowerPoint 在人力资源管理上的具体应用。

/ 技能目标

使用 Word 制作"人力资源状况分析报告"文档。
使用 Excel 制作"人员流动情况分析表"表格。
使用 PowerPoint 制作"人力资源状况分析报告"演示文稿。

/ 案例展示

9.1　制作"人力资源状况分析报告"文档

本节将介绍使用 Word 2016 制作"人力资源状况分析报告"文档的方法，首先要对文档内容的格式进行设置并对文档内容进行排版，然后根据需求插入表格和图表，最后制作文档封面和目录。"人力资源状况分析报告"文档制作完成后的部分效果如图 9-1 所示。

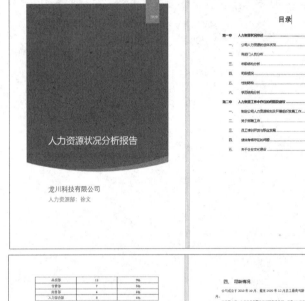

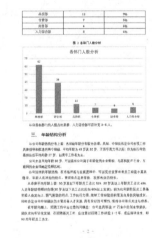

图 9-1　"人力资源状况分析报告"文档的部分效果

素材文件所在位置　素材文件 \ 第 9 章 \ 人力资源状况分析报告.docx

效果文件所在位置　效果文件 \ 第 9 章 \ 人力资源状况分析报告.docx

微课视频

9.1.1　文档内容的格式设置与排版

下面在 Word 2016 中新建样式对文档内容进行排版，然后对部分文档内容的格式进行设置，具体操作如下。

STEP 1 打开"人力资源状况分析报告 .docx"文档，在【开始】/【样式】组的列表中的"正文"样式上单击鼠标右键，在打开的快捷菜单中选择"修改"选项。

STEP 2 打开"修改样式"对话框，单击 格式(O)· 按钮，在打开的下拉列表中选择"段落"选项，如图 9-2 所示。

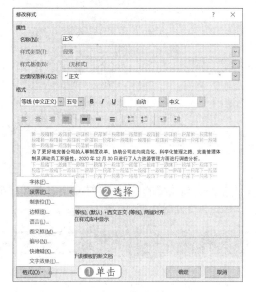

图 9-2 修改样式

STEP 3 打开"段落"对话框，在"特殊"下拉列表中选择"首行"选项，在"行距"下拉列表中选择"多倍行距"选项，在其后的数值框中输入"1.2"，如图 9-3 所示。

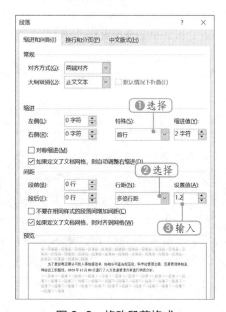

图 9-3 修改段落格式

STEP 4 单击 确定 按钮，文档中所有应用"正文"样式的段落的格式都将发生变化。选中"人力资源状况综述"段落，在"根据格式化创建新样式"对话框中，输入名称为"章节"，单击 ≡ 按钮设置居中对齐，单击 ↕ 按钮增大段前和断后间距，然后单击 格式(O)· 按钮，在打开的下拉列表中选择"编号"选项，如图 9-4 所示。

图 9-4 新建样式

STEP 5 打开"编号和项目符号"对话框，单击 定义新编号格式... 按钮，打开"定义新编号格式"对话框，设置编号样式和编号格式，然后依次单击 确定 按钮，如图 9-5 所示。

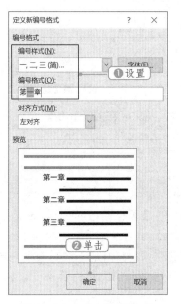

图 9-5 定义新编号格式

STEP 6 返回文档中，可看到所选段落已经应用了新建的样式。使用相同的方法新建一个"项目编号"样式，并将新建的样式应用于相应的段落中。

STEP 7 在"七"编号上右击，在打开的快捷菜单中选择"重新开始于一"选项，从一开始编号，如图9-6所示。

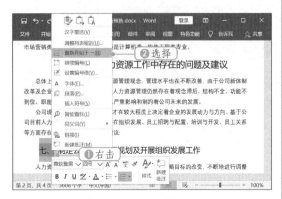

图9-6　重新开始编号

STEP 8 选中"六、学历结构分析"下的段落，单击【开始】/【段落】组中的"编号"下拉按钮，在打开的下拉列表中选择编号样式6，将其应用于段落中，如图9-7所示。

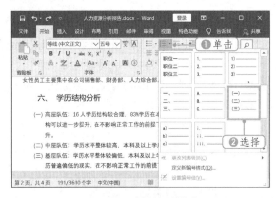

图9-7　选择编号样式

STEP 9 使用相同的方法为其他需要添加编号的段落添加相应的编号，然后选中"hr"文本，单击【开始】/【字体】组中的"更改大小写"按钮Aa，在打开的下拉列表中选择"大写"选项，如图9-8所示。

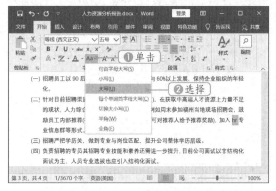

图9-8　选择"大写"选项

STEP 10 将选择的小写英文字母更改为大写英文字母，效果如图9-9所示。

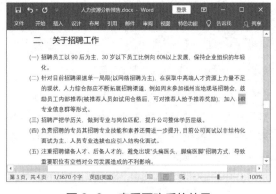

图9-9　查看更改后的效果

9.1.2　插入表格和图表

当文档中涉及一些人事数据时，为了使数据更加醒目，可以通过表格和图表来进行展示。下面将在文档中插入需要的表格和图表，并对表格和图表进行编辑，然后为表格和图表插入相关的题注说明，具体操作如下。

STEP 1 将光标定位到"二、各部门人员分布"段落前，单击【插入】/【表格】组中的"表格"按钮，在打开的下拉列表中拖曳鼠标指针选择4行3列的表格进行插入，如图9-10所示。

STEP 2 在表格中输入相应的数据，再选中表格的第1行，单击"加粗"按钮B加粗显示文本，然后选中整个表格，单击【表格工具 布局】/【对齐方式】组中的"水平居中"按钮，如图9-11所示。

图 9-10 选择表格的行列数

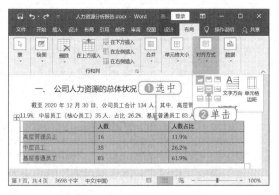

图 9-11 设置对齐方式

STEP 3 按【Ctrl+C】组合键复制表格,将其粘贴到"占比 6%。"文本的下一段,再更改表格中的数据,然后选中表格的第 2~4 行,单击【表格工具 布局】/【行和列】组中的"在下方插入"按钮,如图 9-12 所示。

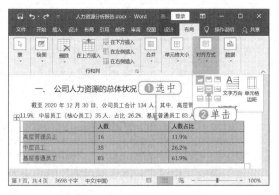

图 9-12 执行插入行操作

STEP 4 在所选行下方插入 3 行表格,再在插入的行中输入数据,效果如图 9-13 所示。

STEP 5 将光标定位到第 1 张表格的下方,单击【插入】/【插图】组中的"图表"按钮,打开"插入图表"对话框,在左侧选择"饼图"选项,

然后在右边选择"饼图"选项,如图 9-14 所示。

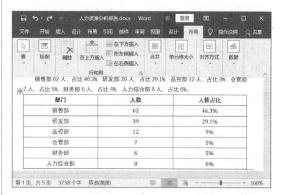

图 9-13 输入行数据

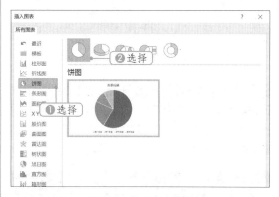

图 9-14 插入饼图

STEP 6 单击 确定 按钮,在文档中插入饼图的同时将打开"Microsoft Word 中的图表"对话框,在其中输入饼图需要展示的数据,如图 9-15 所示。

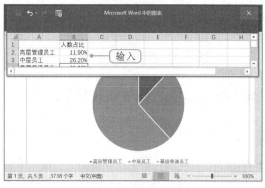

图 9-15 输入图表数据

STEP 7 关闭对话框,返回文档中,选中图表,在图表内添加数据标签,然后选中图表中的数据标签,单击鼠标右键,在打开的快捷菜单中选择"设置数据标签格式"选项。

STEP 8 打开"设置数据标签格式"窗格，在"标签选项"选项卡中选中"类别名称""值""显示引导线"复选框，再在"分隔符"下拉列表中选择"（空格）"选项，使用空格隔开类别名称和数据标签，如图9-16所示。

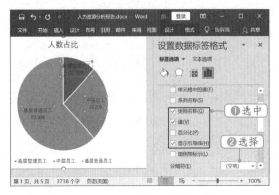

图9-16 设置数据标签格式

STEP 9 选中图表中的图例，按【Detele】键删除图例，再选中图表，在【图表工具 格式】/【形状样式】组中将形状轮廓设置为"无轮廓"，取消图表区的轮廓，如图9-17所示。

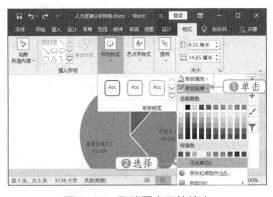

图9-17 取消图表区的轮廓

STEP 10 使用相同的方法在第2张表格下方插入柱形图，并对其进行编辑。

STEP 11 选中第1张表格，单击【引用】/【题注】组中的"插入题注"按钮，打开"题注"对话框，在"标签"下拉列表中选择"表"选项，在"位置"下拉列表中选择"所选项目上方"选项，在"题注"文本框的编号后输入说明文字，单击 确定 按钮，如图9-18所示。

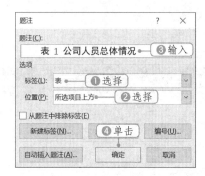

图9-18 设置题注

STEP 12 在表格上方插入题注，并将题注的对齐方式设置为居中对齐，然后使用相同的方法为文档中的其他表格和图表添加相应的题注，效果如图9-19所示。

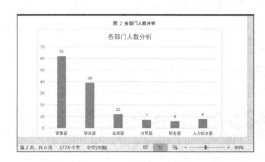

图9-19 查看题注效果

9.1.3 制作文档封面和目录

下面为文档插入需要的封面、目录和页码，使文档更加完整，具体操作如下。

STEP 1 将光标定位到文档最前方，单击【插入】/【页面】组中的"封面"按钮，在打开的下拉列表中选择"离子（深色）"选项，如图9-20所示。

STEP 2 在文档最前面插入选择的封面，然后选中封面中的灰色区域，在【绘图工具 格式】/【形状样式】组中的"形状填充"下拉列表中选择"蓝色"选项，将其填充为蓝色，如图9-21所示。

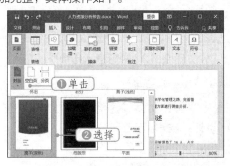

图9-20 选择封面样式

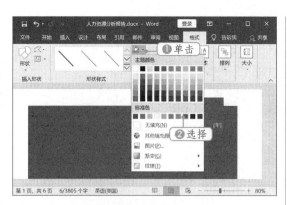

图 9-21　填充封面颜色

STEP 3　将矩形文本框填充为"橙色"，然后单击文本框右侧的下拉按钮，在打开的下拉列表中单击 今日(I) 按钮，插入系统当前日期中的年份，如图 9-22 所示。

图 9-22　设置年份

STEP 4　在封面下方的文本框中输入相应的文档名称、公司名称等信息，并对文档中文本内容的字体、字号等进行设置。

STEP 5　将光标定位到正文内容的最前面，单击【引用】/【目录】组中的"目录"按钮，在打开的下拉列表中选择"自定义目录"选项，打开"目录"对话框，选中"使用超链接而不使用页码"复选框，然后单击 选项(O)... 按钮，打开"目录选项"对话框，设置要提取作为目录的段落样式的级别，单击 确定 按钮，如图 9-23所示。

STEP 6　在光标处插入目录。将光标定位到目录的最后面，单击【布局】/【页面设置】组中的"分隔符"按钮，在打开的下拉列表中选择"下一页"选项，如图 9-24 所示。

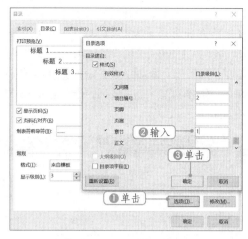

图 9-23　提取目录

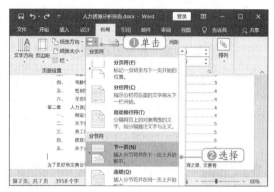

图 9-24　插入分节符

STEP 7　在目录和正文之间插入分节符，使目录单独占一页。在目录前面输入"目录"文本，并对文本的格式进行设置，然后对提取的目录的字体格式进行设置，效果如图 9-25 所示。

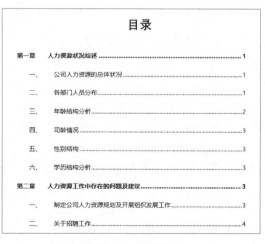

图 9-25　目录效果

STEP 8 双击页眉或页脚，进入页眉页脚编辑状态，将光标定位到正文页页脚处，在【页眉和页脚 设计】/【选项】组中取消选中"首页不同"复选框，然后在【页眉和页脚 设计】/【导航】组中单击"链接到前一节"按钮，断开与前一节的链接，如图9-26所示。

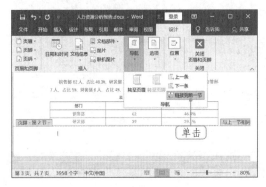

图9-26　断开页脚链接

STEP 9 单击【页眉和页脚 设计】/【页眉和页脚】组中的"页码"按钮，在打开的下拉列表中选择"页面底端"选项，再在打开的子列表中选择"颚化符"选项，如图9-27所示。

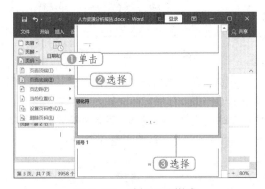

图9-27　选择页码样式

STEP 10 选中页码，在【页眉和页脚 设计】/【页眉和页脚】组中单击"页码"按钮，在打开的下拉列表中选择"设置页码格式"选项，打开"页码格式"对话框，在"起始页码"数值框中输入"1"，单击 确定 按钮，如图9-28所示。

STEP 11 页码将从1开始显示，在【页眉和页脚 设计】/【位置】组中的"页脚底端距离"数值框中输入"0.9厘米"，按【Enter】键确认，调整页码的位置，效果如图9-29所示。

STEP 12 选中目录，单击【引用】/【目录】组中的"更新目录"按钮，打开"更新目录"对话框，保持默认设置，单击 确定 按钮，如图9-30所示。

图9-28　设置页码格式

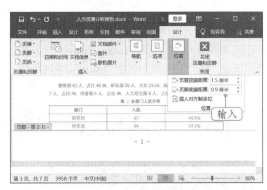

图9-29　调整页码的位置

图9-30　更新目录

STEP 13 Word将对目录中的页码进行更新，更新后的效果如图9-31所示。"人力资源状况分析报告"文档制作完成。

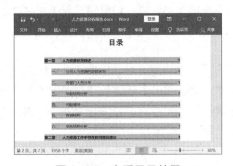

图9-31　查看目录效果

9.2 制作"人员流动情况分析表"表格

对企业的人力资源状况进行分析，也就包括对人员流动情况进行分析。下面将使用 Excel 制作"人员流动情况分析表"表格，首先要使用公式计算人员流动数据，然后再使用图表对人员流动情况进行分析。制作完成后的效果如图 9-32 所示。

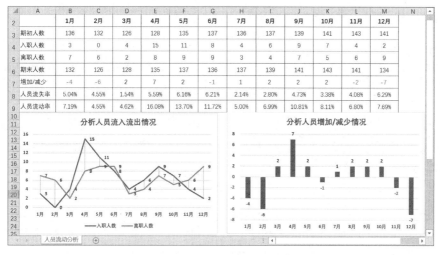

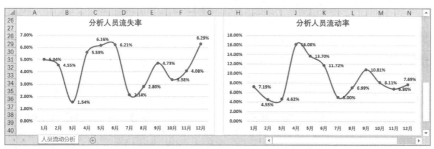

图 9-32 "人员流动情况分析表"表格的效果

素材文件所在位置　素材文件 \ 第 9 章 \ 人员流动情况分析表 .xlsx
效果文件所在位置　效果文件 \ 第 9 章 \ 人员流动情况分析表 .xlsx

微课视频

9.2.1 使用公式计算人员流动数据

下面将在工作表中使用公式计算人员流动数据，快速对一年中的人员流动情况进行统计，具体操作如下。

STEP 1 打开"人员流动情况分析表 .xlsx"工作簿，在 B6 单元格中输入公式"=B3+B4-B5"，在 B7 单元格中输入公式"=B6-B3"，在 B8 单元格中输入公式"=B5/(B3+B4)"，在 B9 单元格中输入公式"=(B4+B5)/(B3+B4)"，计算出 1 月的期末人数、增加 / 减少的人数、人员流失率

和人员流动率，如图 9-33 所示。

STEP 2 选中 B6:B9 单元格区域，按住鼠标左键拖曳，向右下方填充公式至 M9 单元格，计算出所有月份的期末人数、增加 / 减少的人数、人员流失率和人员流动率，如图 9-34 所示。

图 9-33 输入公式计算数据

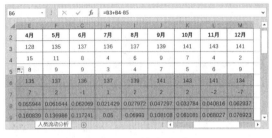

图 9-34 填充公式

类"列表中选择"百分比"选项，然后在"小数位数"数值框中输入"2"，单击 [确定] 按钮，如图 9-36所示。

图 9-35 设置数值型数据

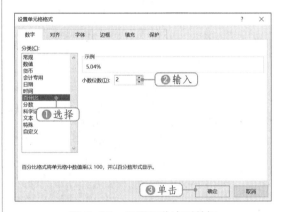

图 9-36 设置百分比型数据

STEP 3 　选中 B7:M7 单元格区域，单击鼠标右键，在打开的快捷菜单中选择"设置单元格格式"选项，打开"设置单元格格式"对话框，然后在"数字"选项卡中的"分类"列表中选择"数值"选项，在"小数位数"数值框中输入"0"，在"负数"列表中选择带负号的红色文字选项，单击 [确定] 按钮，如图 9-35 所示。

STEP 4 　选中 B8:M9 单元格区域，打开"设置单元格格式"对话框，在"数字"选项卡中的"分

9.2.2　使用图表对人员流动情况进行分析

　　统计好数据后，还需要对人员流动情况进行分析。下面将使用图表对表格中的数据进行分析，具体操作如下。

STEP 1 　按住【Ctrl】键，拖曳鼠标指针选中 A2:M2 和 A4:M5 单元格区域，单击【插入】/【图表】组中的"插入折线图或面积图"按钮，在打开的下拉列表中选择"折线图"选项，在工作表中插入图表，如图 9-37 所示。

STEP 2 　将图表移动到表格数据下方，输入图表标题"分析人员流入流出情况"，加粗显示图表中的数据，然后在图表的数据系列的右侧添加数据标签，保持图表的选中状态，单击"添加图表元素"按钮，在打开的下拉列表中选择"线条"选项，再在打开的子列表中选择"高低点连线"选项，为图表的数据系列添加点连线，如图 9-38 所示。

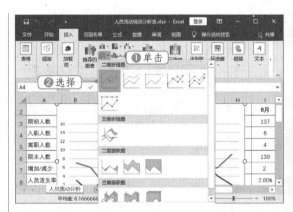

图 9-37 选择"折线图"图表

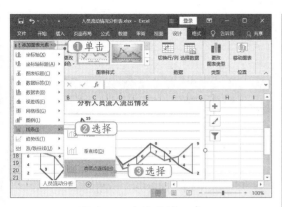

图 9-38　添加图表元素

STEP 3　选中图表中的高低点连线，将其颜色设置为"灰色"，然后选中 A2:M2 和 A7:M7 单元格区域，插入柱形图，并对柱形图的标题、位置、数据的字体格式等进行设置，再选中横坐标轴，单击鼠标右键，在打开的快捷菜单中选择"设置坐标轴格式"选项，如图 9-39 所示。

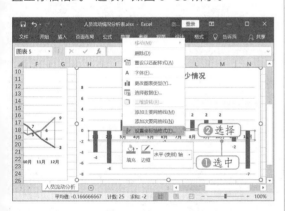

图 9-39　选择"设置坐标轴格式"选项

STEP 4　打开"设置坐标轴格式"窗格，在"标签"选项下的"标签位置"下拉列表中选择"低"选项，将横坐标轴移动到绘图区的下方，如图 9-40 所示。

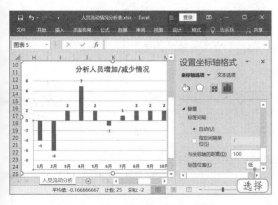

图 9-40　设置横坐标轴位置

STEP 5　在图表上单击数据标签，选中该数据系列的所有数据标签，再单击"6.16%"数据标签，单独选中该标签，按住鼠标左键拖曳，调整数据标签的位置，如图 9-41 所示。

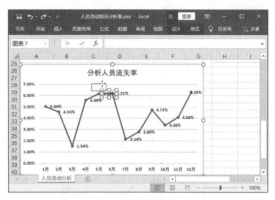

图 9-41　调整数据标签位置

STEP 6　使用相同的方法继续调整其他需要调整位置的数据标签，然后选中图表的数据系列，在"设置数据系列格式"窗格中单击"填充与线条"按钮，切换到该页面，在最下方选中"平滑线"复选框，将折线更改为平滑线，如图 9-42 所示。

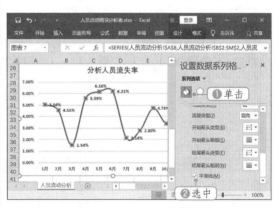

图 9-42　更改折线为平滑线

STEP 7　复制"分析人员流失率"图表，将其粘贴到右侧，然后选中图表，单击【图表工具 设计】/【数据】组中的"选择数据"按钮，打开"选择数据源"对话框，在"图表数据区域"参数框中设置图表中需要引用的数据源，单击 确定 按钮，如图 9-43 所示。

STEP 8　图表将随数据源的改变而改变，然后将标题中的"流失"更改为"流动"，再调整图表中个别数据标签的位置，调整后的效果如图 9-44 所示。"人员流动情况分析表"表格制作完成。

第 9 章

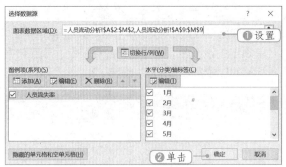

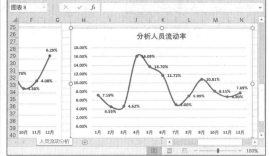

图 9-43　更改图表数据源　　　　　　　　　　图 9-44　调整标签后的效果

9.3　制作"人力资源状况分析报告"演示文稿

　　如果需要在会议上展示"人力资源状况分析"报告，那么就需要使用 PowerPoint 软件来将其制作成演示文稿，这样能让参会人员接收到更多有用的信息。制作演示文稿时，需要通过幻灯片母版设计幻灯片版式、为幻灯片添加内容、为幻灯片添加动画效果、放映演示文稿等。制作完成后的演示文稿效果如图 9-45 所示。

图 9-45　"人力资源状况分析报告"演示文稿的效果

　效果文件所在位置　效果文件 \ 第 9 章 \ 人力资源状况分析报告.pptx

微课视频

9.3.1　通过幻灯片母版设计幻灯片版式

　　为了统一演示文稿中幻灯片的整体效果，下面将通过幻灯片母版对标题版式、目录版式和内容版式进行设置，具体操作如下。

STEP 1 新建一个名为"人力资源状况分析报告.pptx"的演示文稿，再单击"幻灯片母版"按钮▤，进入幻灯片母版视图，然后选中母版版式，在"设置背景格式"窗格中将填充色设置为"橙色"，如图 9-46 所示。

图 9-46 设置背景颜色

STEP 2 在母版版式中绘制一个矩形，将其颜色填充为"白色"，取消矩形轮廓，再将矩形置于最底层，然后在"设置形状格式"窗格中单击"效果"按钮⬠，在"阴影"选项下对颜色、透明度、大小、模糊等进行设置，如图 9-47 所示。

图 9-47 设置形状格式

STEP 3 在母版版式的左上角绘制 3 条不同角度的直线，将直线的轮廓颜色设置为"黑色"，按住【Shift】键选中 3 条直线，在【绘图工具 格式】/【排列】组中单击"组合"按钮▤，在打开的下拉列表中选择"组合"选项，如图 9-48 所示。

STEP 4 将选中的直线组合在一起，再在母版版式中绘制一条直线，将轮廓颜色设置为"黑色"，然后在"形状轮廓"下拉列表中选择"粗细"选项，再在其子列表中选择"1 磅"选项，如图 9-49 所示。

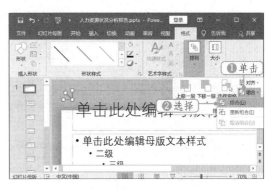

图 9-48 组合形状

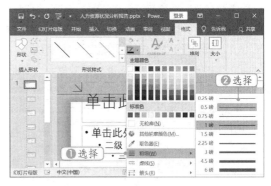

图 9-49 设置形状轮廓粗细

STEP 5 选中标题版式，在【幻灯片母版】/【背景】组中选中"隐藏背景图形"复选框，隐藏标题版式中的母版版式效果，然后绘制一个与幻灯片高度一样的矩形，将其填充为"黑色"，取消形状轮廓，再将母版版式中的白色矩形复制到标题版式，并将其调整到合适的大小，如图 9-50 所示。

图 9-50 标题版式的效果

STEP 6 使用相同的方法设置节标题版式，然后选中节标题版式中的连接符流程图形状，单击鼠标右键，在打开的快捷菜单中选择"编辑顶点"选项，如图 9-51 所示。

第 **9** 章

221

图 9-51　选择"编辑顶点"选项

图 9-52　编辑形状顶点

STEP 7　此时，将显示出形状的顶点，将鼠标指针移动到形状最下方的顶点上，按住鼠标左键向上拖曳，调整顶点的位置，如图 9-52 所示。

STEP 8　拖曳到适合适当位置后释放鼠标，然后在其他区域上单击以退出形状编辑状态，查看调整形状外观后的效果，如图 9-53 所示，完成幻灯片母版的设计。

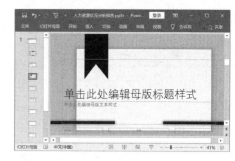

图 9-53　查看形状效果

9.3.2　为幻灯片添加内容

设计好版式后，就可为幻灯片添加需要的内容，下面将为幻灯片添加文本、SmartArt 图形、表格和图表等内容，并根据需求对添加的内容进行设置和编辑，具体操作如下。

STEP 1　在普通视图中选中第 1 张幻灯片，在占位符中输入需要的文本，再将字号分别设置为"80、60、24"，然后选中"2020"占位符，在【绘图工具 格式】/【艺术字样式】组中单击"快速样式"按钮 A，在打开的下拉列表中选择第 14 种样式，如图 9-54 所示。

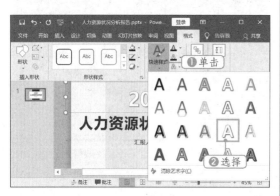

图 9-54　应用艺术字样式

STEP 2　单击【开始】/【幻灯片】组中的"新建幻灯片"下拉按钮，在打开的下拉列表中选择"节标题"选项，如图 9-55 所示。

图 9-55　新建幻灯片

STEP 3　在标题占位符中输入"目录"，设置字号为"60"，字体颜色为"白色"，并将其移动到黑色形状上。

STEP 4　删除内容占位符，单击【插入】/【插图】组中的"SmartArt"按钮，打开"选择SmartArt 图形"对话框，在左侧选择"列表"选项，再在中间选择"垂直块列表"选项，单击 确定 按钮，如图 9-56 所示。

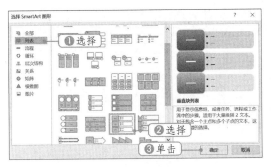

图 9-56　选择 SmartArt 图形

STEP 5　在幻灯片中插入 SmartArt 图形，在其中输入相应的文本，然后选中 SmartArt 图形，单击【SmartArt 工具 设计】/【SmartArt 样式】组中的"更改颜色"按钮，在打开的下拉列表中选择"深色 1，轮廓"选项，更改 SmartArt 图形的颜色，如图 9-57 所示。

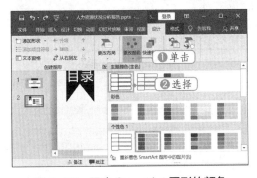

图 9-57　更改 SmartArt 图形的颜色

STEP 6　新建标题和内容版式的幻灯片，输入标题，并对标题格式进行设置，删除内容占位符。

STEP 7　切换到"人力资源分析报告 .docx"文档窗口中，按【Ctrl+C】组合键复制表 1，再切换到演示文稿窗口中按【Ctrl+V】组合键进行粘贴，将复制的表格粘贴到幻灯片中，然后将表格调整到合适的位置和大小，为表格应用"浅色样式 1- 强调 3"表格样式，如图 9-58 所示。

图 9-58　应用表格样式

STEP 8　使用相同的方法将"人力资源分析报告 .docx"文档中的图 1 复制到幻灯片中，然后单击【插入】/【插图】组中的"图表"按钮，打开"插入图表"对话框，在"所有图表"栏中选择"柱形图"选项，在右侧选择"簇状柱形图"选项，如图 9-59 所示。

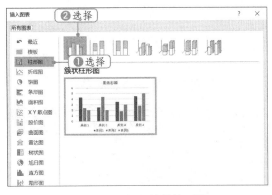

图 9-59　插入簇状柱形图

STEP 9　单击 确定 按钮，在幻灯片中插入图表，并打开"Microsoft PowerPoint 中的图表"对话框，在其中输入图表要展示的数据，如图 9-60 所示。

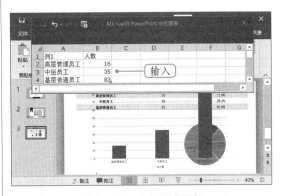

图 9-60　输入图表数据

STEP 10　关闭对话框，将幻灯片中的图表调整到合适的大小和位置，然后选中图表，单击图表右上角的"图表元素"按钮，在打开的面板中取消选中"坐标轴标题""数据表""误差线""网格线""图例"复选框，选中"数据标签"和"趋势线"复选框，最后单击"坐标轴"右侧的▶按钮，在打开的面板中取消选中"主要纵坐标轴"复选框，取消纵坐标轴，如图 9-61 所示。

STEP 11　选中图表，单击【图表工具 设计】/【图表样式】组中的"更改颜色"按钮，在打开的下拉列表中选择"单色调色板 4"选项，更改图表配色，如图 9-62 所示。

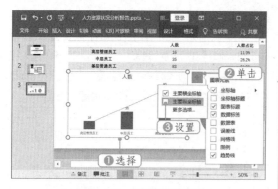

图 9-61　设置图表元素

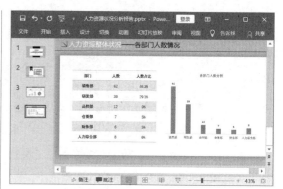

图 9-63　制作第 4 张幻灯片

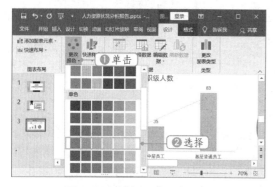

图 9-62　选择图表配色方案

	1月	2月	3月	4月	5月	6月
期初人数	136	132	126	128	135	137
入职人数	3	0	4	15	11	8
离职人数	7	6	2	8	9	9
期末人数	132	126	128	135	137	136
增加/减少	-4	-6	2	7	2	-1
人员流失率	5.04%	4.55%	1.54%	5.59%	6.16%	6.21%
人员流动率	7.19%	4.55%	4.62%	16.08%	13.70%	11.72%

图 9-64　复制表格

STEP 12 在第 3 张幻灯片上单击鼠标右键，在打开的快捷菜单中选择"复制幻灯片"选项，复制一张幻灯片，然后对复制的幻灯片的标题进行修改，删除幻灯片中的表格和图表，最后将"人力资源分析报告 .docx"文档中的第 2 张表格和第 2 个图表复制到第 4 张幻灯片中，并对表格和图表的效果进行调整，如图 9-63 所示。

STEP 13 新建第 5 张幻灯片，输入标题，然后切换到"人员流动情况分析表 .xlsx"工作簿中，选中 A2:M9 单元格区域，按【Ctrl+C】组合键复制，如图 9-64 所示。

STEP 14 切换到演示文稿的编辑窗口，在第 5 张幻灯片中按【Ctrl+V】组合键进行粘贴，并对表格的效果进行设置，设置完成后的效果如图 9-65 所示。

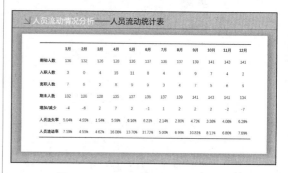

图 9-65　设置完成后的表格效果

STEP 15 使用相同的方法制作第 6~10 张幻灯片（第 6 张和第 7 张幻灯片中的图表是复制的"人员流动情况分析表 .xlsx"工作簿中的图表，第 8 张和第 9 张幻灯片中的图表是插入的），效果如图 9-66 所示。

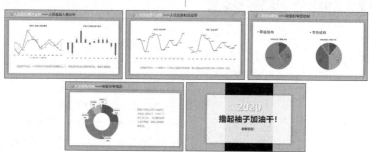

图 9-66　幻灯片效果

9.3.3 为幻灯片添加动画效果

下面为幻灯片和幻灯片中的对象添加适当的动画效果，使幻灯片在放映时达到动静结合的效果，具体操作如下。

STEP 1 选中第 1 张幻灯片，单击【切换】/【切换到此幻灯片】组中的"切换效果"按钮，在打开的下拉列表中选择"悬挂"选项，为幻灯片添加切换效果，如图 9-67 所示。

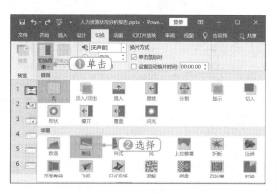

图 9-67　选择切换效果

STEP 2 切换动画的方向、计时保持默认设置，单击【切换】/【计时】组中的"应用到全部"按钮，将第 1 张幻灯片的切换效果应用于演示文稿中的所有幻灯片，如图 9-68 所示。

图 9-68　应用切换效果到所有幻灯片

STEP 3 选中"2020"占位符，单击【动画】/【动画】组中的"动画样式"按钮★，在打开的下拉列表中选择"弹跳"选项，如图 9-69 所示。

STEP 4 为"人力资源状况分析报告"添加"翻转式由远及近"进入动画，为"汇报人：徐文"添加"浮入"进入动画。

STEP 5 单击【动画】/【高级动画】组中的"动画窗格"按钮，打开动画窗格，选中所有的动画效果选项，单击鼠标右键，在打开的快捷菜单中

选择"从上一项之后开始"选项，如图 9-70 所示。

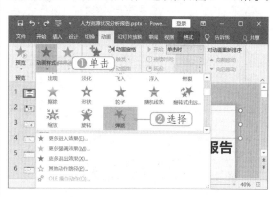

图 9-69　添加动画效果

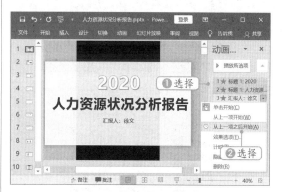

图 9-70　设置动画开始时间

STEP 6 选中第 2 张幻灯片中的"目录"占位符，为其添加"缩放"进入动画，在【动画】/【计时】组中将开始时间设置为"上一动画之后"，然后在"持续时间"数值框中输入"01.00"，在"延迟时间"数值框中输入"00.50"，如图 9-71 所示。

图 9-71　设置标题的动画

STEP 7 选中 SmartArt 图形，单击【动画】/【动画】组中的"动画样式"按钮★，在打开的下拉列表中选择"其他动作路径"选项，如图 9-72 所示。

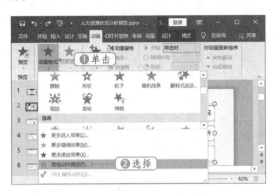

图 9-72 选择"其他动作路径"选项

STEP 8 打开"更改动作路径"对话框，在其中选择"向右下转"选项，单击 确定 按钮，如图 9-73 所示。

图 9-73 选择动作路径

STEP 9 为 SmartArt 图形添加动画的路径，单击动作路径，将鼠标指针移动到动作路径结束点位置，按住鼠标左键向左拖曳，更改动作路径的方向，如图 9-74 所示。

图 9-74 调整动作路径的方向

STEP 10 将鼠标指针移动到动作路径右上角的控制点上，当鼠标指针变成双向箭头时，按住鼠标左键向幻灯片右上角拖曳，调整动作路径的长度和起点位置，如图 9-75 所示。

图 9-75 调整动作路径的长度和起点位置

STEP 11 在"动画窗格"中选择 SmartArt 图形的动画效果选项，单击鼠标右键，在打开的快捷菜单中选择"效果选项"选项，如图 9-76 所示。

图 9-76 选择"效果选项"选项

STEP 12 打开"向右下转"对话框，在"效果"选项卡中的"动画播放后"下拉列表中选择"播放动画后隐藏"选项，表示在 SmartArt 图形动画播放完毕后，就隐藏 SmartArt 图形，如图 9-77 所示。

STEP 13 单击"计时"选项卡，在"开始"下拉列表中选择"上一动画之后"选项，再在"延迟"数值框中输入"0.5"，其他参数保持默认设置，单击 确定 按钮，如图 9-78 所示。

STEP 14 使用相同的方法，为其他幻灯片中的部分对象添加需要的动画效果。

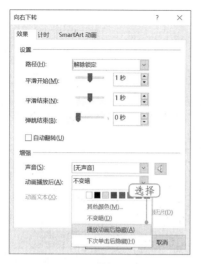

图 9-77　设置动画效果

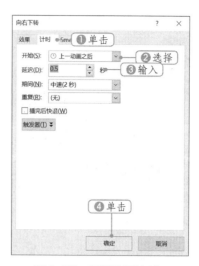

图 9-78　设置动画计时

9.3.4　放映演示文稿

制作好演示文稿后，就可根据需求进行放映设置并进行放映，以预览演示文稿的整体效果以及幻灯片中的动画效果，以便及时进行修改，具体操作如下。

STEP 1　单击【幻灯片放映】/【开始放映幻灯片】组中的"自定义幻灯片放映"按钮，在打开的下拉列表中选择"自定义放映"选项，如图 9-79 所示。

图 9-79　选择"自定义放映"选项

STEP 2　打开"自定义放映"对话框，单击新建(N)...按钮，打开"定义自定义放映"对话框，在"幻灯片放映名称"文本框中输入"人力资源整体情况"，然后在左侧的列表中选中第 3 张和第 4 张幻灯片所对应的复选框，单击添加(A)按钮，将其添加到右侧的列表中，再单击确定按钮，如图 9-80 所示。

STEP 3　返回"自定义放映"对话框，单击新建(N)...按钮，再次打开"定义自定义放映"对话框，在其中添加第 5 张、第 6 张和第 7 张幻灯片，完成后单击确定按钮。

图 9-80　定义自定义放映

STEP 4　使用相同的方法添加"人员结构变化"幻灯片（见图 9-81），完成后在"自定义放映"对话框中可查看自定义的要放映的幻灯片名称，单击关闭(C)按钮关闭对话框，如图 9-82 所示。

图 9-81　添加幻灯片

STEP 5　返回幻灯片编辑区，单击【幻灯片放映】/【开始放映幻灯片】组中的"从头开始"按钮，进入幻灯片放映状态，并从第 1 张幻灯片开始放映，如图 9-83 所示。

第 9 章

图 9-82　查看自定义放映的幻灯片

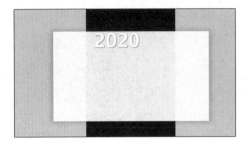

图 9-83　放映幻灯片

STEP 6　当第 1 张幻灯片中的动画放映结束后，单击即可切换到下一张幻灯片进行放映，放映完第 6 张幻灯片中的动画后，单击鼠标右键，在打开的快捷菜单中选择"指针选项"选项，在打开的子菜单中选择"笔"选项，如图 9-84 所示。

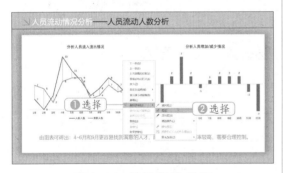

图 9-84　选择"笔"选项

STEP 7　此时，鼠标指针将变成红色的小圆点，在幻灯片中重要的内容上拖曳鼠标指针进行标注，如图 9-85 所示。

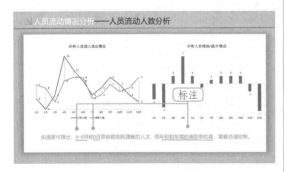

图 9-85　标注重要内容

STEP 8　使用相同的方法在其他幻灯片中的重要内容上进行标注，放映完幻灯片后，按【Esc】键，打开提示对话框，提示是否要保留墨迹注释，单击 保留(K) 按钮，如图 9-86 所示。

图 9-86　保留墨迹注释

STEP 9　返回幻灯片普通视图，单击【视图】/【演示文稿视图】组中的"幻灯片浏览"按钮，如图 9-87 所示。

图 9-87　单击"幻灯片浏览"按钮

STEP 10　进入幻灯片浏览视图，在其中可查看演示文稿中的所有幻灯片的整体效果，包括墨迹注释、动画标志等，如图 9-88 所示。"人力资源状况分析报告"演示文稿的制作完成。

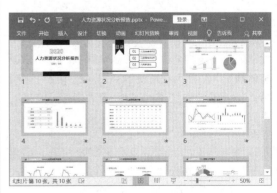

图 9-88　浏览演示文稿的整体效果

第4部分

第 10 章

项目实训

/ 本章导读

　　培养造就大批德才兼备的高素质人才，是国家和民族长远发展大计。为了培养读者独立完成工作的能力，提高其综合素质和思维能力，巩固所学知识，本章精心设计了 3 个"项目实训"，分别围绕"Word 文档制作""Excel 表格制作""PowerPoint 演示文稿制作"这 3 个方面展开强化训练。

/ 技能目标

　　掌握使用 Word 制作文档的方法。
　　掌握使用 Excel 制作电子表格的方法。
　　掌握使用 PowerPoint 制作演示文稿的方法。

/ 案例展示

实训 1 用 Word 制作"个人简历"文档

【实训目的】

通过实训掌握 Word 文档内容的输入、编辑、美化、排版等方法，具体要求及实训目的如下。

● 在文本框中输入需要的文本内容，灵活排版。

● 掌握文本的字体格式和段落格式的设置方法。

● 掌握形状、图片、文本框等对象的插入与编辑的方法。

【实训思路】

（1）在 Word 2016 中新建空白的"个人简历"文档，并对页边距进行设置。

（2）在文档中绘制矩形、直线、圆等形状，并根据需求对形状的填充色、轮廓色进行相应的设置。

（3）在文档中插入相应的图片，并对图片的大小、位置、颜色等进行相应的设置。

（4）绘制文本框，在文档中输入相应的文本内容，并对文本的字体格式、段落格式等进行设置。

【实训参考效果】

在本实训中制作的文档的参考效果如图 10-1 所示。

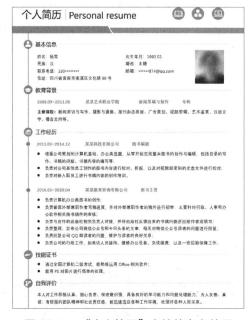

图 10-1 "个人简历"文档的参考效果

素材文件所在位置 素材文件 \ 项目实训 \ 个人简历 \

效果文件所在位置 效果文件 \ 项目实训 \ 个人简历 .docx

微课视频

实训 2 用 Excel 制作"产品销量分析表"工作簿

【实训目的】

通过实训掌握 Excel 电子表格的制作与数据管理的方法，具体要求及实训目的如下。

● 掌握 Excel 工作表的新建、重命名、美化等操作。

● 掌握数据的输入和编辑，以及文本格式、对齐方式、数字格式、边框和底纹等的设置方法。

● 掌握使用函数计算数据的方法。

● 掌握根据数据源创建数据透视表的方法。

● 掌握更改数据透视表的值名称、使用切片器分析数据透视表的方法。

● 掌握根据透视表数据创建数据透视图的方法，并根据需求对数据透视图进行编辑和美化操作，使数据透视图中展示的数据更直观。

● 掌握转换数据透视图中的图例项和水平分类轴的方法。

【实训思路】

（1）新建"产品销量分析表"工作簿，在"空调销量统计表"工作表中输入表格数据，并对数据的字体格式、对齐方式和数字格式进行设置，然后为表格添加边框和底纹。

（2）使用 SUM 函数计算"总销量"列的数据，计算出各产品全年的总销售量的数据。

（3）选中表格中的相关数据，创建数据透视表，对数据透视表的值名称进行更改。

（4）插入"所属品牌"切片器，对数据透视表中的数据进行分析。

（5）根据数据透视表创建数据透视图，隐藏数据透视表中的所有字段名称。

（6）对数据透视图的行 / 列进行切换，数据透视表中的行 / 列也将调换位置。

（7）为数据透视图添加需要的元素，并对数据透视图进行美化。

【实训参考效果】

在本实训中制作的表格的参考效果如图 10-2 所示。

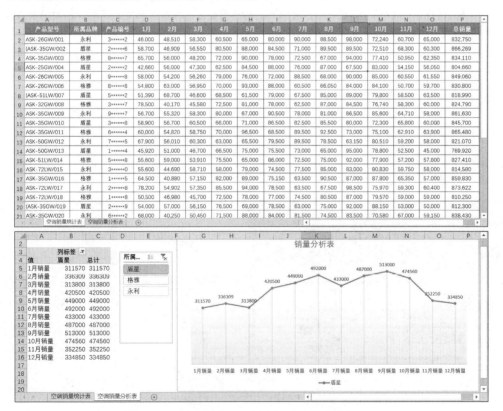

图 10-2　"产品销量分析表"工作簿的参考效果

　效果文件所在位置　效果文件 \ 项目实训 \ 产品销量分析表 .xlsx

微课视频

第 **10** 章

实训 3 用 PowerPoint 制作"新员工入职培训"演示文稿

【实训目的】

通过实训掌握使用 PowerPoint 制作演示文稿的方法，具体要求及实训目的如下。

- 掌握利用"幻灯片母版"来统一演示文稿的整体效果的方法，包括配色方案、排版布局等。
- 掌握新建幻灯片、复制幻灯片等基本操作。
- 掌握灵活应用形状装饰美化、排版幻灯片，以及在幻灯片中插入形状、组合形状、排列形状、美化形状等操作。
- 掌握在幻灯片中插入图片、编辑图片以及对图片效果进行设置等操作。
- 掌握为幻灯片添加切换动画、设置效果、设置计时等操作。
- 掌握为幻灯片中的对象添加动画、调整动画播放顺序、设置动画计时等操作。
- 掌握幻灯片的放映设置与放映方法。

【实训思路】

（1）新建空白演示文稿，并将其命名为"新员工入职培训"，然后进入幻灯片母版视图，将母版背景填充为图片。

（2）在母版版式上绘制一个矩形，将其填充为"深蓝"，设置透明度为"20%"。

（3）再在母版版式中绘制两个矩形，并对其形状填充、形状轮廓、形状效果等进行设置。

（4）在白色矩形上绘上两个"箭头：五边形"，使其重叠在一起，再水平翻转形状，对形状效果进行设置，然后将这两个形状组合为一个新的形状。

（5）在普通视图中为幻灯片添加需要的形状和文本框，然后在第 5 张幻灯片中插入图片，并为图片添加阴影效果。

（6）为幻灯片添加需要的动画切换效果，并对切换效果和计时进行设置。

（7）为幻灯片中的对象添加动画效果，并对动画的方向、变化顺序、计时等进行设置。

（8）从头开始预览演示文稿中的幻灯片，然后放映演示文稿，查看其整体效果。

【实训参考效果】

在本实训中制作的演示文稿的参考效果如图 10-3 所示。

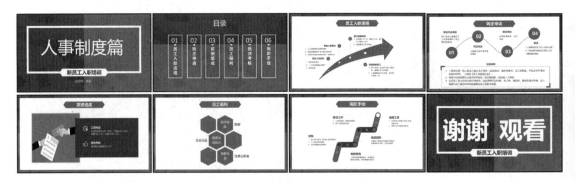

图 10-3 "新员工入职培训"演示文稿的参考效果

 素材文件所在位置 素材文件\项目实训\新员工入职培训\
效果文件所在位置 效果文件\项目实训\新员工入职培训.pptx

微课视频